Wissenschaftliche Taschenbücher WTB

Chemie

Siegfried Schönherr

Anorganische Chemie

Akademie-Verlag Berlin

WTB Wissenschaftliche Taschenbücher

CHEMIE

Eine Auswahl lieferbarer Bände:

Klaus Budde / Helmut Bulle
Helmut Rückauf
Stöchiometrie
chemisch-technologischer Prozesse

Werner Döpke
Dynamische Aspekte der Stereochemie
organischer Verbindungen

Günter Eppert
Einführung in die
Schnelle Flüssigchromatographie
(Hochdruckflüssigchromatographie)
2., bearbeitete Auflage

Peter Hallpap / Dietmar Stadermann
Stereochemie
organisch-chemischer Reaktionen

Siegfried Hauptmann
Über den Ablauf
organisch-chemischer Reaktionen
5., bearbeitete Auflage

Peter Hellmold
Hochtemperaturreaktionen

Horst Hennig / Detlef Rehorek
Photochemische und
photokatalytische Reaktionen
von Koordinationsverbindungen

Hans-Werner Kammer / Kurt Schwabe
Einführung in die Thermodynamik
irreversibler Prozesse

Horst Kehlen / Frank Kuschel /
Horst Sackmann
Grundlagen der chemischen Kinetik
3., bearbeitete Auflage

Reinhard Kirmse / Joachim Stach
ESR-Spektroskopie
Anwendungen in der Chemie

Hans Luppa
Grundlagen der Histochemie
Teil I und II

Klaus R. Müller / Karlheinz Lohs
Toxikologie
Einführung — Probleme — Tendenzen

Evgeni E. Nikitin / Lutz Zülicke
Theorie
chemischer Elementarprozesse

Dieter Onken
Antibiotika
2., bearbeitete Auflage

Joachim Schuppan
Theorie und Meßmethoden
der Konduktometrie

Anwendungen der Konduktometrie

Wolfgang Wagner
Chemische Thermodynamik
4., bearbeitete Auflage

WTB

BAND 301

Siegfried Schönherr

Anorganische Chemie

Mit 58 Abbildungen und 24 Tabellen

AKADEMIE-VERLAG BERLIN

Reihe CHEMIE

Herausgegeben im Auftrage der Akademie der Wissenschaften der DDR

von:
Prof. Dr. Dr. h. c. mult. H. Klare, Berlin

Verfasser:
Prof. Dr. rer. nat. habil. Siegfried Schönherr
Bergakademie Freiberg
Sektion Chemie

ISBN 3-05-500300-4
ISSN 0084-0971

1988
Erschienen im Akademie-Verlag Berlin,
DDR-1086 Berlin, Leipziger Straße 3–4

Lizenznummer: 202 · 100/480/87
Printed in the German Democratic Republic
Gesamtherstellung: VEB Druckhaus „Maxim Gorki", 7400 Altenburg
Lektor: Fritz Schulz
LSV 1254
Bestellnummer: 763 686 6 (7301)

01600

Vorwort

Mit dem vorliegenden Band wird der Versuch unternommen, einen kurzgefaßten, stofflich orientierten Überblick der anorganischen Chemie zu geben. Der Inhalt geht auf Vorlesungsmanuskripte des Verfassers für die Grundlagenausbildung von Chemikern, Geologen und Ingenieuren zurück: bei der Bearbeitung führte der vorgesehene Umfang aber häufig zu starken Vereinfachungen in der Darstellung und zu Beschränkungen bei der Erläuterung von Zusammenhängen. Nach einer Darstellung wichtiger Grundbegriffe werden die Grundlagen des Atomaufbaus und des Periodensystems der Elemente sowie der chemischen Bindung entwickelt. Daran anknüpfend erfolgt die Behandlung der Elemente der Hauptgruppen und der Nebengruppen des Periodensystems und ihrer wichtigsten Verbindungen. Da die meisten allgemeinen und grundlegenden Erscheinungen bereits bei den Hauptgruppenelementen besprochen werden, konnte die Darstellung der Nebengruppenelemente und -verbindungen gestrafft werden. Für die Beschreibung technischer Verfahren und Anwendungen stand nur wenig Raum zur Verfügung; für genauere Auskünfte muß auf das Buch von *H.-H. Emons* und Autorenkollektiv „*Technische anorganische Chemie*", VEB Deutscher Verlag für Grundstoffindustrie Leipzig, hingewiesen werden. Ebenso sei für eine eingehendere Darstellung des Gesamtgebietes auf das zweibändige Werk „*Anorganische Chemie*" von *L. Kolditz* und Autorenkollektiv, VEB Deutscher Verlag der Wissenschaften Berlin, verwiesen.

Für alle Anregungen zur Verbesserung von Form und Inhalt des Buches ist der Verfasser stets dankbar. Für wertvolle Hinweise und Ratschläge soll bereits jetzt einer Reihe von Fachkollegen, insbesondere Herrn *Prof. Dr. Drs. h. c. H.-H. Emons*, Freiberg und Herrn *Prof. Dr. S. Engels*, Merseburg, herzlich gedankt werden. Für die sorgfältige Ausführung der Zeichnungen möchte ich Frl.

G. Melzer und für das Schreiben des schwierigen Manuskriptes meiner Frau vielmals danken. Hervorzuheben ist schließlich die angenehme und verständnisvolle Zusammenarbeit mit Herrn *F. Schulz* vom Lektorat Chemie des Akademie-Verlages.

S. Schönherr

Inhalt

1. Grundbegriffe 9

2. Atombau 12

2.1. Aufbau und Eigenschaften der Atomkerne 12
2.2. Aufbau der Elektronenhülle 22

3. Periodensystem der Elemente 33

3.1. Aufbauprinzip 36
3.2. Periodische Änderung von Elementeigenschaften 39
3.2.1. Ionisierungsenergie 39
3.2.2. Elektronenaffinität 42
3.2.3. Atom- und Ionenradien 43
3.2.4. Elektronegativität 45
3.2.5. Oxydationszahlen 46

4. Chemische Bindung 48

4.1. Ionenbindung 49
4.2. Atombindung 53
4.3. Metallbindung 67

5. Wasserstoff 72

6. Edelgase 77

7. Sauerstoff 79

8. Wasser 88

9. Siebente Hauptgruppe 94

9.1. Die Elemente 95
9.2. Wasserstoffverbindungen 98

9.3. Sauerstoffverbindungen . . . 99
9.4. Interhalogenverbindungen . . . 102

10. Sechste Hauptgruppe . . . 102

10.1. Die Elemente . . . 104
10.2. Wasserstoffverbindungen des Schwefels . . . 105
10.3. Sauerstoffverbindungen des Schwefels . . . 107
10.4. Halogenverbindungen des Schwefels . . . 112
10.5. Verbindungen des Selens, Tellurs und Poloniums . . . 113

11. Fünfte Hauptgruppe . . . 113

11.1. Die Elemente . . . 115
11.2. Wasserstoffverbindungen . . . 118
11.3. Halogenverbindungen . . . 121
11.4. Sauerstoffverbindungen des Stickstoffs . . . 122
11.5. Sauerstoffverbindungen des Phosphors . . . 126
11.6. Sauerstoffverbindungen des Arsens, Antimons und Bismuts 129

12. Vierte Hauptgruppe . . . 132

12.1. Die Elemente . . . 134
12.2. Wasserstoffverbindungen . . . 137
12.3. Halogenverbindungen . . . 139
12.4. Sauerstoffverbindungen des Kohlenstoffs . . . 141
12.5. Sauerstoffverbindungen des Siliciums . . . 145
12.6. Sauerstoff- und Schwefelverbindungen des Germaniums, Zinns und Bleis . . . 149

13. Dritte Hauptgruppe . . . 151

13.1. Die Elemente . . . 152
13.2. Wasserstoffverbindungen . . . 155
13.3. Halogenverbindungen . . . 158
13.4. Sauerstoffverbindungen . . . 160

14. Zweite Hauptgruppe . . . 164

14.1. Die Elemente . . . 165
14.2. Wichtige Verbindungen . . . 168

15. Erste Hauptgruppe . . . 172

15.1. Die Elemente . . . 173
15.2. Wichtige Verbindungen . . . 175

16. Nebengruppenelemente 180

16.1. Allgemeine Eigenschaften 181
16.2. Scandiumgruppe, Lanthanoide und Actinoide 184
16.3. Titanium- und Vanadiumgruppe 188
16.4. Chromium- und Mangangruppe 192
16.5. Eisen- und Platinmetalle 199
16.6. Kupfer- und Zinkgruppe 206

17. Sachregister 214

1. Grundbegriffe

Die *Chemie* ist die Wissenschaft von den Stoffen, von ihren Eigenschaften und den Umsetzungen, die andere Stoffe aus ihnen entstehen lassen. Gegenstand der Chemie sind damit die Gesetzmäßigkeiten, die den Aufbau und die wechselseitigen Umwandlungen der ungeheuren Vielfalt der Stoffe bestimmen.

Die chemische Industrie gehört in allen wirtschaftlich entwickelten Ländern zu den Hauptindustriezweigen und ist eng mit den anderen Bereichen der Volkswirtschaft verflochten. Sie stellt eine große Anzahl von Grundstoffen, Zwischenprodukten und Fertigerzeugnissen her, deren Gesamtumfang mehrere Hundertmillionen Tonnen im Jahr beträgt.

Entsprechend einer zu Beginn des 19. Jahrhunderts vorgeschlagenen Einteilung unterteilt man die Chemie in *organische Chemie*, die Chemie der Mehrzahl der Kohlenstoffverbindungen (ursprünglich die in der belebten Natur vorkommenden Stoffe) und *anorganische Chemie*, die Chemie der in der unbelebten Natur vorkommenden anderen Elemente und ihrer Verbindungen. Diese Einteilung, die sich als wissenschaftlich nicht begründet erwiesen hat, wird aber beibehalten, da sie praktische Vorteile aufweist.[1])

Der *Stoff* kann als eine Strukturform der Materie definiert werden, deren wichtigste Eigenschaften sind, daß sie eine Masse besitzt und einen Raum einnimmt. Die Stoffe treten in Form verschiedener *Körper* auf, die sich in Gestalt und Masse unterscheiden, so kann z. B. der Stoff Glas als Fensterglas, Glasflasche, Trinkglas, Glasrohr, Glaswolle usw. vorkommen.

---

[1]) Weitere Unterteilungen lassen sich nach der angewandten Arbeitsweise oder dem Untersuchungsschwerpunkt treffen, wie allgemeine Chemie, physikalische Chemie, analytische und synthetische bzw. präparative Chemie, technische Chemie, Elektrochemie u. v. m.

Die unübersehbare Anzahl der in der Natur vorkommenden Stoffe kann man bereits durch Betrachtung mit dem bloßen Auge oder optischen Hilfsmitteln in einheitliche oder *homogene Stoffe* und uneinheitliche oder *heterogene Stoffe* einteilen. So sind in einem Stück Granit deutlich drei verschiedene Bestandteile: Feldspat, Quarz und Glimmer zu unterscheiden (Abb. 1). Solche durch scharfe Grenzflächen voneinander getrennte Bestandteile nennt man *Phasen*. Granit ist also ein dreiphasiger heterogener Stoff.

Abb. 1. Granit

Andere heterogene Stoffe sind Erze mit Gangart, Aufschlämmungen von Ton in Wasser, Emulsionen wie Milch, Nebel. Bricht man ein Stück Quarz aus dem Granitverband heraus, so hat man einen homogenen Stoff, wie er in der Natur als Bergkristall vorkommt. Andere homogene Stoffe sind z. B. Kochsalz, Blei, Wasser, Luft. Jede Probe, die einem homogenen Stoff an einer beliebigen Stelle entnommen wird, hat die gleichen Eigenschaften wie Farbe, Dichte, Magnetismus usw.

Auch *Lösungen* sind homogene Stoffe. So ist Salzsäure, die Lösung von Chlorwasserstoff in Wasser, eine völlig klare und einheitliche Flüssigkeit, in der auch unter dem Mikroskop keine Phasengrenzen zu erkennen sind. Die Bestandteile sind so fein verteilt, daß sie sich auch mit optischen Hilfsmitteln nicht unterscheiden lassen. Feste Lösungen wie zahlreiche Metallegierungen und Gasmischungen wie Luft sind ebenfalls homogene Stoffe. Lösungen und homogene Mischungen lassen sich aber durch einfache Verfahren wie Verdampfen und Auskristallisieren in *reine Stoffe* zerlegen. Das Kennzeichen für einen reinen Stoff ist beispielsweise ein konstanter Siede- und Schmelzpunkt. So hat bei Normaldruck Wasser bekanntlich einen konstanten Siedepunkt von 100 °C, während der Siedepunkt der Salzsäure je nach ihrem Gehalt an Chlorwasserstoff zwischen 60 und 110 °C liegt.

Die reinen Stoffe können weiter in Verbindungen und Elemente unterteilt werden. Eine chemische *Verbindung* ist ein Stoff, der durch eine chemische Reaktion in einfachere Stoffe zerlegt werden kann. Die kleinsten Teilchen einer Verbindung werden im allgemeinen als *Moleküle* bezeichnet. Ein *Element* ist ein Stoff, der auf chemischem Wege nicht in einfachere Stoffe zerlegt werden kann. Seine kleinsten Bausteine sind die *Atome*. Die Atome eines Elements haben gleiche Eigenschaften, während die Atome verschiedener Elemente unterschiedliche Eigenschaften zeigen. So kann der reine Stoff Wasser durch Zufuhr elektrischer Energie oder durch geeignete chemische Reaktionen zerlegt werden, wobei als einfachere Stoffe die Gase Wasserstoff und Sauerstoff entstehen. Wasserstoff und Sauerstoff dagegen lassen sich auf chemischem Wege nicht weiter zerlegen; sie sind also Elemente, während Wasser eine Verbindung aus ihnen darstellt. Die kleinsten selbständigen Teilchen vieler Elemente, darunter auch von Wasserstoff und Sauerstoff, sind allerdings unter Normalbedingungen nicht die Atome, sondern mehratomige *Elementverbindungen* (H_2, O_2, Cl_2, P_4, S_8).

Eine Übersicht der dargelegten Einteilung der Stoffe gibt Tab. 1.

Tabelle 1

Einteilung der Stoffe

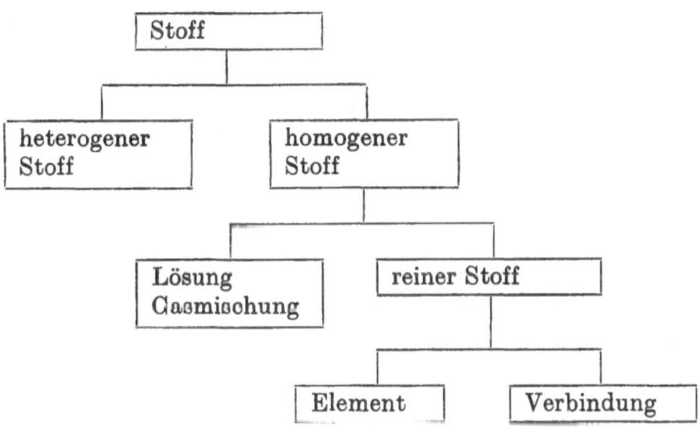

2. Atombau

Der Begriff *Atom* (grch.: atomos = das Unzerschneidbare) für die unteilbaren kleinsten Bausteine der Stoffe wurde bereits im 5. Jahrh. v. u. Z. von dem griechischen Naturphilosophen LEUKIPPOS von Milet und seinem Schüler DEMOKRIT von Abdera geprägt. Durch die Vorherrschaft der auf ARISTOTELES begründeten idealistischen Anschauungen setzte sich die Atomtheorie aber erst etwa 2300 Jahre später, zu Beginn des 19. Jahrhunderts durch, als DALTON die Gesetze der Bildung chemischer Verbindungen mit ihrer Hilfe erklärte. Bereits gegen Ende des 19. Jahrhunderts wurde aber eine Reihe von Erscheinungen beobachtet, die zeigten, daß die Atome aus noch kleineren gemeinsamen Teilchen zusammengesetzt sind, den sogenannten *Elementarteilchen*. Genauere Vorstellungen über die Anordnung der Elementarteilchen im Atom konnten durch Streuversuche mit Elektronen und Teilchen aus radioaktiven Umwandlungen erhalten werden. Die Auswertung dieser Versuche ergab im Atom ein Gebiet konzentrierter positiver Ladung mit einem Durchmesser von etwa 10^{-15} m, den *Atomkern*, dessen Ladung durch *Elektronen* ausgeglichen wird, die über das gesamte Atom mit einem Radius von etwa 10^{-10} m verteilt sind. Die Atommasse ist praktisch vollständig im Kern konzentriert, der dadurch eine Dichte der Größenordnung 10^{12} kg $\times$ dm^{-3} besitzt.

2.1. *Aufbau und Eigenschaften der Atomkerne*

Weitere Untersuchungen ergaben, daß die Atomkerne ebenfalls aus kleineren Bestandteilen, den *Nukleonen* aufgebaut sind. Das sind die positiv geladenen *Protonen*, die Träger der Kernladung und die elektrisch neutralen *Neutronen*. Während die Protonen stabile Wasserstoffkerne darstellen, wandeln sich die Neutronen im freien Zustand mit einer mittleren Lebensdauer von 16,8 min in Protonen und Elektronen um. Die Eigenschaften dieser drei wichtigen Elementarteilchen[1]) sind in Tab. 2 zusammengestellt. Wie man sieht, haben Elektronen und Protonen die gleiche, aber entgegengesetzte Ladung, während die Masse des Protons 1836 Elektronenmassen beträgt. Die Masse von Protonen und Neu-

---

[1]) Von der Vielzahl der Elementarteilchen (s. K. LANIUS: „*Physik der Elementarteilchen*“, WTB 269) sind hier nur die für die Chemie wichtigen angeführt.

tronen ist etwa gleich, die Massenzahl eines Atomkernes wird daher als Summe der Anzahl an Protonen und Neutronen angegeben. Da die Atome neutrale Teilchen sind, ist die Kernladungszahl gleich der Anzahl der Elektronen in der Atomhülle. Die Bezeichnung der Atomkerne erfolgt, indem man links oberhalb des entsprechenden Elementsymbols seine Massenzahl, links unterhalb seine

Tabelle 2.
Wichtigste Elementarteilchen

Name	Symbol	Ruhemasse g	Ladung C
Elektron	e^-	$9{,}108 \cdot 10^{-28}$	$-1{,}602 \cdot 10^{-19}$
Proton	p^+	$1{,}6723 \cdot 10^{-24}$	$+1{,}602 \cdot 10^{-19}$
Neutron	n	$1{,}6746 \cdot 10^{-24}$	0

Kernladungszahl angibt, z. B. $^{1}_{1}H$, $^{12}_{6}C$, $^{31}_{15}P$, $^{64}_{30}Zn$, $^{238}_{92}U$[1]). Die Differenz beider Werte gibt die Neutronenzahl an, d. h. der angeführte Phosphorkern enthält 16 Neutronen, der Uraniumkern 146 Neutronen. Die meisten Elemente bestehen aus Atomen mit unterschiedlichen Neutronenzahlen. Diese Erscheinung wird *Isotopie* genannt. So enthält der natürlich vorkommende Wasserstoff neben dem Isotop $^{1}_{1}H$ noch $1{,}5 \cdot 10^{-2}\%$ des Isotops Deuterium $^{2}_{1}H = D$ und $10^{-16}\%$ Tritium $^{3}_{1}H = T$. Chlor ist ein Mischelement aus 75,53% $^{35}_{17}Cl$ und 24,47% $^{37}_{17}Cl$. Eisen besteht aus einem Isotopengemisch von 91,7% $^{56}_{26}Fe$; 5,8% $^{54}_{26}Fe$; 2,2% $^{57}_{26}Fe$ und 0,3% $^{58}_{26}Fe$. Daneben gibt es 22 Reinelemente, die nur aus einer stabilen Atomart bestehen, wie z. B. $^{9}_{4}Be$, $^{19}_{9}F$, $^{23}_{11}Na$, $^{27}_{13}Al$, $^{31}_{15}P$, $^{55}_{25}Mn$, $^{59}_{27}Co$, $^{75}_{33}As$, $^{127}_{53}I$, $^{133}_{55}Cs$, $^{197}_{79}Au$, $^{209}_{83}Bi$.

Die Atomarten werden allgemein als *Nuklide* bezeichnet, von Isotopen spricht man nur dann, wenn es sich um Atomarten des gleichen Elements handelt. So sind $^{56}_{26}Fe$, $^{19}_{9}F$, $^{9}_{4}Be$, $^{1}_{1}H$ unterschiedliche Nuklide, während $^{1}_{1}H$, $^{2}_{1}H$ und $^{3}_{1}H$ die verschiedenen Isotope des Wasserstoffs darstellen. Die Angabe der absoluten Masse von Atomen und Molekülen als Summe der Elementarteilchen ergibt sehr kleine unhandliche Zahlen. Man verwendet deshalb für chemische Berechnungen *relative Atommassen* (früher Atomgewichte genannt). Diese waren ursprünglich auf die Masse eines

[1]) Die Kernladungszahl ist gleich der Ordnungszahl der Elemente im Periodensystem, d. h. zur Kennzeichnung der Kernart genügt eigentlich die Angabe des Elementsymbols und der Massenzahl.

Wasserstoffatoms als des leichtesten Elements bezogen; jetzt verwendet man aus verschiedenen praktischen Gründen 1/12 der Masse des Kohlenstoffisotops $^{12}_{6}C$ als Einheit. Da der natürlich vorkommende Kohlenstoff noch 1,1% $^{13}_{6}C$ enthält, ergibt sich die relative Atommasse des Mischelements zu 12,011. Für den natürlich vorkommenden Wasserstoff erhält man 1,0079. Der Unterschied zwischen den oben erwähnten Massenzahlen der Isotope und ihren relativen Atommassen ist gering, wie die folgenden Beispiele zeigen: $^{4}_{2}He = 4{,}002$; $^{16}_{8}O = 15{,}99$; $^{27}_{13}Al = 26{,}89$; $^{35}_{17}Cl = 34{,}97$; $^{37}_{17}Cl = 36{,}96$. Allgemein erhält man die durchschnittliche relative Atommasse $\overline{m}$ der Mischelemente aus dem prozentualen Anteil der enthaltenen Isotope, so z. B. für Chlor entsprechend der oben angegebenen Isotopenzusammensetzung:

$$\overline{m}_{Cl} = \frac{75{,}53 \times 34{,}97 + 24{,}47 \times 36{,}96}{100} = 35{,}45$$

Eine Zusammenstellung der relativen Atommassen der Elemente gibt Tab. 3[1]).

Die relativen und die absoluten Atommassen sind einander natürlich proportional. Das heißt, der Zahlenwert der relativen Atommasse jedes Elements in Gramm enthält stets die gleiche Anzahl Atome. Diese Zahl ist die LOSCHMIDT*sche oder* AVOGADRO*sche Zahl* N_A und beträgt $N_A = 6{,}022 \times 10^{23}$. Die Stoffmenge, die N_A Teilchen enthält, wird ein *Mol* genannt; so sind 12,01 g Kohlenstoff, 22,99 g Natrium, 74,92 g Arsen bzw. 197,0 g Gold jeweils 1 Mol und bestehen aus $6{,}022 \times 10^{23}$ Atomen des betreffenden Elements. Damit lassen sich die *absoluten Atommassen* leicht berechnen. Die Masse eines Atoms ^{12}C beträgt:

$$m_{^{12}C} = \frac{12{,}0\,g}{N_A} = 1{,}99 \times 10^{-23}\,g$$

Die absolute Atommasseneinheit m_u ergibt sich daraus zu:

$$m_u = \frac{m_{^{12}C}}{12} = 1{,}66 \times 10^{-24}\,g$$

1) Für die auf das Lawrencium folgenden Elemente werden die 1977 vorgeschlagenen Bezeichnungen angewandt, die von den griechischen und lateinischen Zahlwörtern für die Ziffern der Ordnungszahlen abgeleitet sind.

Tabelle 3
Relative Atommassen der Elemente

1	Wasserstoff	H	1,0079	44	Ruthenium	Ru	101,07
2	Helium	He	4,0026	45	Rhodium	Rh	102,9055
3	Lithium	Li	6,941	46	Palladium	Pd	106,4
4	Beryllium	Be	9,0122	47	Silber	Ag	107,868
5	Bor	B	10,81	48	Cadmium	Cd	112,41
6	Kohlenstoff	C	12,011	49	Indium	In	114,82
7	Stickstoff	N	14,0067	50	Zinn	Sn	118,69
8	Sauerstoff	O	15,9994	51	Antimon	Sb	121,75
9	Fluor	F	18,9984	52	Tellur	Te	127,60
10	Neon	Ne	20,179	53	Iod	I	126,9045
11	Natrium	Na	22,9898	54	Xenon	Xe	131,30
12	Magnesium	Mg	24,305	55	Caesium	Cs	132,9054
13	Aluminium	Al	26,9815	56	Barium	Ba	137,33
14	Silicium	Si	28,0855	57	Lanthan	La	138,9055
15	Phosphor	P	30,9738	58	Cerium	Ce	140,12
16	Schwefel	S	32,06	59	Praseodymium	Pr	140,9077
17	Chlor	Cl	35,453	60	Neodymium	Nd	144,24
18	Argon	Ar	39,948	61	Promethium	Pm	(145)
19	Kalium	K	39,0983	62	Samarium	Sm	150,4
20	Calcium	Ca	40,08	63	Europium	Eu	151,96
21	Scandium	Sc	44,9559	64	Gadolinium	Gd	157,25
22	Titanium	Ti	47,90	65	Terbium	Tb	158,9254
23	Vanadium	V	50,9414	66	Dysprosium	Dy	162,50
24	Chromium	Cr	51,996	67	Holmium	Ho	164,9304
25	Mangan	Mn	54,9380	68	Erbium	Er	167,26
26	Eisen	Fe	55,847	69	Thulium	Tm	168,9342
27	Cobalt	Co	58,9332	70	Ytterbium	Yb	173,04
28	Nickel	Ni	58,70	71	Lutetium	Lu	174,97
29	Kupfer	Cu	63,546	72	Hafnium	Hf	178,49
30	Zink	Zn	65,38	73	Tantal	Ta	180,9479
31	Gallium	Ga	69,72	74	Wolfram	W	183,85
32	Germanium	Ge	72,59	75	Rhenium	Re	186,207
33	Arsen	As	74,9216	76	Osmium	Os	190,2
34	Selen	Se	78,96	77	Iridium	Ir	192,22
35	Brom	Br	79,904	78	Platin	Pt	195,09
36	Krypton	Kr	83,80	79	Gold	Au	196,9665
37	Rubidium	Rb	85,4678	80	Quecksilber	Hg	200,59
38	Strontium	Sr	87,62	81	Thallium	Tl	204,37
39	Yttrium	Y	88,9059	82	Blei	Pb	207,2
40	Zirconium	Zr	91,22	83	Bismut	Bi	208,9804
41	Niobium	Nb	92,9064	84	Polonium	Po	(209)
42	Molybdän	Mo	95,94	85	Astat	At	(210)
43	Technetium	Tc	(97)	86	Radon	Rn	(222)

Tabelle 3 (Fortsetzung)

87	Francium	Fr	(223)	98	Californium	Cf	(251)
88	Radium	Ra	226,0254	99	Einsteinium	Es	(254)
89	Actinium	Ac	227,0278	100	Fermium	Fm	(257)
90	Thorium	Th	232,0381	101	Mendelevium	Md	(258)
91	Protactinium	Pa	231,0359	102	Nobelium	No	(259)
92	Uranium	U	238,029	103	Lawrencium	Lr	(260)
93	Neptunium	Np	237,0482	104	Unnilquadium	Unq	
94	Plutonium	Pu	(244)	105	Unnilpentium	Unp	
95	Americium	Am	(243)	106	Unnilhexium	Unh	
96	Curium	Cm	(247)	107	Unnilseptium	Uns	
97	Berkelium	Bk	(247)				

Die Atommassen der radioaktiven Elemente sind abhängig von ihrem Ursprung; die in Klammer angegebenen Werte sind die Isotope mit der längsten Halbwertszeit.

Die absoluten Atommassen erhält man dann durch Multiplikation der relativen Atommassen mit der absoluten Atommasseneinheit, sie liegen zwischen $1{,}67 \times 10^{-24}$ g für das Wasserstoffatom und etwa 4×10^{-22} g für die schwersten Elemente.

Für die Verbindungen können durch Addition der relativen Atommassen der Bestandteile *relative Molekülmassen* (früher Molekulargewicht genannt) erhalten werden, aus denen man in gleicher Weise absolute Molekülmassen errechnen kann. Allgemein wird die Masse eines Mols beliebiger Teilchen (Atome, Ionen, Moleküle usw.) als *molare Masse* bezeichnet.

Im Atomkern werden die Protonen und Neutronen durch *Kernbindungskräfte* zusammengehalten, deren Natur noch intensiv erforscht wird. Wenn die Protonenzahl einen bestimmten Wert übersteigt oder bestimmte Verhältnisse zwischen der Protonen- und Neutronenzahl nicht eingehalten werden, sind die Kernbindungskräfte nicht mehr in der Lage, die gegenseitige Abstoßung der Protonen auszugleichen und der Atomkern wandelt sich unter Abgabe von verschiedenartiger Strahlung um. Diese Erscheinung wird *Radioaktivität* genannt. Elemente mit einer Kernladungszahl über 82 besitzen nur noch radioaktive Isotope. Blei ist damit das letzte stabile Element, Bismut bereits schwach radioaktiv, Polonium stark radioaktiv. Als Maß für die Umwandlungsgeschwindigkeit radioaktiver Kerne wird die *Halbwertszeit* $t_{1/2}$ verwendet; das ist die Zeit, in der sich die Hälfte der ursprünglich vorhandenen Atome umgewandelt hat. Die Halbwertszeiten natürlich vorkommender radioaktiver Nuklide können sehr unterschiedlich sein;

wie Tab. 4 zeigt, liegen sie zwischen 10^{17} Jahren und Bruchteilen von Sekunden.

Bei den radioaktiven Umwandlungen dieser Nuklide treten im wesentlichen drei unterschiedliche Strahlungsarten auf: -α-Strahlen, das sind $^4_2He^{2+}$-Kerne, die aus dem instabilen Kern ausgestoßen werden,

Tabelle 4
Halbwertszeiten einiger natürlich vorkommender Radionuklide

Nuklid	$t_{1/2}$	Nuklid	$t_{1/2}$
^{209}Bi	$2{,}7 \times 10^{17}$ a	^{210}Po	138,5 d
^{232}Th	$1{,}4 \times 10^{9}$ a	^{222}Rn	3,8 d
^{238}U	$4{,}5 \times 10^{9}$ a	^{210}At	8,3 h
^{40}K	$1{,}3 \times 10^{9}$ a	^{234}Pa	1,14 min
^{239}Pu	$2{,}44 \times 10^{4}$ a	^{218}At	2 s
^{226}Ra	1600 a	^{212}Po	0,3 s

-β-Strahlen, meist ausgestrahlte Elektronen (β^-) und γ-Strahlen, eine kurzwellige elektromagnetische Strahlung.

Die α- und β-Umwandlungen sind mit der Bildung neuer Elemente verbunden. Die α-Umwandlung führt durch die Abgabe eines Heliumkernes zur Bildung eines neuen Kernes mit einer um zwei Einheiten geringeren Kernladungszahl und um vier Einheiten geringeren Masse:

$$^{238}_{92}U \xrightarrow{\alpha} {}^{234}_{90}Th$$

$$^{226}_{88}Ra \xrightarrow{\alpha} {}^{222}_{86}Rn$$

Bei der β^--Umwandlung wird bei jedem Umwandlungsvorgang ein Elektron aus dem Kern abgegeben, d. h. ein Neutron in ein Proton umgewandelt. Dabei tritt keine Änderung der Massenzahl auf, aber die Kernladung erhöht sich um eine Einheit:

$$^{234}_{90}Th \xrightarrow{\beta^-} {}^{234}_{91}Pa$$

Die genannten Gesetzmäßigkeiten sind als SODDY-FAJANS*sche Verschiebungssätze* bekannt.

Einige Radionuklide, die im Anfangszustand des Sonnensystems gebildet worden sind, haben Halbwertszeiten von mehr als 10^9

Jahren, so daß sie auch jetzt noch auf der Erde anzutreffen sind. Sie sind teils Anfangsglieder von *Umwandlungsreihen* wie ^{238}U oder ^{232}Th, teils außerhalb von Umwandlungsreihen anzutreffen wie $^{209}_{82}Bi$ oder ^{40}K. Eine vereinfachte Darstellung der ^{238}U-Umwandlungsreihe mit Angabe der Umwandlungsart und der Halbwertszeit des sich umwandelnden Nuklids zeigt Tab. 5. Wie man erkennt, erfolgen die Elementumwandlungen nach den SODDY-FAJANSschen Verschiebungssätzen bis zur Bildung des stabilen Nuklids $^{206}_{82}Pb$. Innerhalb einer Umwandlungsreihe entsteht nach

Tabelle 5

Uranium-238-Umwandlungsreihe[1]) (vereinfacht)

$$^{238}_{92}U \xrightarrow[4{,}5\cdot 10^9\,a]{\alpha} {}^{234}_{90}Th \xrightarrow[24{,}5\,d]{\beta} {}^{234}_{91}Pa \xrightarrow[1{,}14\,min]{\beta} {}^{234}_{92}U \xrightarrow[2{,}33\cdot 10^5\,a]{\alpha} {}^{230}_{90}Th$$

$$^{230}_{90}Th \xrightarrow[8{,}3\cdot 10^4\,a]{\alpha} {}^{226}_{88}Ra \xrightarrow[1600\,a]{\alpha} {}^{222}_{86}Rn \xrightarrow[3{,}8\,d]{\alpha} {}^{218}_{84}Po \xrightarrow[3{,}65\,min]{\alpha} {}^{214}_{82}Pb$$

$$^{214}_{82}Pb \xrightarrow[26{,}8\,min]{\beta} {}^{214}_{83}Bi \xrightarrow[19{,}7\,min]{\beta} {}^{214}_{84}Po \xrightarrow[0{,}15\,ms]{\alpha} {}^{210}_{82}Pb \xrightarrow[22\,a]{\beta} {}^{210}_{83}Bi$$

$$^{210}_{83}Bi \xrightarrow[5{,}0\,d]{\beta} {}^{210}_{84}Po \xrightarrow[138{,}5\,d]{\alpha} {}^{206}_{82}Pb$$

[1]) In der Tabelle ist bei auftretenden Verzweigungen nur der Hauptweg berücksichtigt; so wandelt sich ^{214}Bi zu 99,96% unter Aussendung von β-Strahlung und zu 0,04% unter Aussendung von α-Strahlung um.

einer bestimmten Zeit, wenn sich konstante Mengenverhältnisse eingestellt haben, *ein radioaktives Gleichgewicht* zwischen allen beteiligten Nukliden, in dem die Zahl der radioaktiven Umwandlungen je Zeiteinheit für jedes Nuklid gleich ist. Die Zahl der auf jeder Stufe der Umwandlungsreihe vorliegenden Atome des jeweiligen Nuklids ist also proportional ihrer Halbwertszeit. Da die Halbwertszeit von ^{238}U etwa dreimillionenmal größer ist als die von ^{226}Ra, ist in drei Tonnen Natururanium etwa ein Gramm Radium vorhanden.

Aus dem Massenverhältnis radioaktiver Elemente und ihrer Umwandlungsprodukte in Gesteinen kann man deren *Alter* bestimmen. So wandelt sich z. B. 1 g ^{238}U in einer Halbwertszeit, d. h. in

$4{,}5 \times 10^9$ Jahren in 0,5000 g ^{238}U; 0,0674 g ^{4}He und 0,4326 g ^{206}Pb um (Tab. 5). Durch die Bestimmung des $^{238}U/^{206}Pb$-Verhältnisses kann also die Zeit errechnet werden, die seit der Entstehung des festen Gesteins vergangen ist. In gleicher Weise sind Altersbestimmungen durch massenspektrometrische Bestimmung des Verhältnisses der Nuklide $^{232}Th/^{208}Pb$, $^{40}K/^{40}Ar$ oder $^{87}Rb/^{87}Sr$ möglich. Die Ergebnisse lassen für Urgestein auf ein Alter von etwa 3×10^9 Jahren, für Meteoriten von etwa $4{,}5 \times 10^9$ Jahren schließen.

Die Strahlung natürlich vorkommender Radionuklide kann *Kernreaktionen* hervorrufen, das sind Reaktionen von Atomkernen, bei denen ihre Masse oder Ladung (oder beides) verändert wird. Die Änderung der Ladung führt zur Bildung neuer Elemente. So entsteht bei der Einwirkung der α-Strahlung des Nuklids ^{214}Bi der ^{238}U-Umwandlungsreihe (Tab. 5) auf Stickstoff das Sauerstoffisotop ^{17}O:

$$^{14}_{7}N + ^{4}_{2}He \rightarrow ^{17}_{8}O + ^{1}_{1}H$$

Die Summe der Kernladungszahlen und Massenzahlen von Ausgangskernen und Reaktionsprodukten sind natürlich gleich. Das Nuklid ^{17}O ist stabil, aber es können bei Kernreaktionen auch Produktkerne entstehen, die auf Grund ihres Protonen/Neutronen-Verhältnisses instabil sind und *künstliche Radionuklide* darstellen. Häufig erzeugt man sie in Beschleunigern, indem man stabile Atome mit Protonen $^{1}_{1}H^{+}$, Deuteronen $^{2}_{1}H^{+}$, Heliumkernen $^{4}_{2}He^{2+}$ u. a. beschießt. Hohe Beschleunigungsspannungen sind dabei notwendig, um die gegenseitigen Abstoßungskräfte der positiv geladenen Atomkerne zu überwinden. Durch Beschuß von Phosphor mit Deuteronen einer Energie von 10 MeV erhält man radioaktiven Phosphor ^{32}P

$$^{31}_{15}P + ^{2}_{1}H \rightarrow ^{32}_{15}P + ^{1}_{1}H$$

Das Nuklid ^{32}P ist ein Neutronenüberschußkern und wandelt sich unter β^--Strahlung mit einer Halbwertszeit von 14,3 Tagen in das Nuklid ^{32}S um, indem durch Abgabe eines Elektrons aus einem Neutron ein Proton entsteht:

$$^{32}_{15}P \xrightarrow[14{,}3\,d]{\beta^-} ^{32}_{16}S$$

Am besten sind *Neutronen* für Kernreaktionen geeignet, da sie keine Ladung besitzen und deshalb von den Atomkernen nicht abgestoßen werden. Man kann Neutronen erzeugen, indem man

Berylliumpulver mit einem α-Strahler wie ^{226}Ra, ^{210}Po o. a. vermischt, wobei die folgende Kernreaktion abläuft:

$$^{9}_{4}Be + ^{4}_{2}He \rightarrow ^{12}_{6}C + ^{1}_{0}n$$

Neutronen entstehen auch beim Beschuß von Deuterium oder Tritium in Beschleunigern mit Deuteriumkernen nach den Reaktionen

$$^{2}_{1}H + ^{2}_{1}H \rightarrow ^{3}_{2}He + ^{1}_{0}n$$

$$^{3}_{1}H + ^{2}_{1}H \rightarrow ^{4}_{2}He + ^{1}_{0}n$$

sowie in Kernreaktoren, die die stärksten Neutronenquellen darstellen.

In der Atmosphäre werden Neutronen durch die Höhenstrahlung gebildet, die aus dem Weltraum auf die Erde einwirkt. Eine wichtige Reaktion ist die Umwandlung von Stickstoff in das radioaktive Kohlenstoffisotop $^{14}_{6}C$, das sich mit dem Luftsauerstoff zu Kohlendioxid umsetzt:

$$^{14}_{7}N + ^{1}_{0}n \rightarrow ^{14}_{6}C + ^{1}_{1}H$$

$$^{14}_{6}C + O_2 \rightarrow ^{14}_{6}CO_2$$

Die Höhenstrahlung erzeugt eine gleichbleibende Konzentration von radioaktivem Kohlendioxid in der Atmosphäre, die etwa ein Molekül auf 10^{12} nichtradioaktive Moleküle beträgt. Durch die Assimilation gelangt der radioaktive Kohlenstoff in die Pflanzen und durch die Nahrungskette in alle Lebewesen. Das führt zu einer gleichbleibenden geringfügigen Radioaktivität des organischen Materials von $13{,}6 \pm 0{,}1$ Umwandlungen $\times$ min^{-1} je Gramm Kohlenstoff, solange das Lebewesen am Stoffwechsel teilnimmt. Nach dem Aufhören dieses Austausches klingt die ^{14}C-Aktivität mit einer Halbwertszeit von 5730 Jahren ab. Durch die Messung der Radioaktivitat einer Probe kohlenstoffhaltigen Materials kann eine *Altersbestimmung* im Bereich von 500 bis 50000 Jahren mit einem Fehler von etwa 10% vorgenommen werden. Die Methode ist an zahlreichen Proben bekannten Alters geprüft worden und hat sich als ein wertvolles Mittel zur Altersbestimmung archäologischer Funde erwiesen.

Durch Beschuß von Atomkernen mit Elementarteilchen oder leichten Kernen lassen sich Elemente herstellen, die in der Natur nicht vorkommen, weil sie nur radioaktive Isotope mit kurzen Halbwertszeiten besitzen, wie Technetium, Astat, Einsteinium u. a.:

$$^{104}_{44}Rn + ^{1}_{0}n \rightarrow ^{104}_{43}Tc + ^{1}_{1}H$$

$$^{209}_{83}Bi + ^{4}_{2}He \rightarrow ^{211}_{85}At + 2\,^{1}_{0}n$$

$$^{238}_{92}U + ^{14}_{7}N \rightarrow ^{248}_{99}Es + 4\,^{1}_{0}n$$

Bei Verwendung schwerer Teilchen lassen sich höhere Elemente darstellen, z. B. bei der Bestrahlung von Bismut mit Chromiumkernen das Transactinoidenelement Unnilseptium:[1])

$$^{209}_{83}Bi + ^{54}_{24}Cr \rightarrow ^{262}_{107}Uns + ^{1}_{0}n$$

Eine völlig neue Kernreaktion wurde 1938 von HAHN und STRASSMANN zwischen dem leichten Uraniumisotop $^{235}_{92}U$ und langsamen Neutronen aufgefunden. Dabei tritt eine *Kernspaltung* auf, der Uraniumkern bricht unter Bildung mittelschwerer Kerne auseinander, z. B.:

$$^{235}_{92}U + ^{1}_{0}n \rightarrow ^{142}_{56}Ba + ^{92}_{36}Kr + 2\,^{1}_{0}n + \gamma$$

Weitere Spaltprodukte sind Sr, Y, La, Br, I, Xe u. a. Bei der Kernspaltung wird eine Energiemenge von etwa $1{,}5 \cdot 10^{12}$ J je Mol ^{235}U frei, das ist ein Betrag, der mehr als zehnmillionenmal größer ist als die Energie chemischer Reaktionen. Wie die obige Reaktionsgleichung zeigt, werden bei der Kernspaltung Neutronen frei, die wiederum Uraniumkerne spalten können und damit eine Kettenreaktion ermöglichen. In den *Kernwaffen* läßt man diese Reaktion ungehemmt explosionsartig ablaufen, sie kann aber auch in *Kernreaktionen* gesteuert zur Energieerzeugung verwendet werden. Dabei kann man je Kilogramm ^{235}U eine Energiemenge von etwa 20 Millionen Kilowattstunden gewinnen. Für die Kernspaltung verwendbar sind außer ^{235}U vor allem ^{239}Pu und ^{233}U. Da das natürlich vorkommende Uranium nur zu 0,7% aus dem spaltbaren ^{235}U und zu 99,3% aus dem nicht spaltbaren Isotop ^{238}U besteht, werden *Brutreaktoren* entwickelt, in denen durch Neutronenbestrahlung von ^{238}U das Isotop ^{239}U gebildet wird, aus dem durch zwei β^--Umwandlungen spaltbares ^{239}Pu entsteht,

[1]) s. Fußnote zu S. 14

das bei einer Halbwertszeit von 24360 Jahren ausreichend lagerfähig ist.

$$^{238}_{92}U + ^{1}_{0}n \rightarrow ^{239}_{92}U \xrightarrow[t_{1/2}=23{,}5\,\mathrm{min}]{\beta^-} ^{239}_{93}Np \xrightarrow[t_{1/2}=2{,}53\,\mathrm{d}]{\beta^-} ^{239}_{94}Pu$$

Einen noch höheren Energiegewinn erhält man bei der *Kernverschmelzung* von Wasserstoff zu Helium; bei der folgenden Gesamtreaktion wird eine Energiemenge von $2{,}6 \times 10^{12}$ J je Mol Helium frei:

$$4\,^{1}_{1}H^{+} + \rightarrow ^{4}_{2}He^{2+} + 2e^{+}$$

Das Positron e^{+} ist ein Elementarteilchen mit der Masse eines Elektrons und einer positiven Elementarladung.

Die Kernverschmelzung ist die wichtigste Energiequelle der Natur, sie liefert die Sonnenenergie und deckt wahrscheinlich auch den Energiehaushalt der anderen *Fixsterne.* Kernverschmelzungen sind auf der Erde in größerem Umfang bisher nur in Kernwaffen durchgeführt worden, doch sind intensive Arbeiten zur friedlichen Nutzung dieser Reaktion, die die Menschheit von ihren Energiesorgen befreien könnte, im Gange.

2.2. *Aufbau der Elektronenhülle*

Der Bau und die Eigenschaften der Elektronenhülle der Atome und Moleküle sind für die Chemie von grundsätzlicher Bedeutung, da die chemischen Reaktionen auf der Veränderung der Elektronenhülle im atomaren Bereich beruhen. Die Eigenschaften der Elektronenhülle der Atome bestimmen die chemischen Eigenschaften der Elemente.

Die Feststellung, daß die Atome aus Atomkern und Elektronenhülle aufgebaut sind, führte zur Aufstellung von *Atommodellen.*

Unter *Modell* ist in diesem Sinne nicht ein verkleinertes Abbild der Wirklichkeit — wie ein Schiffsmodell — zu verstehen, sondern ein gedankliches Hilfsmittel, ein hypothetisches Gebilde, das auf unsere Meßinstrumente so einwirken würde, wie es die Atome tatsächlich tun. Philosophisch sind Modelle relative Wahrheiten, die sich in ihrer Entwicklung dem nicht völlig erreichbaren Grenzfall der absoluten Wahrheit annähern. Bei der Betrachtung der Atommodelle ist weiter zu beachten, daß im atomaren Bereich Erscheinungen auftreten, die sich nicht durch ein einziges Modell erklären lassen; so besitzen z. B. Elektronen sowohl Welleneigenschaften als auch Teilcheneigenschaften.

Zu den älteren Atommodellen gehören die Modelle von THOMSON, RUTHERFORD und BOHR, die viele Eigenschaften der Atome qualitativ befriedigend erklären. Eine quantitative Beschreibung der wesentlichen atomaren Erscheinungen und der Bindungskräfte zwischen den Atomen ist aber nur auf der Grundlage des *wellenmechanischen Atommodells* möglich, in dem die Ergebnisse der modernen Physik angewandt werden. In diesem Taschenbuch können nur einige Grundbegriffe erläutert werden, die für das Verständnis des Stoffaufbaues und der chemischen Reaktionen notwendig sind. Eine Grundlage des wellenmechanischen Atommodells ist die *Heisenbergsche Unschärfebeziehung*, die besagt, daß es unmöglich ist, den Ort und den Impuls eines Elektrons gleichzeitig genau zu bestimmen. Die Ursache dafür liegt darin, daß bei derart kleinen Objekten die Orts- wie die Impulsbestimmung zu einer unkontrollierbaren Störung des Untersuchungsobjekts führen.

So muß z. B. bei der Ortsbestimmung zur Beobachtung kurzwelliges und damit energiereiches Licht verwendet werden, das den Impuls des Elektrons verändert. Da somit auch für den Aufenthalt der Elektronen im Feld des Atomkerns keine genauen Aussagen über Ort und Geschwindigkeit (Impuls ist Masse mal Geschwindigkeit) möglich sind, kann man die räumliche und zeitliche Verteilung der Elektronen im Atom nur mit einer gewissen Unschärfe, d. h. mit einer bestimmten Wahrscheinlichkeit, angeben.

Diese Tatsache führt zum Bild einer räumlichen Wahrscheinlichkeitsverteilung für den Aufenthalt des Elektrons um den Atomkern, die man sich als eine Ladungswolke mit einer bestimmten Ladungsdichteverteilung vorstellen kann. Die mathematischen Funktionen zu ihrer Beschreibung werden als *Atomorbitale* bezeichnet.

Die zweite Grundlage des wellenmechanischen Atommodells ist die Anwendung des „*Welle-Teilchen-Dualismus*“ auf das Elektron. Ebenso wie das Licht bei der Beugung, der Interferenz und der Polarisation Welleneigenschaften, bei der Emission und Absorption sowie beim photoelektrischen Effekt aber Teilcheneigenschaften zeigt, läßt sich auch dem Elektron eine Materiewelle zuschreiben, deren Wellenlänge λ nach DE BROGLIE mit zunehmender Geschwindigkeit v kleiner wird:

$$\lambda = \frac{h}{m \times v} \tag{2.1}$$

Dabei ist h das PLANCKsche Wirkungsquantum ($6{,}6252 \times 10^{-34}$ J $\times$ s), m die Elektronenmasse. Für schnell bewegte schwere Teilchen wird die *Materiewellenlänge* unmeßbar klein. Der Wellencharakter des Elektrons läßt sich ebenfalls durch die Beobachtung von Beugungserscheinungen experimentell nachweisen. Für den hier interessierenden Fall des Elektrons im Feld des Atomkerns sind Wellenbild und Teilchenbild gleichberechtigt. Die Materiewellen der Elektronen im Atom müssen stehende Wellen sein, damit keine Auslöschung erfolgt. Ihren Zustand kann man mit Hilfe einer *Wellenfunktion* ψ beschreiben, die von den Raumkoordinaten abhängt. Solche Wellenfunktionen werden als Lösungen von Differentialgleichungen zweiten Grades erhalten, wie sie erstmals 1926 von Erwin SCHRÖDINGER aufgestellt wurden. Für das Wasserstoffatom kann diese SCHRÖDINGER-*Gleichung* in folgender Form ausgedrückt werden:

$$E\psi = -\frac{h^2}{8\pi m}\left(\frac{\partial^2\psi}{\partial x^2} + \frac{\partial^2\psi}{\partial y^2} + \frac{\partial^2\psi}{\partial z^2}\right) - \frac{e^2}{4\pi\varepsilon_0 r}\,\psi \qquad (2.2)$$

Darin sind E die Gesamtenergie des Systems, x, y, z die Raumkoordinaten, e und m die Ladung und Masse des Elektrons, ε_0 die Dielektrizitätskonstante des Vakuums und r der mittlere Abstand des Elektrons vom Kern. Man erkennt, daß die Gleichung den de Broglie-Ausdruck für die Wellenlänge enthält, daß die zweite Ableitung von ψ nach den Raumkoordinaten zu bilden ist und daß $e^2/4\pi\varepsilon_0 r$ die potentielle Energie des Systems darstellt.

Die Funktionen, die man bei der Auflösung der Schrödinger-Gleichung erhält, sind mathematisch äußerst kompliziert. Physikalisch sinnvoll sind nur bestimmte Lösungen, die man durch die Annahme von Randbedingungen erhält und die bestimmten Energiewerten entsprechen. Bei den Lösungsansätzen ist es notwendig, von den kartesischen Koordinaten x, y und z auf die *Polarkoordinaten* r, ϑ und φ überzugehen, da sich im Atom das Elektron im kugelsymmetrischen Feld des Atomkerns bewegt. Der Zusammenhang zwischen den beiden Koordinatensystemen ist in Abb. 2 dargestellt. Die Wellenfunktion erhält dann als Zwischenlösung folgende Form:

$$\psi(r, \vartheta, \varphi) = R_{n,l}(r) \times Y_{l,m}(\vartheta, \varphi) \qquad (2.3)$$

Darin ist R eine Funktion, die vom Abstand r des Elektrons vom Kern abhängt, der Radialteil der Wellenfunktion. Y ist eine in den meisten Fällen komplexe Funktion, die die Winkelabhängigkeit der Wellenfunktion wiedergibt. Die Indizes n, l und m sind Parameter, die voneinander abhängen und nur bestimmte erlaubte Werte haben können; sie werden *Quantenzahlen* genannt. Damit ist jede physikalisch sinnvolle Lösung der Wellenfunktion durch diese Zahlen charakterisiert, die direkt aus dem Wellenmodell des

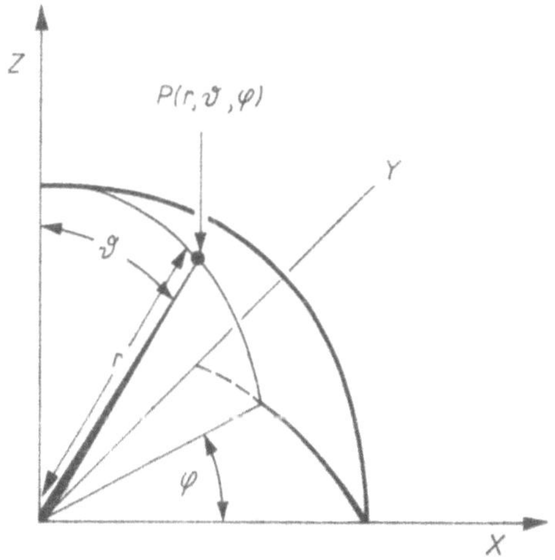

Abb. 2. Zusammenhang zwischen kartesischen Koordinaten und Polarkoordinaten

Elektrons folgen. Der Ausdruck $\psi^2 d\tau$ ist ein Maß für die Intensität der Elektronenwelle im Volumenelement $d\tau$ und damit proportional der Wahrscheinlichkeit, das Elektron in diesem Volumenelement anzutreffen. Er wird *Aufenthaltswahrscheinlichkeit* genannt und ist also ebenfalls durch die Quantenzahlen bestimmt. Die Quantenzahlen n und l haben folgende Bedeutungen:

- die *Hauptquantenzahl* n bestimmt das Hauptenergieniveau des Elektrons; n kann ganzzahlige Werte $\geqq 1$ haben, d. h. $n = 1, 2, 3, 4 \ldots,$
- die *Nebenquantenzahl* l bestimmt die räumliche Verteilung der Aufenthaltswahrscheinlichkeit des Elektrons und damit die Gestalt der Orbitale, sie gibt ein Unterniveau innerhalb des Hauptenergieniveaus an und kann Werte von 0 bis $n - 1$ annehmen, d. h. $l = 0 \ldots n - 1$.

Aus der Spektroskopie haben sich für die Orbitale mit $l = 0$, 1, 2, 3 die Bezeichnungen *s*-, *p*-, *d*-, *f*-Orbital eingeführt.

Im *s-Orbital* ist die Aufenthaltswahrscheinlichkeit des Elektrons kugelsymmetrisch um den Atomkern verteilt, da für dieses Orbital $l = 0$ gilt und die Hauptquantenzahl n in Gl. (2.3) nur im Radialteil der Wellenfunktion enthalten ist. Die äußere Gestalt des *s*-Orbitals kann man sich etwa so vorstellen, wie in Abb. 3 wiedergegeben. Häufig werden derartige räumliche Orbitalmodelle vereinfachend als Orbitale bezeichnet.

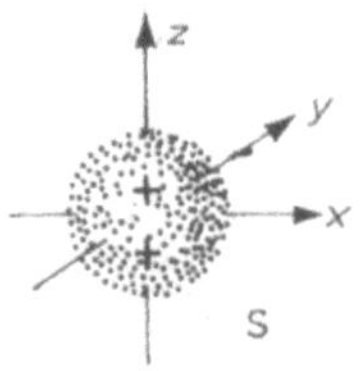

Abb. 3. Gestalt des *s*-Orbitals

Um die Wahrscheinlichkeitsverteilung des Elektrons in diesem kugelförmigen Raum zu erhalten, muß die radiale Aufenthaltswahrscheinlichkeit $4\pi r^2\psi^2$ als Funktion des Kernabstandes r aufgetragen werden. Sie ist in Abb. 4 für die Hauptquantenzahlen $n = 1$, 2 und 3 dargestellt.

Man sieht, daß Maxima der Aufenthaltswahrscheinlichkeit auftreten, aber in Übereinstimmung mit der HEISENBERGschen Unschärfebeziehung auch außerhalb dieser Maxima eine bestimmte Wahrscheinlichkeit besteht, das Elektron anzutreffen. Für höhere Hauptquantenzahlen sind die Maxima zu größeren Kernabständen verschoben; außerdem treten Knotenflächen auf, deren Anzahl von den Quantenzahlen bestimmt wird.

Ab Hauptquantenzahl $n = 2$ können *p-Orbitale* mit $l = 1$ vorkommen. In ihnen hängt die Aufenthaltswahrscheinlichkeit des Elektrons vom Kernabstand r und von den Winkeln ϑ und φ ab, da l in Gl. (2.3) als Index an R und Y auftritt. Daraus ergibt sich eine hantelförmige Wahrscheinlichkeitsdichteverteilung, zu deren Beschreibung man meist wieder in das kartesische Koordinatensystem übergeht. Entsprechend den drei Raumkoordinaten erhält man drei Möglichkeiten für die Darstellung der Winkelteile y des p_x-, p_y- und p_z-Orbitals, die Abb. 5 darstellt.

Ab Hauptquantenzahl $n = 3$ sind außerdem noch d-Orbitale mit einer rosettenförmigen Wahrscheinlichkeitsdichteverteilung des Elektrons möglich. Ihr äußeres Bild zeigt Abb. 6. Die Maxima der

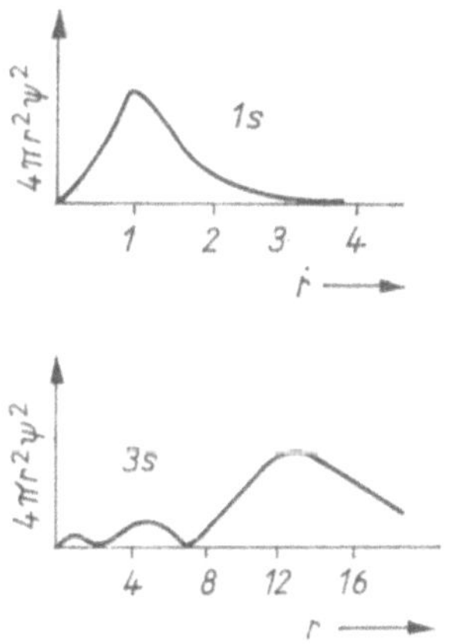

Abb. 4. Aufenthaltswahrscheinlichkeitsfunktionen von s-Orbitalen

Elektronendichte liegen beim dz^2- und dx^2-y^2-Orbital auf den Koordinatenrichtungen, beim d_{xy}-, d_{yz}- und d_{zx}-Orbital zwischen den Koordinatenrichtungen.

Die noch fehlende Quantenzahl m ist die *Magnetquantenzahl.* Sie ist ein Ausdruck dafür, daß der Vektor des Drehimpulses der Elektronen in den nichtkugelsymmetrischen Orbitalen (p, d, f) in einem angelegten Magnetfeld eine unterschiedliche Orientierung haben kann. Er kann entweder eine Kreisbahn mit $m = 0$ oder Kegeloberflächen mit positiven oder negativen Werten von m beschreiben. Die Magnetquantenzahl m hängt somit von der

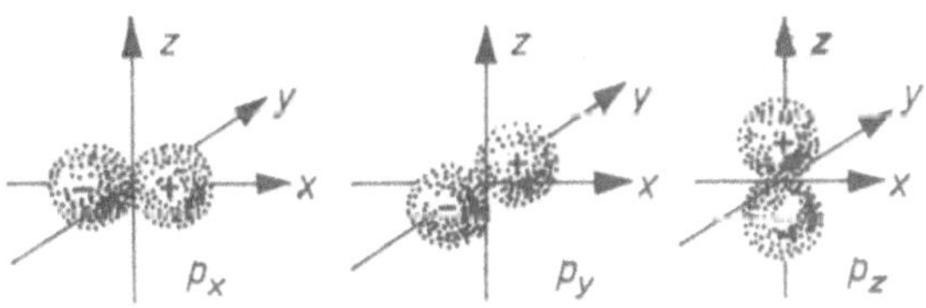

Abb. 5. Darstellung der p-Orbitale

Nebenquantenzahl l ab und kann folgende Werte haben: $m = +l \ldots 0 \ldots -l$. Für d-Orbitale mit $l = 2$ kann $m = +2, +1, 0, -1, -2$ sein, d. h., es gibt die in Abb. 6 gezeigten fünf d-Orbitale.

Für die vollständige Beschreibung des Zustandes eines Elektrons ist als weitere Eigenschaft ein Eigendrehimpuls, der Spin genannt wird, zu berücksichtigen. Er besitzt bezüglich der Richtung zwei

Tabelle 6

Quantenzahlen und mögliche Elektronenzustände

n	l	Orbital	m	s	Anzahl der Kombinationen	
1	0	1s	0	+1/2, −1/2	2	
2	0	2s	0	+1/2, −1/2	2	8
2	1	2p	+1, 0, −1,	+1/2, −1/2	6	
3	0	3s	0	+1/2, −1/2	2	
3	1	3p	+1, 0, −1	+1/2, −1/2	6	18
3	2	3d	+2, +1, 0, −1, −2	+1/2, −1/2	10	
4	0	4s	0	+1/2, −1/2	2	
4	1	4p	+1, 0, −1	+1/2, −1/2	6	32
4	2	4d	+2, +1, 0, −1, −2	+1/2, −1/2	10	
4	3	4f	+3, +2, +1, 0, −1, −2, −3	+1/2, −1/2	14	

Einstellmöglichkeiten, die durch die *Spinquantenzahl* $s = 1/2$ oder $s = -1/2$ als vierter Quantenzahl unterschieden werden.

Jede Folge von Quantenzahlen, die nach den angeführten Regeln gebildet worden sind, stellt einen möglichen *Elektronenzustand* dar, dem eine sinnvolle Wellenfunktion entspricht. Diese erlaubten Kombinationen sind in Tab. 6 zusammengestellt. Wie man sieht, beträgt die Anzahl der möglichen Elektronenzustände $2n^2$.

Die bisherigen Betrachtungen bezogen sich ausschließlich auf das einfachste stoffliche System, das aus einem Proton und einem Elektron bestehende Wasserstoffatom. Bei diesem besetzt im normalen energieärmsten Elektronenzustand, dem *Grundzustand*, das Elektron das 1s-Orbital. Durch Energiezufuhr kann das Elektron in *angeregte Zustände* angehoben werden, das sind die weiteren in Tab. 6 genannten Elektronenzustände. Für das Wasserstoffatom hängt der Energiezustand der Orbitale nur von der Hauptquantenzahl ab, das 2s-, das $2p_x$-, das $2p_y$- und das $2p_z$-Orbital haben die gleiche Energie. Man nennt solche Energie-

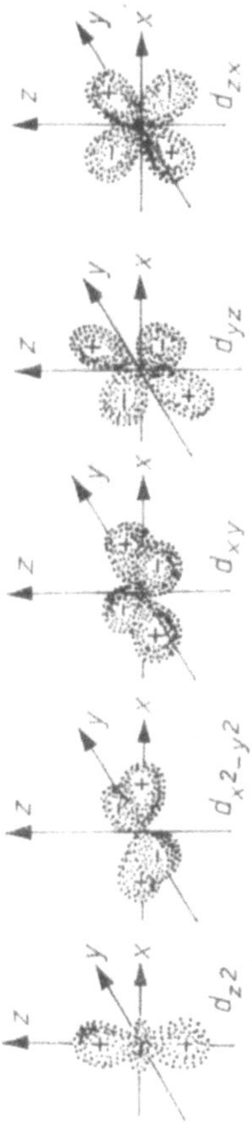

Abb. 6. Darstellung der *d*-Orbitale

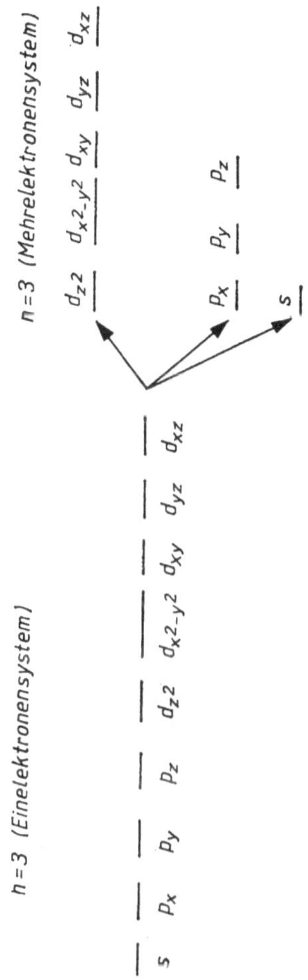

Abb. 7. Aufspaltung der Orbitale der Hauptquantenzahl 3

zustände oder Energieniveaus *entartet,* die Orbitale der Hauptquantenzahl 2 sind also vierfach entartet, die der Hauptquantenzahl 3 neunfach entartet.

Die SCHRÖDINGER-Gleichung ist nur für das Wasserstoffatom exakt gelöst, bei mehreren Elektronen wird durch deren gegenseitige Abstoßung der Ausdruck für die potentielle Energie außerordentlich kompliziert, so daß nur Näherungslösungen möglich sind. Damit ist auch die Ableitung der Quantenzahlen und der Orbitaldarstellungen streng nur für das Wasserstoffatom gültig. Eine Fülle experimenteller Ergebnisse zeigt aber, daß eine Übertragung vom Einelektronensystem auf *Mehrelektronensysteme* grundsätzlich gerechtfertigt ist. Dabei sind allerdings drei Besonderheiten zu beachten:

1. Die Energie der durch die Hauptquantenzahl bestimmten Energieniveaus wird mit zunehmender Ladung des Atomkerns kleiner, da die Elektronenwolken durch die Wirkung des höher geladenen Kernes kompakter werden.
2. Die Entartung der Energieniveaus wird teilweise aufgehoben, es tritt eine Aufspaltung in Unterniveaus verschiedener Energie ein, die allerdings in sich entartet sind, wie das Abb. 7 für die Orbitale der Hauptquantenzahl 3 zeigt.
3. Diese Aufspaltung bewirkt, daß die Hauptquantenzahl nicht mehr allein die Energie der Orbitale bestimmt; es treten Verschiebungen ein, so daß z. B. das $4s$-Unterniveau energetisch tiefer liegt als das $3d$-Unterniveau.

Die Energiehöhe der Unterniveaus wird für leichte Elemente durch die $(n + l)$-*Regel* bestimmt, die besagt, daß das Unterniveau mit dem kleinsten $(n + l)$-Wert die niedrigste Energie hat. Bei gleichem $(n + l)$-Wert hat das Unterniveau mit dem kleineren n-Wert die niedrigere Energie. Die so erhaltene Reihenfolge zeigt Abb. 8.

Unter Anwendung dieser Besonderheiten kann die Elektronenhülle der Elemente mit steigender Kernladungszahl aufgebaut werden. Das nächsthöhere Element wird jeweils durch Hinzufügen eines Protons und eines oder mehrerer Neutronen sowie eines Elektrons aus dem vorhergehenden gebildet:

$${}^{1}_{1}\mathrm{H} \triangleq 1p^{+} + 1e^{-}$$

$${}^{4}_{2}\mathrm{He} \triangleq 2p^{+} + 2n + 2e^{-}$$

$${}^{7}_{3}\mathrm{Li} \triangleq 3p^{+} + 4n + 3e^{-} \qquad \text{usw.}$$

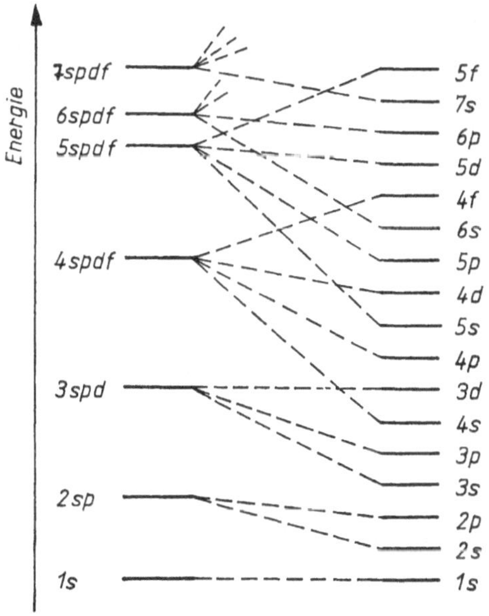

Abb. 8. Aufspaltung der Energieniveaus

Bei der Anwendung dieses *Aufbauprinzips* ergibt sich die Frage, in welches Orbital das hinzukommende Elektron eingebaut wird und welchen Spin es hat. Für diese Entscheidung sind drei Grundsätze maßgebend:

1. Jedes hinzukommende Elektron geht in das zur Verfügung stehende Orbital mit der niedrigsten Energie ($(n + l)$-Regel)
2. In einem Atom können niemals zwei Elektronen in allen vier Quantenzahlen übereinstimmen.

Dieser zweite Grundsatz ist das PAULI-*Prinzip*. Da jedes Orbital durch die drei Quantenzahlen n, l und m charakterisiert ist, besagt das PAULI-Prinzip, daß ein Orbital nur zwei Elektronen mit antiparallelem, d. h. entgegengesetztem Spin ($s = +1/2$ und $s = -1/2$) aufnehmen kann. Damit wird die Zuordnung der Elektronen der Elemente zu bestimmten Energiezuständen, die Aufstellung der *Elektronenkonfiguration der Elemente* möglich. Zur Charakterisierung dieser Elektronenkonfigurationen hat sich als Kurzschreibweise die Bezeichnung nl^x eingeführt, wobei die Hauptquantenzahl n in arabischen Ziffern, die Nebenquantenzahl l in Buchstaben (s, p, d, f...) angegeben wird und x die Anzahl der Elektronen im Unterniveau bedeutet. Als Beispiele seien die so gebildeten Elektronenkonfigurationen aufgeführt:

$_{2}$He $\triangleq 1s^2$ $_{3}$Li $\triangleq 1s^2\, 2s^1$

$_{5}$B $\triangleq 1s^2\, 2s^2\, 2p^1$ $_{8}$O $\triangleq 1s^2\, 2s^2\, 2p^4$

$_{15}$P $\triangleq 1s^2\, 2s^2\, 2p^6\, 3s^2\, 3p^3$

$_{25}$Mn $\triangleq 1s^2\, 2s^2\, 2p^6\, 3s^2\, 3p^6\, 4s^2\, 3d^5$

Mit dieser Schreibweise wird aber nur zum Ausdruck gebracht, wie weit die Unterniveaus mit Elektronen besetzt sind, nicht in welchem Orbital sich diese befinden. Bei Sauerstoff, Phosphor und Mangan sind das dreifach entartete p-Niveau bzw. das fünffach entartete d-Niveau unvollständig besetzt. Unter Beachtung der beiden genannten Grundsätze sind Einfach- oder Doppelbesetzungen des p- bzw. des d-Orbitals möglich. Welche Anordnung tatsächlich vorliegt, bestimmt der dritte Grundsatz, die HUND*sche Regel*:

3. Bei Zuständen gleicher Energie wird jedes Orbital zuerst nur mit einem Elektron besetzt. Erst wenn alle energiegleichen Orbitale einfach besetzt sind, kann in jedem Orbital noch ein zweites Elektron mit entgegengesetztem Spin untergebracht werden.

Der Grund für die Gültigkeit der HUNDschen Regel liegt darin, daß bei der Einfachbesetzung eine geringere Wechselwirkung zwischen den Orbitalen stattfindet, zur Doppelbesetzung muß eine Spinpaarungsenergie aufgebracht werden.

Die sich daraus ergebenden genauen Orbitalbesetzungen für die zehn leichtesten Elemente gibt Abb. 9 an. Sauerstoff hat also die Elektronenkonfiguration $1s^2\, 2s^2\, 2p_x{}^2\, 2p_y{}^1\, 2p_z{}^1$. Die Pfeile geben die Spinrichtung der Elektronen wieder. Die einfach besetzten Orbitale enthalten ungepaarte Elektronen, durch die das Atom ein magnetisches Moment erhält, dessen Größe von deren Anzahl bestimmt wird. Atome oder Moleküle mit ungepaarten Elektronen nennt man Radikale; sie werden in ein angelegtes äußeres Magnetfeld hineingezogen, sie sind *paramagnetisch*.

Die Elektronenkonfiguration der Elemente ist die theoretische Grundlage für das Periodensystem der Elemente. Damit läßt sich aus dem wellenmechanischen Atommodell das Periodensystem ableiten, aus dem wesentliche chemische und physikalische Eigen-

Element	Elektronenkonfiguration					Anzahl der ungepaarten Elektronen
	1s	2s	$2p_x$	$2p_y$	$2p_z$	
H	↑					1
He	↑↓					0
Li	↑↓	↑				1
Be	↑↓	↑↓				0
B	↑↓	↑↓	↑			1
C	↑↓	↑↓	↑	↑		2
N	↑↓	↑↓	↑	↑	↑	3
O	↑↓	↑↓	↑↓	↑	↑	2
F	↑↓	↑↓	↑↓	↑↓	↑	1
Ne	↑↓	↑↓	↑↓	↑↓	↑↓	0

Abb. 9. Orbitalbesetzungen der Elemente Wasserstoff bis Neon

schaften der Elemente und ihrer Verbindungen zu entnehmen sind. Die Energiezustände der Elektronenhülle bestimmen das chemische Verhalten der Elemente.

3. Periodensystem der Elemente

Die Periodizität der Elementeigenschaften, d. h. die regelmäßige Wiederkehr ähnlicher Eigenschaften bei der Anordnung der Elemente nach steigender Atommasse wurde bereits zwischen 1790 und 1868 von mehreren Chemikern an einem Teil der damals bekannten Elemente bemerkt. Ein umfassendes System der Elemente stellten aber erst 1868/69 praktisch gleichzeitig und unabhängig voneinander Lothar Meyer und Dimitrij I. Mendelejew auf. Ein überzeugender Beweis für die Leistungsfähigkeit des Periodensystems war die Vorhersage der Eigenschaften noch unentdeckter Elemente durch Mendelejew. So stimmen die Eigen-

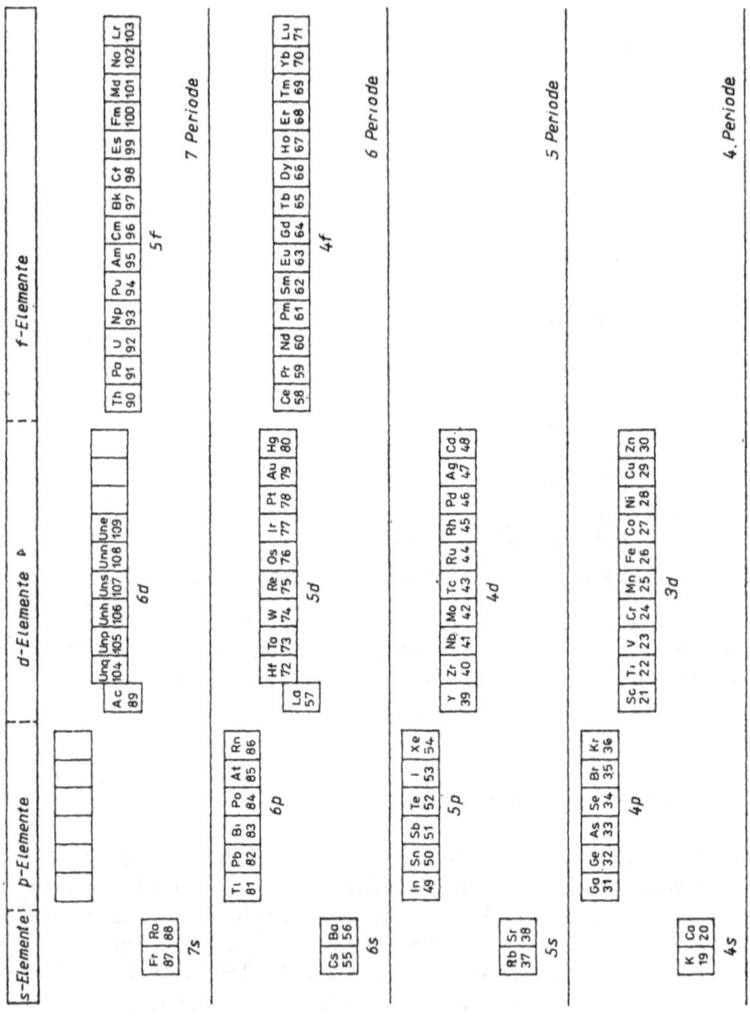

s-Elemente
p-Elemente
d-Elemente
f-Elemente
Fr 87 Ra 88
7s
Ac 89
Unq 104 Unp 105 Unh 106 Uns 107 Unn 108 Une 109
6d
Th 90 Pa 91 U 92 Np 93 Pu 94 Am 95 Cm 96 Bk 97 Cf 98 Es 99 Fm 100 Md 101 No 102 Lr 103
5f
7 Periode
Cs 55 Ba 56
6s
Tl 81 Pb 82 Bi 83 Po 84 At 85 Rn 86
6p
La 57
Hf 72 Ta 73 W 74 Re 75 Os 76 Ir 77 Pt 78 Au 79 Hg 80
5d
Ce 58 Pr 59 Nd 60 Pm 61 Sm 62 Eu 63 Gd 64 Tb 65 Dy 66 Ho 67 Er 68 Tm 69 Yb 70 Lu 71
4f
6 Periode
Rb 37 Sr 38
5s
In 49 Sn 50 Sb 51 Te 52 I 53 Xe 54
5p
Y 39 Zr 40 Nb 41 Mo 42 Tc 43 Ru 44 Rh 45 Pd 46 Ag 47 Cd 48
4d
5 Periode
K 19 Ca 20
4s
Ga 31 Ge 32 As 33 Se 34 Br 35 Kr 36
4p
Sc 21 Ti 22 V 23 Cr 24 Mn 25 Fe 26 Co 27 Ni 28 Cu 29 Zn 30
3d
4. Periode

Abb. 10 (2. Teil.)

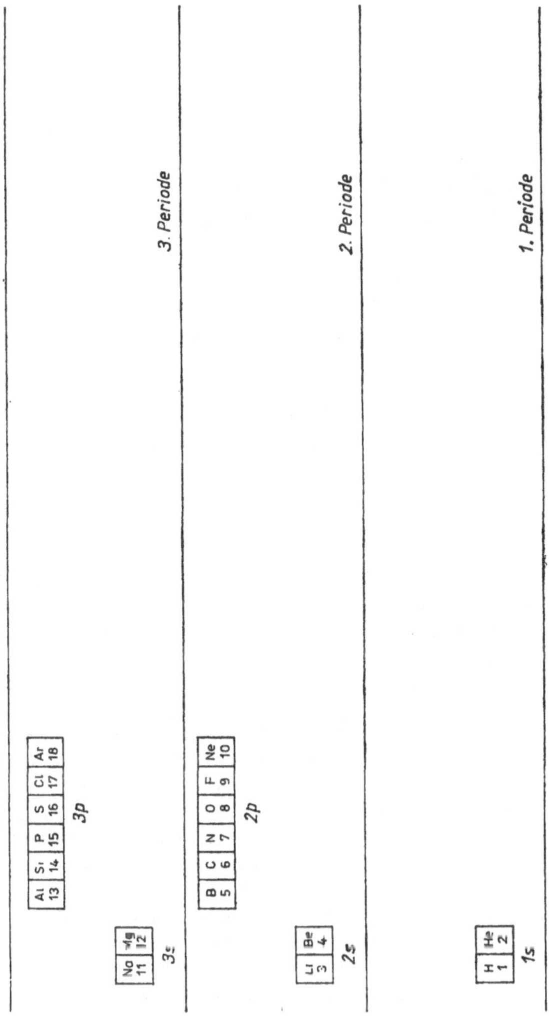

Abb. 10 (1. Teil). Energieniveaudiagramm der Elemente

schaften des 1886 von Clemens WINKLER entdeckten Elementes Germanium erstaunlich genau mit den schon 1871 von MENDELEJEW aus der Stellung im Periodensystem abgeleiteten Eigenschaften überein.

3.1. Aufbauprinzip

Gegenwärtig wird eine Anzahl verschiedenartiger Darstellungen des Periodensystems verwendet. Der Zusammenhang zwischen Energieniveauschema, Elektronenkonfiguration und Eigenschaften der Elemente geht am besten aus dem *Energieniveaudiagramm der Elemente* hervor, das Abb. 10 zeigt. Der Vergleich mit der Reihenfolge der Orbitalbesetzung (Abb. 9) läßt erkennen, wie aus dieser Form des Periodensystems unter Beachtung der Hundschen Regel die Elektronenkonfiguration der Elemente unmittelbar zu entnehmen ist.

So wird in der 1. Periode, die manchmal auch als Vorperiode bezeichnet wird, bei den Elementen Wasserstoff und Helium das 1*s*-Orbital mit Elektronen besetzt; sie umfaßt also nur zwei Elemente. In der 2. Periode erfolgt die Besetzung des 2*s*-Orbitals und der drei 2*p*-Orbitale mit je zwei Elektronen bei den acht Elementen Lithium bis Neon. Die 3. Periode ist ebenfalls eine Achterperiode, bei den Elementen Natrium bis Argon werden die 3*s*- und 3*p*-Orbitale besetzt. Die 4. Periode umfaßt 18 Elemente, nach der Besetzung des 4*s*-Orbitals bei Kalium und Calcium erfolgt die Auffüllung der energieärmeren 3*d*-Orbitale (s. Abb. 8) bei Scandium bis Zink, bevor bei Gallium bis Krypton die 4*p*-Orbitale besetzt werden. Da die 4*f*-Orbitale energiereicher sind als die 5*s*-, 5*p*- und 6*s*-Orbitale (Abb. 8), enthält die 5. Periode wiederum 18 Elemente, beim Rubidium und Strontium wird das 5*s*-Orbital, bei Yttrium bis Cadmium werden die fünf 4*d*-Orbitale und bei Indium bis Xenon die drei 5*p*-Orbitale besetzt. In der 6. Periode erfolgt beim Caesium und Barium die Besetzung des 6*s*-Orbitals, beim Lanthan wird das erste Elektron in das 5*d*-Orbital eingebaut. Dann beginnt aber beim Cerium die Auffüllung der sieben 4*f*-Orbitale bis zum Lutetium, bevor beim Hafnium die Besetzung der 5*d*-Orbitale fortgesetzt wird. Der Einbau der Elektronen in die 6*p*-Orbitale bei den Elementen Thallium bis Radon schließt dann die 6. Periode ab. Der Aufbau der 7. Periode gleicht dem der 6. Periode, doch sind noch nicht alle zugehörigen Elemente bekannt. Die Elemente dieser Periode sind radioaktiv; sie kommen ab Neptunium in der Natur nicht vor und müssen durch Kernreaktionen (s. 2.1) gewonnen werden. Bei der Aufstellung der Elektronenkonfiguration muß allerdings beachtet werden, daß die im Energieniveaudiagramm angegebene Energiehöhe der Orbitale nur für die Elemente gilt, bei denen die Besetzung der entsprechenden Unterniveaus begonnen wird. So ist z. B. beim Scandium das 3*d*-Orbital energiereicher als das $4s$-Orbital, für die höheren $3d$-Elemente gilt das aber nicht mehr, dort werden bei der Bildung positiver Ionen zuerst die $4s$-Elektronen abgegeben. Außerdem können als Folge der besonders hohen Stabilität halbbesetzter und vollständig besetzter Unterniveaus ab der 4. Periode gewisse Elektronenumbesetzungen auftreten. Beim Chromium und Kupfer liegen z. B. durch Einbezug eines $4s$-Elektrons folgende Elektronenbesetzungen mit halb- bzw. vollbesetztem $3d$-Niveau vor: Chromium $3d^5\,4s^1$ Kupfer $3d^{10}\,4s^1$. Ähnliche Verhältnisse gelten für die Besetzung der weiteren d- und f-Orbitale. In der 6. und 7. Periode treten durch die Kompliziertheit des Gesamtelektronensystems noch zusätzliche Unregelmäßigkeiten auf.

Nach der Elektronenkonfiguration unterscheidet man die

- *Hauptgruppenelemente,* bei denen s- und p-Orbitale besetzt werden und die
- *Nebengruppenelemente,* bei denen die d- und f-Orbitale aufgebaut werden. Innerhalb der Nebengruppenelemente treten die Reihen der *Lanthanoide* und *Actinoide* als herausgehobene Gruppen auf. Bei ihnen werden die $4f$- bzw. $5f$-Orbitale besetzt, die Benennung wurde nach den Elementen getroffen, auf die sie folgen.

Es wird eine größere Anzahl unterschiedlicher Formen des Periodensystems verwendet, in denen die Elemente in verschiedener Weise angeordnet sind. Die klassische Form des *Kurzperiodensystems* zeigt Abb. 11. Außer den bereits diskutierten waagerechten Perioden treten hier die durch römische Zahlen gekennzeichneten senkrechten Gruppen hervor, bei denen zwischen der mit *A* bezeichneten Hauptgruppe und der mit *B* bezeichneten Nebengruppe unterschieden wird. Die Elemente einer Gruppe haben die gleiche Elektronenbesetzung der energiehöchsten äußeren Orbitale. Die p-Elektronenbesetzung der Hauptgruppenelemente entspricht der d-Elektronenbesetzung der Nebengruppenelemente, z. B.

Silicium	IV. Hauptgruppe:	$3s^2\,3p^2$
Titanium	IV. Nebengruppe:	$4s^2\,3d^2$

Da eine d-Reihe aus zehn Elementen besteht, müssen im Kurzperiodensystem in der VIII. Gruppe drei d-Elemente untergebracht werden. Die Lanthanoide und Actinoide werden getrennt aufgeführt.

Durch die gleichartige Elektronenkonfiguration haben die Elemente einer Gruppe ähnliche chemische und physikalische Eigenschaften. Besonders stark ist das bei den Elementgruppen der Alkalimetalle (Li...Fr), der Erdalkalimetalle (Ca...Ra), der

	I A	I B	II A	II B	III B'	III A	IV B	IV A	V B	V A	VI B	VI A	VII B	VII A	VIII B	VIII A
1	H 1															He 2
2	Li 3		Be 4			B 5		C 6		N 7		O 8		F 9		Ne 10
3	Na 11		Mg 12			Al 13		Si 14		P 15		S 16		Cl 17		Ar 18
4	K 19		Ca 20		Sc 21		Ti 22		V 23		Cr 24		Mn 25		Fe 26 Co 27 Ni 28	
		Cu 29		Zn 30		Ga 31		Ge 32		As 33		Se 34		Br 35		Kr 36
5	Rb 37		Sr 38		Y 39		Zr 40		Nb 41		Mo 42		Tc 43		Ru 44 Rh 45 Pd 46	
		Ag 47		Cd 48		In 49		Sn 50		Sb 51		Te 52		I 53		Xe 54
6	Cs 55		Ba 56		La 57		Hf 72		Ta 73		W 74		Re 75		Os 76 Ir 77 Pt 78	
		Au 79		Hg 80		Tl 81		Pb 82		Bi 83		Pb 84		At 85		Rn 86
7	Fr 87		Ra 88		Ac 89		Unq 104		Unp 105		Unh 106		Uns 107			

Lanthanoide	Ce 58	Pr 59	Nd 60	Pm 61	Sm 62	Eu 63	Gd 64	Tb 65	Dy 66	Ho 67	Er 68	Tm 69	Yb 70	Lu 71
Actinoide	Th 90	Pa 91	U 92	Np 93	Pu 94	Am 95	Cm 96	Bk 97	Cf 98	Es 99	Fm 100	Md 101	No 102	Lr 103

Abb. 11. Kurzperiodensystem

Halogene (F...At) und der Edelgase (He...Rn) ausgeprägt. Die Elektronenkonfiguration der Edelgase mit vollständig besetzten *s*- und *p*-Orbitalen hat eine besonders hohe Stabilität, die sich in der außerordentlichen Reaktionsträgheit dieser Elemente äußert. Die energetisch über Edelgaskonfigurationen liegenden Elektronen spielen für die Verbindungsbildung eine besonders große Rolle, sie werden oft als Valenzelektronen bezeichnet. Bei der Angabe der Elektronenkonfiguration der Elemente werden deshalb meist nur die Valenzelektronen berücksichtigt und die darunter liegende Edelgaskonfiguration durch das in Klammer gesetzte Elementsymbol wiedergegeben, z. B. für Phosphor [Ne] $3s^2\ 3p^3$, für Eisen [Ar] $4s^2\ 3d^6$.

Die vorstehenden Betrachtungen zeigen, daß die maßgebende Größe für die Einordnung eines Elementes in das Periodensystem die Kernladungszahl ist, nicht wie ursprünglich angenommen die Atommasse. Die Kernladungszahl ist für das neutrale Atom gleich der Anzahl der Elektronen in der Atomhülle und damit gleich der Ordnungszahl des Elements im Periodensystem.

An einigen Stellen des Periodensystems wie bei den Elementen Tellur – Iod, Argon – Kalium, Cobalt – Nickel und den leichteren Actinoiden entspricht die Reihenfolge der Elemente nicht einer Anordnung nach steigender Atommasse (s. Tab. 3), da bei den Elementen mit höherer Ordnungszahl die Stabilität der leichteren Isotope größer ist.

3.2. *Periodische Änderung von Elementeigenschaften*

Etliche Elementeigenschaften ändern sich periodisch mit zunehmender Ordnungszahl, z. B. Atom- und Ionenradien, Ionisierungsenergien, Oxydationszahlen, das magnetische Verhalten, Schmelzpunkte, Siedepunkte, Phasenübergangsenergien. Die Eigenschaften gleichartiger Verbindungen wie Oxide, Halogenide usw. ändern sich ebenfalls in periodischer Weise. Beispiele solcher Eigenschaftsänderungen, die auch die Aussagemöglichkeiten des Periodensystems verdeutlichen, sollen hier besprochen werden.

3.2.1. *Ionisierungsenergie*

Als *Ionisierungsenergie* wird die Energie bezeichnet, die für die Abtrennung eines Elektrons aufzuwenden ist. Bei diesem Vorgang entstehen positiv geladene Ionen, die *Kationen* genannt werden, weil sie im elektrischen Feld zum negativ geladenen Pol, der

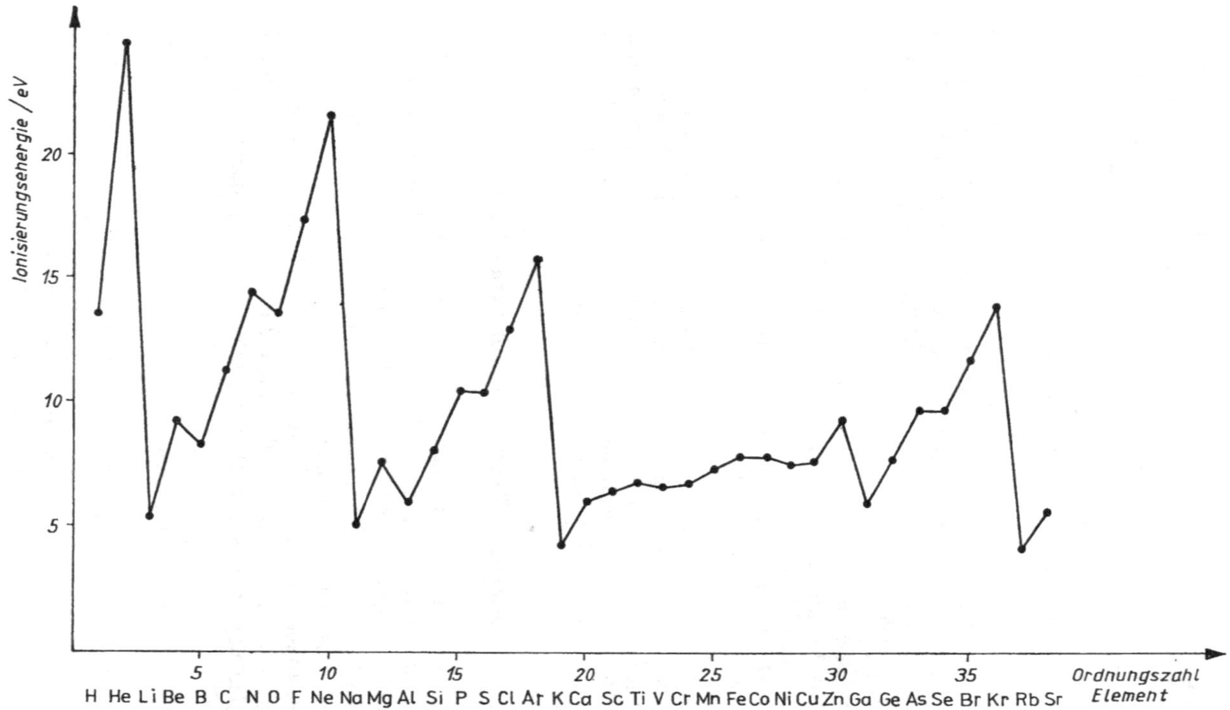

Abb. 12. Ionisierungsenergie in Abhängigkeit von der Ordnungszahl

Tabelle 7

Ionisierungsenergien der ersten 20 Elemente

Nr.	Symbol	Ionisierungsenergien in eV für das										
		1.	2.	3.	4.	5.	6.	7.	8.	9.	10.	Abgespaltenes Elektron
1	H	13,6										
2	He	24,6	54,4									
3	Li	5,4	75,6	122,4								
4	Be	9,3	18,2	153,9	217,7							
5	B	8,3	25,1	37,9	259,3	340,1						
6	C	11,3	24,4	47,9	64,5	391,9	489,8					
7	N	14,5	29,6	47,4	77,5	97,9	551,9	666,8				
8	O	13,6	35,2	54,9	77,4	113,9	138,1	739,1	871,1			
9	F	17,4	35,0	62,6	87,2	114,2	157,1	185,1	953,6	1100,0		
10	Ne	21,6	41,0	64,0	97,1	126,4	157,9	207,0	238,0	1190,0	1350,0	
11	Na	5,1	47,3	71,6	98,9	138,6	172,4	208,4	264,1	299,9	1460,0	
12	Mg	7,6	15,0	80,1	109,3	141,2	186,7	225,3	266,0	328,2	367,0	
13	Al	6,0	18,8	28,4	120,0	153,8	190,4	241,9	285,1	331,6	399,2	
14	Si	8,1	16,3	33,5	45,1	166,7	205,1	246,4	303,2	349,0	407,0	
15	P	11,0	19,7	30,1	51,4	65,0	220,4	263,3	309,2	380,0	433,0	
16	S	10,4	23,4	35,0	47,3	72,5	88,0	281,0	328,8	379,1	459,0	
17	Cl	13,0	23,8	39,9	53,5	67,8	96,7	114,3	348,3	398,8	453,0	
18	Ar	15,8	27,6	40,9	59,8	75,0	91,3	124,0	143,5	434,0	494,0	
19	K	4,3	31,8	46,0	60,9	83,0	101,0	120,0	155,0	176,0	501,4	
20	Ca	6,1	11,9	51,2	67,0	84,0	111,0	127,0	151,0	189,0	211,4	

Kathode wandern, z. B.: $Na^{\pm 0} \xrightarrow{E} Na^+ + e^-$. Wie Abb. 12 zeigt, nimmt die Ionisierungsenergie innerhalb einer Periode des Periodensystems zu, da sich bei gleichbleibender Hauptquantenzahl die Kernladung vergrößert. Innerhalb einer Gruppe des Periodensystems nimmt die Ionisierungsenergie ab, da beim Übergang zu den höheren Homologen sich bei gleichbleibender Elektronenkonfiguration das äußerste Elektron in immer energiehöheren Orbitalen befindet, aus denen die Abspaltung leichter wird. Die Höchstwerte der Ionisierungsenergie liegen bei den reaktionsträgen Edelgasen, die niedrigsten Werte bei den Alkalimetallen, die also besonders leicht in positive Ionen übergehen. Die höhere Stabilität voll- und halbbesetzter Unterniveaus gibt sich durch kleinere Sprünge zu erkennen.

So haben Beryllium und Magnesium mit vollbesetztem *s*-Niveau oder Stickstoff und Phosphor mit halbbesetztem *p*-Niveau trotz kleinerer Kernladung eine höhere Ionisierungsenergie als Bor und Aluminium mit $n\,s^2\,p^1$-Besetzung oder Sauerstoff und Schwefel, bei denen die erste Doppelbesetzung eines *p*-Orbitals erfolgt. In der dritten Periode nimmt bei den Nebengruppenelementen die Ionisierungsenergie nur wenig zu, da immer ein 4*s*-Elektron abgetrennt wird.

Die Energiebeträge für die Ablösung eines zweiten Elektrons und weiterer Elektronen sind wesentlich höher als die ersten Ionisierungsenergien, wie Tab. 7 zeigt, da die Abtrennung gegen das Feld eines positiven Ions erfolgen muß. Besonders groß ist die aufzuwendende Energie, wenn ein Elektron aus einer Edelgaskonfiguration entfernt werden soll. Die Hauptgruppenmetalle und die Metalle der ersten bis dritten Nebengruppe bilden daher bevorzugt Kationen mit Edelgaskonfiguration wie Na^+, Ag^+, Ca^{2+}, Zn^{2+} Al^{3+}, La^{3+}.

3.2.2. *Elektronenaffinität*

Als *Elektronenaffinität* wird das Bestreben der neutralen Atome bezeichnet, Elektronen unter Bildung negativ geladener Ionen aufzunehmen, z. B.: $Cl^{\pm 0} + e^- \rightarrow Cl^-$. Negative Ionen werden *Anionen* genannt, da sie im elektrischen Feld zum positiven Pol, der Anode wandern. Die Größe der Elektronenaffinität der Elemente läßt sich an dem Energiebetrag erkennen, der bei der Elektronenanlagerung frei wird oder aufzuwenden ist. Auch die Bildung von Anionen ist begünstigt, wenn dabei stabile Elektronenkonfigurationen entstehen. Die Halogene haben besonders hohe Elektronenaffinitäten, da die bei der Elektronenaufnahme entstehenden Halogenidionen Edelgaskonfiguration besitzen. Eine Übersicht der Energiebeträge bei der Bildung einiger negativer Ionen enthält Tab. 8.

Ein negatives Vorzeichen bedeutet, daß bei der Bildung der Ionen Energie abgegeben wird, ein positives Vorzeichen, daß Energie zugeführt werden muß.

Wie die Werte für die O^{2-}- und S^{2-}-Ionen zeigen, erfordert die Aufnahme eines zweiten Elektrons eine hohe Energiezufuhr, die aber bei der Bildung von Festkörpern durch die freiwerdende Gitterenergie ausgeglichen wird.

Tabelle 8
Elektronenaffinitäten

Gebildetes Ion	Energie ($kJ \cdot mol^{-1}$)	Gebildetes Ion	Energie ($kJ \cdot mol^{-1}$)
F^-	−340	H^-	−68,8
Cl^-	−356	O^-	−41,4
Br^-	−331	O^{2-}	+645
I^-	−302	S^{2-}	+332

3.2.3. Atom- und Ionenradien

Die Größe von Atomen und Ionen hat wesentliche Bedeutung fur Aufbau und Eigenschaften von Festkörpern, die Ionengröße außerdem zusammen mit der Ionenladung für den Zustand der Ionen in Lösung. Obwohl die Elektronenhüllen der Atome und Ionen keine scharfe Begrenzung besitzen (s. 2.2.), verhalten sie sich in Festkörpern näherungsweise wie starre Kugeln. Durch die Messung der Beugungserscheinungen von Röntgenstrahlen und beschleunigten Elektronen an Festkörpern kann man brauchbare Atom- und Ionenradien bestimmen. Die periodische Änderung der Atomradien ist aus Abb. 13 deutlich zu erkennen. Während innerhalb einer Periode der Atomradius sich von den Alkalimetallen zu den Halogenen verringert, da auf Elektronen des gleichen Hauptenergieniveaus eine ständig zunehmende Kernladung einwirkt, tritt bei der vollständigen Besetzung und beim Übergang zu einer neuen Hauptquantenzahl ein sprunghafter Anstieg des Atomradius auf. Eine Aufweitung ist allerdings bereits durch die

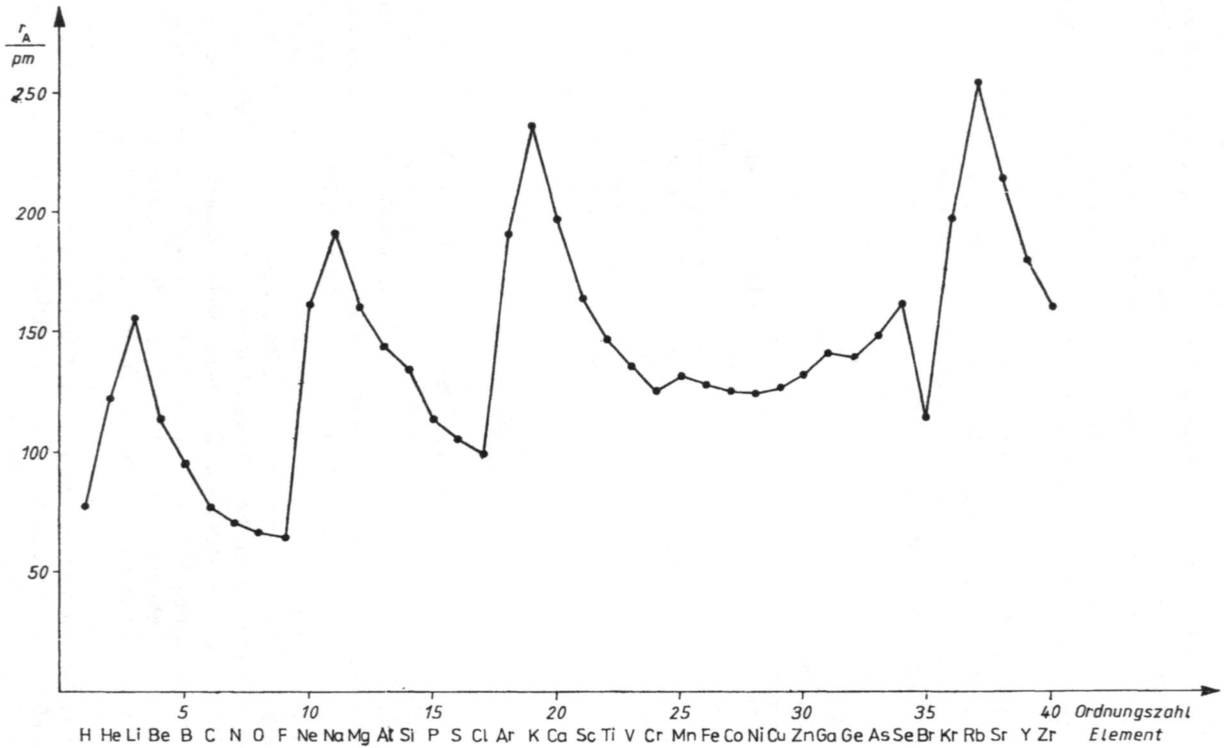

Abb. 13. Atomradien in Abhängigkeit von der Ordnungszahl

Elektronenabstoßung in den vollbesetzten Energieniveaus der Edelgase festzustellen.

Die Periodizität ist bei den Hauptgruppenelementen am deutlichsten ausgeprägt, da bei den Nebengruppenelementen und besonders den Lanthanoiden und Actinoiden der Einbau der Elektronen in ein tiefer gelegenes Energieniveau erfolgt, dessen Einfluß durch das Niveau der Valenzelektronen überdeckt wird (s. Abb. 10, *3d*-Reihe Sc–Zn).

Im Vergleich zu den Radien der neutralen Atome sind die Radien der negativen Ionen durch die Ausweitung infolge der negativen Überschußladung größer (z. B. beim Sauerstoff $r_O =$ 66 pm, $r_{O^{2-}} = 140$ pm), die der positiven Ionen durch die Wirkung der überschüssigen Kernladung kleiner (z. B. $r_{Na} = 186$ pm, $r_{Na^+} = 95$ pm). Die Wirkung der Kernladung auf die Ionenradien läßt sich am besten durch den Vergleich der sich periodisch ändernden Elementradien mit den Radien isoelektronischer Ionen – d. h. Ionen mit gleicher Elektronenzahl – zeigen, wie sie Tab. 9 für Ionen mit Neonkonfiguration angibt.

Tabelle 9

Radien von Elementen und zugehörigen isoelektronischen Ionen (in pm)

C	N	O	F	Na	Mg	Al	Si
77	70	60	64	186!	160	143	117
C^{4-}	N^{3-}	O^{2-}	F^-	Na^+	Mg^{2+}	Al^{3+}	Si^{4+}
260	171	140	136	95!	65	50	41

3.2.4. *Elektronegativität*

Aus den Ionisierungsenergien und den Elektronenaffinitäten lassen sich Zahlenwerte ableiten, die ein Maß für die Fähigkeit eines Elementes sind, in einer Verbindung die Elektronen anzuziehen. Diese Werte sind vor allem für qualitative und halbquantitative Bindungsbetrachtungen nützlich und werden als *Elektronegativität* bezeichnet. Setzt man für Fluor, das auf Grund seiner hohen Ionisierungsenergie und hohen Elektronenaffinität den höchsten Elektronegativitätswert erhalten muß, nach PAULING den Wert 4,0 fest, so erhält man die in Tab. 10 aufgeführten Elektronegativitäten. Sie lassen erkennen, daß die Elektronegativität allgemein innerhalb einer Periode zunimmt, Caesium erhält damit den niedrigsten Elektronegativitätswert, und man kann folgern, daß im Caesiumfluorid CsF das Valenzelektron des Caesiums unter Bildung von Cs^+- und F^--Ionen auf das Fluor übergegangen ist. Demgegenüber dürfte im Phosphin PH_3 eine symmetrische Elektronenverteilung zwischen Phosphor und Wasserstoff vorliegen. (Weitere Anwendungen des Elektronegativitätsbegriffes s. 4., „Chemische Bindung".)

Tabelle 10
Elektronegativitätswerte einiger Elemente (nach PAULING)

			H 2,1			
Li 1,0	Be 1,5	B 2,0	C 2,5	N 3,0	O 3,5	F 4,0
Na 0,9	Mg 1,2	Al 1,5	Si 1,8	P 2,1	S 2,5	Cl 3,0
K 0,8	Ca 1,0	Sc 1,3	Ge 1,7	As 2,0	Se 2,4	Br 2,8
Rb 0,8	Sr 1,0	Y 1,2		Sb 1,8	Te 2,1	I 2,4
Cs 0,7	Ba 0,9					

3.2.5. *Oxydationszahlen*

Zur Erklärung der unterschiedlichen Zahlenverhältnisse, in denen sich Atome zu Molekülen verbinden, wurde bereits im vorigen Jahrhundert der Begriff *Wertigkeit* oder *Valenz* eingeführt. Die Entwicklung der chemischen Theorie hat gezeigt, daß der ursprüngliche Wertigkeitsbegriff vieldeutig ist; er ist deshalb jetzt in mehrere Unterbegriffe aufgespalten worden. Einer davon ist der Begriff der *Oxydationszahl* oder *Oxydationsstufe*. Man versteht darunter die positive oder negative Ladung eines Atoms. Bei einatomigen Ionen ist die Oxydationszahl gleich der *Ionenladung*, z. B. Fe^{3+}, Cl^-, S^{2-}, Ti^{4+} usw. Bei mehratomigen Ionen oder Molekülen gibt die Oxydationszahl die Ladung an, die das betreffende Atom erhält, wenn alle Valenzelektronen dem elektronegativeren Element zugeordnet werden. Die Summe der Oxydationszahlen der Atome muß gleich der Gesamtladung des Teilchens sein. Bei Verbindungen aus gleichen Elementen (O_2, N_2, S_8 usw.) werden

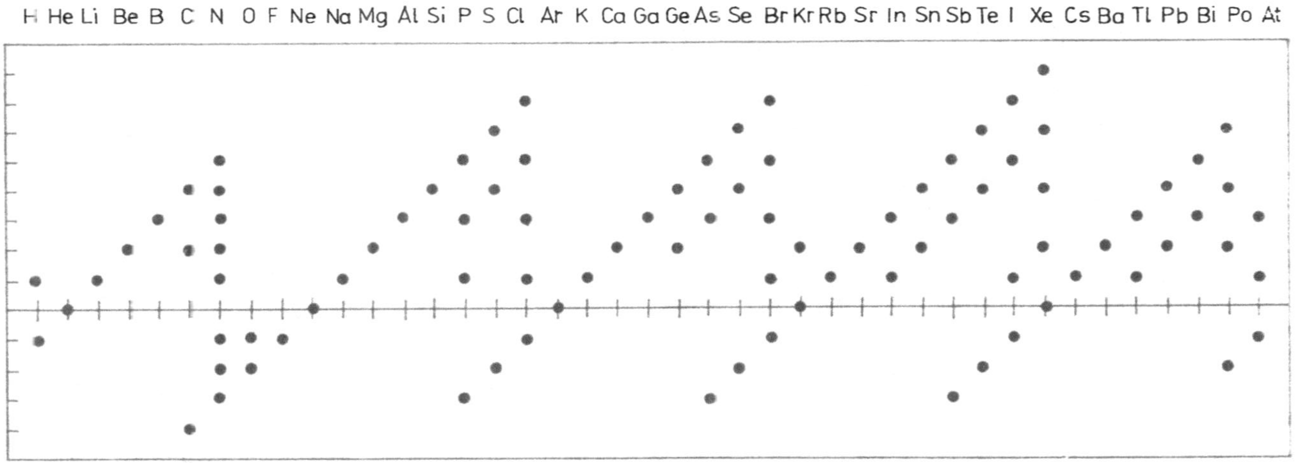

Abb. 14. Wichtigste Oxydationszahlen der Hauptgruppenelemente

die Elektronen gleichmäßig aufgeteilt, so daß sich die Oxydationszahl Null ergibt. Während man die Ionenladung rechts oben am Elementsymbol angibt, wird die Oxydationszahl mit vorangestelltem Vorzeichen über das entsprechende Elementsymbol geschrieben. Als Beispiele seien die Oxydationszahlen von Stickstoff und Schwefel in einigen Verbindungen angegeben: $\overset{\pm 0}{N}_2$, $\overset{-3}{N}H_3$, $\overset{+1}{N}_2O$, $\overset{+4}{N}O_2$, $\overset{+3}{N}O_2^-$, $\overset{+5}{N}_2O_5$, $H\overset{+5}{N}O_3$; $\overset{\pm 0}{S}_8$, $H_2\overset{-2}{S}$, $\overset{+4}{S}O_2$, $\overset{+4}{S}O_3^{2-}$, $\overset{+6}{S}O_3$,, $\overset{+6}{S}O_4^{2-}$. Die Oxydationszahlen lassen sich ebenfalls aus Atombau und Periodensystem ableiten, wie Abb. 14 zeigt. Die wichtigsten Oxydationszahlen entsprechen Ladungen, die beim Erreichen der nächsten Edelgaskonfigurationen erhalten werden. Die größtmöglichen positiven Oxydationszahlen sind gleich der Anzahl der Valenzelektronen und damit gleich der Gruppennummer des Periodensystems, z. B. $\overset{+3}{Al}$, $\overset{+4}{Si}$, $\overset{+5}{N}$, $\overset{+6}{S}$, $\overset{+7}{Cl}$, $\overset{+8}{Xe}$; die größtmögliche negative Oxydationszahl gleich 8 minus Gruppennummer, z. B. $\overset{-1}{Cl}$, $\overset{-2}{S}$, $\overset{-3}{N}$, $\overset{-4}{C}$. Häufig werden neben den größtmöglichen positiven Oxydationszahlen auch um zwei Einheiten niedrigere beobachtet, bei denen das *s*-Elektronenpaar nicht an der Verbindungsbildung beteiligt ist. Metalle haben nur positive Oxydationszahlen, bei den Nichtmetallen wie Stickstoff, Phosphor und den Halogenen tritt eine Vielfalt positiver und negativer Oxydationszahlen auf.

Die Oxydationszahlen haben bei zusammengesetzten Ionen und Molekülen oft nur einen formalen Charakter, doch sind sie für die Berechnung der Mengenverhältnisse bei chemischen Umsetzungen unentbehrlich.

4. Chemische Bindung

Die uns umgebenden Stoffe sind nur selten Elemente wie die Hauptbestandteile der Luft oder die reinen Metalle, sondern meist einfache bis sehr komplizierte *Verbindungen.* Diese Verbindungen entstehen, indem sich Atome zusammenlagern und unter Ausbildung energieärmerer Zustände zu Molekülen verbinden. Die dabei auftretenden chemischen Bindungskräfte sind ihrem Wesen nach einheitlich, in den konkreten Eigenschaften aber stark abhängig von der Art der beteiligten Atome. Man kann als modellmäßige Vereinfachung vier Grenztypen der chemischen Bindung unterscheiden, die wirklichen Verhältnisse müssen aber meist als Überlagerungen dieser Grenztypen aufgefaßt werden. Diese Grenztypen sind

1. die *Ionenbindung* oder heteropolare Bindung, die auftritt, wenn ein großer Elektronegativitätsunterschied zwischen den Verbindungspartnern besteht, z. B. zwischen Metallen und Nichtmetallen. Typische Ionenverbindungen sind salzartige Festkörper wie Natriumchlorid und Aluminiumoxid, die aus Na^+- und Cl^--Ionen bzw. Al^{3+}- und O^{2-}-Ionen aufgebaut sind,
2. die *Atombindung*, homöopolare oder kovalente Bindung, die vorliegt, wenn kein oder ein geringer Elektronegativitätsunterschied zwischen den Verbindungspartnern vorhanden ist. Charakteristisch für diesen Verbindungstyp sind die Molekülverbindungen der Nichtmetalle, die entweder von gleichen Atomen als homonukleare Verbindungen wie H_2, Cl_2, N_2, O_2 oder von unterschiedlichen Atomen als heteronukleare Verbindungen wie PH_3, CH_4, CS_2, NO gebildet werden,
3. die *Metallbindung*, die zwischen den schwach elektronegativen Metallatomen besteht. Typisch für sie sind eine dichte Anordnung der gleichartigen ungeladenen Atome und leicht bewegliche Elektronen,
4. die VAN-DER-WAALS-Bindung, die als allgemeinste, aber meist schwache Bindungskraft immer auftritt, wenn sich Moleküle, Atome oder Ionen einander nähern und die im wesentlichen auf Dipolkräften beruht.

4.1. *Ionenbindung*

Ionenverbindungen entstehen durch Reaktion von Elementen mit großen Elektronegativitätsunterschieden wie Natrium (0,9) und Chlor (3,0):

$$2\,Na + Cl_2 \rightarrow 2\,NaCl$$

Dabei findet ein Elektronenübergang vom Natrium zum elektronegativeren Chlor statt, so daß das gebildete Natriumchlorid aus Na^+-Kationen und Cl^--Anionen besteht. Beide Ionen besitzen *Edelgaskonfiguration*, das Natriumion die des Neons, das Chloridion die des Argons. Die Ausbildung einer Edelgaskonfiguration wird bei der Ionenbildung bevorzugt; sie liegt z. B. bei folgenden häufigen Ionen vor: Li^+, Be^{2+}, $H^- \triangleq$ [He]; Na^+, F^-, O^{2-}, Mg^{2+}... $\triangleq$ [Ne]; Cl^-, S^{2-}, K^+, Ca^{2+}, Sc^{3+}... $\triangleq$ [Ar]. Bei der Bildung von Ionenverbindungen entstehen stets Kationen und Anionen, sie sind daher aus *Ionenpaaren* entgegengesetzter Ladung aufgebaut. Zwischen diesen Kationen und Anionen wirken starke elektrostatische Anziehungskräfte, die die Bindung zwischen ihnen, die Ionenbindung, herbeiführen. Diese Anziehungskräfte sind nicht gerichtet, sondern räumlich allseitig wirksam. Es entsteht ein dreidimensionales *Ionengitter*, in dem beim Natriumchlorid jedes Natriumion von sechs Chloridionen und jedes Chloridion von sechs Natriumionen umgeben ist.

Zur Betrachtung der Energieumsätze bei der Bildung eines Ionengitters zerlegt man die Umsetzung am besten in Teilschritte. Bevor ein Metall und ein Nichtmetall miteinander reagieren können, müssen gasförmige Atome erzeugt werden. Im Falle des festen Natriums und gasförmigem Chlor ist dafür ein Energieaufwand von insgesamt 230 kJ $\times$ mol^{-1} notwendig. Die Ionisierung des Natriums erfordert weitere 496 kJ $\times$ mol^{-1}, und lediglich die Elektronenanlagerung an das Chloratom erfolgt unter Abgabe von 395 kJ $\times$ mol^{-1}. Selbst die Bildung von Ionen mit Edelgaskonfiguration aus den gasförmigen Atomen erfordert also einen Energieaufwand von 101 kJ $\times$ mol^{-1}. Bei der Bildung des Ionengitters aus den gasförmigen Ionen wird aber eine *Gitterenergie* von 776 kJ $\times$ mol^{-1} frei, die den Gesamtaufwand mehr als ausgleicht.

Die Gitterenergie, die ein Maß für die Stärke der Ionenbindung im Gitter ist, hängt von der Ionengröße und Ionenladung ab. Sie ist um so größer, je kleiner und höher geladen die Ionen sind. Mit der Änderung der Gitterenergie ändern sich auch eine Reihe physikalischer Eigenschaften von Ionenverbindungen, wie Schmelzpunkt, Siedepunkt, Ausdehnungskoeffizient, Härte u. a., wie es Tab. 11 an einigen Beispielen zeigt. Die dort angegebenen typischen festen Ionenverbindungen werden *Salze* genannt.

Im Fall der Ionengitter ist die stabilste Form die Struktur mit der größten Gitterenergie. Diese wird bei der dichtesten Ionenanordnung erreicht, es muß aber die gegenseitige Abstoßung der gleichsinnig geladenen Ionen berücksichtigt werden und die Tatsache, daß ein bestimmtes Zahlenverhältnis von Kationen und Anionen eingehalten werden muß, damit der gesamte Gitterverband elektrisch neutral ist. Aus dem Zusammenwirken der genannten Gesichtspunkte ergibt sich eine bestimmte Anordnung der Ionen im Ionengitter, bei der jedes Ion von einer bestimmten Anzahl an Ionen mit entgegengesetztem Vorzeichen im gleichen

Tabelle 11
Zusammenhang zwischen Gitterenergie und Ioneneigenschaften

Verbindung	Gitterenergie (kJ × mol⁻¹)	Schmelzpunkt (°C)	Siedepunkt (°C)	γ[1] × 10^{-6} grd⁻¹	$\varkappa$[2] × 10^{-6} at⁻¹	Härte nach MOHS
NaF	910	1012	1704	98	2,1	2,7
NaCl	767	800	1461	110	4,2	2,6
NaBr	737	741	1392	119	5,0	2,5
NaI	689	662	1304	135	6,7	2,3
KF	808	857	1502	100	3,3	–
KCl	708	772	1413	101	5,5	~ 2,3
KBr	679	732	1383	110	6,6	–
KI	641	685	1324	125	8,3	–
MgO	3920	2802	3600	40	1,0	5
CaO	3480	2603	3570	63	4,6	3 – 4
SrO	3280	2460	3200	–	–	3,5
BaO	3100	1923	2000	–	–	3,3
MgS	3350	> 2000	–	–	–	~ 5
CaS	3090	> 1900 < 2500	–	51	2,3	3
SrS	2890	–	–	–	2,4	–
BaS	2710	> 2000	–	(102)	2,9	3

[1]) γ-kubisch-thermischer Ausdehnungskoeffizient
[2]) $\varkappa$-Kompressibilitätskoeffizient

Abstand umgeben ist. Diese Anzahl der nächsten Nachbarn eines Ions oder Atoms wird allgemein als *Koordinationszahl* bezeichnet. Die Ionen haben dabei einen bestimmten Abstand, der vom Ionenradius abhängt und ergeben eine Anordnung in einem Gitter bestimmter Symmetrie.

Die einfachsten Verhaltnisse treten bei den Salzen auf, die aus Ionen gleichgroßer Ladung bestehen. Die drei wichtigsten Strukturen sind das Caesiumchloridgitter, das Steinsalzgitter und das Zinkblendegitter[1]), aus denen Abb. 15 charakteristische Ausschnitte zeigt. Im *Caesiumchloridgitter*, in dem u. a. auch Rubidiumchlorid und Ammoniumchlorid kristallisieren, ist jedes Caesiumion von acht Chloridionen und jedes Chloridion von acht Caesium-

[1]) Die Zinkblende ist allerdings keine typische Ionenverbindung, da bei ihr starke kovalente Bindungsanteile vorliegen. Sie wird aber zur Vervollständigung der möglichen Koordinationsverhältnisse mit angeführt.

ionen umgeben. Beide Ionensorten haben also im Gitter die Koordinationszahl 8, der im Gitter vorliegende geometrische Grundkörper ist der *Würfel*. Man kann diese Strukturverhältnisse durch die Struktursubstanzformel $\{CsCl_{8/8}\}_G$[1]) wiedergeben. Im *Steinsalzgitter* kristallisieren Natriumchlorid (Mineralname Steinsalz), weiterhin u. a. Kaliumchlorid, Natriumiodid und die meisten

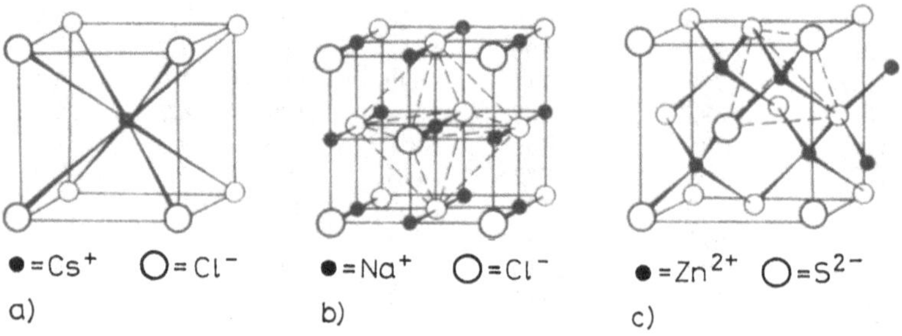

Abb. 15. Einfache Ionengitter
a) Caesiumchloridgitter, b) Steinsalzgitter, c) Zinkblendegitter

anderen Alkalihalogenide sowie Magnesiumoxid. Hier ist jedes Kation von sechs Anionen und jedes Anion von sechs Kationen umgeben. Es liegt also die Koordinationszahl 6 vor, mit dem *Oktaeder* als geometrischen Grundkörper; die Struktursubstanzformel lautet $\{NaCl_{6/6}\}_G$. Im *Zinkblendegitter*, das vom Zinksulfid (Mineralname Zinkblende), Berylliumoxid u. a. gebildet werden kann, ist jedes Ion von vier Gegenionen umgeben. Beide Gitterbausteine besitzen die Koordinationszahl 4 und sind in der Form eines *Tetraeders* angeordnet, die Struktursubstanzformel ist $\{ZnS_{4/4}\}_G$.

Die Koordinationszahl und damit der Gittertyp der Ionenverbindungen werden durch die Ladung der beiden Ionenarten und das Verhältnis ihrer Radien, den *Radienquotienten* r_{A^+}/r_{B^-} bestimmt. Aus geometrischen Betrachtungen kann man ableiten, daß stabile Strukturen nur innerhalb bestimmter Grenzen der Radienquotienten möglich sind, wie sie Tab. 12 für die besprochenen einfachen Ionenverbindungen angibt. Diese Angaben stellen eine Regel dar, von der es Ausnahmen gibt, da sich viele Ionen nicht genau wie starre Kugeln verhalten.

---

[1]) Der Zusatz *G* soll zum Ausdruck bringen, daß ein dreidimensionales Koordinationsgitter vorliegt.

Eine vollkommene Ordnung des Ionengitters — der *Idealkristall* — tritt praktisch nicht auf. Alle natürlich vorkommenden Kristalle sind *Realkristalle*, in denen die Ordnung mehr oder weniger gestört ist. Bereits durch die Wärmebewegung verlassen bei Temperaturen oberhalb des absoluten Nullpunktes stets einige

Tabelle 12

Radienquotient, Koordinationszahl und Geometrie für Ionenverbindungen es Typs *AB*

Radienquotient	Koordinationszahl	Geometrie	Beispiel
> 0,732	8	Würfel	$\{CsCl_{8/8}\}_G$
0,732 ··· 0,414	6	Oktaeder	$\{NaCl_{6/6}\}_G$
0,414 ··· 0,225	4	Tetraeder	$\{ZnS_{4/4}\}_G$

Gitterbausteine ihre normalen Gitterplätze und nehmen entweder Zwischengitterplätze ein oder wandern an die Oberfläche, so daß Leerstellen im Gitter entstehen. Diese Arten der Fehlordnung werden Punktdefekte vom FRENKEL- bzw. SCHOTTKY-*Typ* bezeichnet. Beim Vorliegen von Ionen, die in mehreren Oxydationsstufen auftreten können, ist die Erscheinung der Nichtstöchiometrie möglich, d. h. die Zusammensetzung der Verbindung kann innerhalb gewisser Grenzen schwanken. Im Eisen(II)-oxid ist z. B. stets ein Teil der Kationenplätze nicht besetzt, die Zusammensetzung schwankt zwischen $Fe_{0,96}O$ und $Fe_{0,91}O$. Die Elektroneutralität wird dadurch erreicht, daß im Gitter neben den Fe^{2+}- auch Fe^{3+}-Ionen vorliegen. Im Titanium(II)-oxid beträgt die Schwankungsbreite sogar $Ti_{0,69}O$ bis $Ti_{1,33}O$.

4.2. *Atombindung*

Die Atombindung liegt in reiner Form in den homonuklearen Molekülen der zweiatomigen Gase Wasserstoff, Chlor u. a. vor. Betrachten wir als Beispiel das Wasserstoffmolekül H_2. Zu seiner Bildung müssen zwei Wasserstoffatome einander genähert werden, bis sich die Aufenthaltsräume der beiden Elektronen überlagern. Durch diese „*Überlappung*" der Wasserstoffatomorbitale steht jedes der beiden Elektronen unter dem Einfluß beider Atomkerne.

Es bildet sich eine gemeinsame Ladungswolke, bei der die Aufenthaltswahrscheinlichkeit der Elektronen und damit die Ladungsdichte zwischen den beiden Atomkernen am größten ist. Dieser negative Ladungsschwerpunkt verbindet die positiv geladenen Atomkerne durch elektrostatische Kräfte und bewirkt so die Bindung der Atome im Molekül. Nach dieser von Lewis entwickelten Vorstellung wird die Atombindung durch Elektronenpaare herbeigeführt, die zwei Atomen gemeinsam angehören, wobei für jedes Atom die Elektronenkonfiguration eines Edelgases angestrebt wird. So hat beim Wasserstoffmolekül jedes der beiden Protonen den gleichen Anteil am gemeinsamen Elektronenpaar und erreicht damit die Elektronenkonfiguration des Heliums, beim Chlormolekül erhalten beide Atome die Argonkonfiguration.

Die Darstellung dieser Verhältnisse kann durch *Elektronenformeln* erfolgen, bei denen jeder Punkt ein Elektron, jeder Doppelpunkt ein Elektronenpaar bedeutet, z. B. für die genannten Fälle:

$$H\cdot + H\cdot \rightarrow H:H$$

$$1s^1 \quad 1s^1 \quad 1s^2 \triangleq [He]$$

$$:\underset{\cdot\cdot}{\ddot{Cl}}\cdot' + \cdot\underset{\cdot\cdot}{\ddot{Cl}}: \rightarrow :\underset{\cdot\cdot}{\ddot{Cl}}:\underset{\cdot\cdot}{\ddot{Cl}}:$$

$$3s^2p^5 \quad 3s^2p^5 \quad 3s^2p^6 \triangleq [Ar]$$

Die bindenden Elektronenpaare werden zwischen die Elementsymbole geschrieben, die übrigen stellen nichtbindende Elektronenpaare dar.

Zwischen Atomen mit mehreren einfach besetzten Elektronenzuständen ist in gleicher Weise mehrfache Elektronenpaarung möglich, z. B. beim Stickstoff:

$$:\dot{N}\cdot + :\underset{\cdot}{N}\cdot \rightarrow :N:::N:$$

$$2s^2p^3 \quad 2s^2p^3 \quad 2s^2p^6 \triangleq [Ne]$$

Ebenso können sich Moleküle aus verschiedenartigen Atomen bilden, z. B. Wasser:

$$H\cdot + \cdot\underset{\cdot\cdot}{\ddot{O}}\cdot + \cdot H \rightarrow H:\underset{\cdot\cdot}{\ddot{O}}:H$$

Wenn man berücksichtigt, daß die bindenden Elektronenpaare

beiden Bindungspartnern zugeschrieben werden, haben auch hier alle Atome Edelgaskonfiguration.

Die Elektronenformeln werden meist als *Valenzstrichformeln* geschrieben, in denen die Elektronenpaare durch Striche angegeben werden. Für die genannten Verbindungen ergeben sich dann die folgenden Formulierungen:

$$\mathrm{H-H},\quad |\overline{\underline{\mathrm{Cl}}}-\overline{\underline{\mathrm{Cl}}}|,\quad |\mathrm{N}\equiv\mathrm{N}|,\quad \mathrm{H}-\overline{\underline{\mathrm{O}}}-\mathrm{H}$$

Die Anzahl der von einem Atom ausgehenden Atombindungen, wie sie die Valenzstrichformeln ausdrücken, wird *Bindigkeit* genannt. In den oben angeführten Verbindungen sind Wasserstoff und Chlor einbindig, Sauerstoff zweibindig und Stickstoff dreibindig. Der Begriff der Bindigkeit ist auf die Atombindung beschränkt, Ionenverbindungen können daher nicht durch Valenzstrichformeln wiedergegeben werden.

Die hier behandelte Vorstellung der Bildung von Edelgaskonfigurationen, die *Oktettregel*, entspricht einer klassischen Modellvorstellung mit begrenzter Anwendbarkeit. Sie ist nur für die Elemente der zweiten Periode streng gültig. Bereits die Elemente der dritten Periode haben noch *d*-Orbitale für die Verbindungsbildung zur Verfügung, so daß bei den Verbindungen PCl_5 und SF_6 eine *Oktetterweiterung* zum Elektronendezett bzw. -dodezett notwendig ist. Auch Oktettunterschreitungen sind möglich. Die Bildung der Edelgasverbindungen widerspricht völlig der Oktettregel.

Diese Begrenzungen lassen sich wie beim Atombau nur durch die Anwendung *wellenmechanischer Modellvorstellungen* überwinden, die außerdem quantitative Angaben ermöglichen. Allerdings ist eine exakte mathematische Erfassung des Bindungszustandes auf Grundlage der SCHRÖDINGER-Gleichung nicht möglich. Die gegenseitige Wechselwirkung mehrerer Atomkerne mit mehreren Elektronen läßt sich nur unter Annahme gewisser Vereinfachungen durch Näherungsverfahren erfassen. Besondere Bedeutung haben zwei Näherungsverfahren, deren Ergebnisse in guter Übereinstimmung mit experimentellen Ergebnissen stehen, das *Valenzstruktur-* oder *VB-Verfahren*[1]) und das *Molekülorbital-* oder *MO-Verfahren*. Bei beiden Näherungsverfahren wird versucht, eine Wellenfunktion ψ für das Molekül aufzustellen. Während nach dem

[1]) Nach der englischen Bezeichnung „valence bond“.

MO-Verfahren alle Elektronen des Moleküls einem einheitlichen Elektronensystem zugeordnet werden, erfolgt im VB-Verfahren die Entwicklung verschiedener Elektronenanordnungen im Molekül, die *Valenzstrukturen* oder *Grenzstrukturen* genannt werden und für die Teilwellenfunktionen ψ_i für die räumliche Elektronenverteilung in diesen angenommenen Zuständen aufgestellt werden. Die Gesamtwellenfunktion des Moleküls ergibt sich durch Kombination der Teilwellenfunktionen, wobei die verschiedenen Valenzstrukturen entsprechend der Wahrscheinlichkeit ihres Auftretens mit unterschiedlichem Gewicht in die Gesamtwellenfunktion eingehen.

Für das Wasserstoffmolekül mit den beiden Wasserstoffatomen *A* und *B* erhält man unter Berücksichtigung der kovalenten Valenzstruktur $H_A - H_B$ sowie der beiden ionischen Formen $H_A^- H_B^+$ und $H_A^+ H_B^-$ eine Gesamtwellenfunktion, die die räumlichen und energetischen Verhältnisse im Molekül recht gut wiedergibt. Der Zustand eines Moleküls läßt sich also durch die Überlagerung von Valenzstrukturen beschreiben. Diese Überlagerung wird *Mesomerie* oder *Resonanz* genannt und für das Wasserstoffmolekül wie folgt ausgedrückt:

$$H_A^+ H_B^- \leftrightarrow H_A - H_B \leftrightarrow H_A^- H_B^+$$

Der Mesomeriepfeil $\leftrightarrow$ deutet an, daß der tatsächliche Zustand des Moleküls zwischen den Valenzstrukturen liegt. Er wird *mesomerer Zwischenzustand* oder *Resonanzhybrid* genannt und stellt den stabilsten Molekülzustand dar. Deshalb ist der experimentell meßbare Energieinhalt der Moleküle geringer als der theoretisch berechenbare Energieinhalt jeder der hypothetischen Valenzstrukturen.

Als ein weiteres Beispiel sei das Kohlenmonoxid genannt, das als Resonanzhybrid der folgenden Valenzstrukturen angesehen werden kann:

$$\overset{(+)}{|\mathrm{C}}-\overset{(-)}{\underline{\overline{\mathrm{O}}}}| \leftrightarrow |\mathrm{C}=\mathrm{O}\rangle \leftrightarrow \overset{(-)}{|\mathrm{C}}\equiv\overset{(+)}{\mathrm{O}|}$$

Die in Klammer gesetzten Vorzeichen sind *formale Ladungen*, d. h. Überschußladungen einzelner Atome in einem neutralen Molekül. Man erhält sie, indem man für die entsprechende Valenzstrichformel die bindenden Elektronenpaare so trennt, daß jedem der beiden Atome die Hälfte der bindenden Elektronen zugeordnet wird. Vergleicht man dann die dadurch erreichte Elektronenzahl mit der Valenzelektronenzahl des neutralen Atoms, so erhält man die formale Ladung. Durch die Verwendung von Valenzstrukturen und des Mesomeriebegriffs werden vor allem Moleküle beschrieben, die sich mit einer Valenzstrichformel allein nicht eindeutig charak-

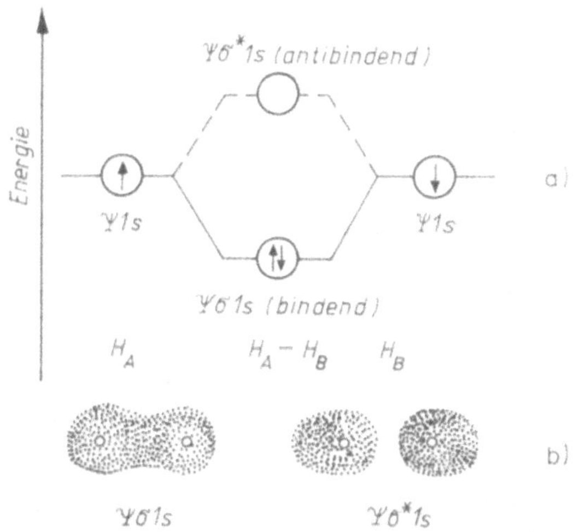

Abb. 16. Bindungsverhältnisse am H_2-Molekül
a) Energieniveauschema der Atom- und Molekülorbitale
b) Elektronendichteverteilung der beiden Molekülorbitale

terisieren lassen. Beim *Molekülorbitalverfahren* erfolgt die Durchführung von Näherungsrechnungen ausgehend von einer Kombination von Atomorbitalen zu einem System von Molekülorbitalen, in die alle Elektronen des Moleküls eingebaut werden. Beim Wasserstoffmolekül H_AH_B wird also das Molekülorbital durch Kombination der energiegleichen Wellenfunktionen ψ_A und ψ_B der beiden Wasserstoffatomorbitale erhalten. Diese Kombination ergibt zwei Molekülorbitale (MO) unterschiedlicher Energie, wie Abb. 16 zeigt, ein ψ_σ-MO mit niedrigerer Energie als das ursprüngliche Atomorbital als *bindendes Orbital* und ein ψ_σ*-MO mit höherem Energieniveau als *antibindendes Orbital*, die beide mit zwei Elektronen besetzt werden können. Im Normalfall wird unter Spinpaarung der bindende ψ_σ-Zustand besetzt, wobei unter Energiegewinn eine Erhöhung der Elektronendichte zwischen den Kernen erfolgt. Durch Energiezufuhr kann eine Anhebung der Elektronen in den antibindenden Zustand und damit eine Auflösung der Bindung erreicht werden. Beim Wasserstoffmolekül ist dafür eine Bindungsenergie von 436,6 kJ $\times$ mol^{-1} erforderlich.

Im hypothetischen Heliummolekül He_2 müßten sowohl das bindende als auch das antibindende MO doppelt besetzt sein. Energiegewinn und Energiezufuhr würden sich also aufheben, so daß keine Bindung zustande kommt und das Helium nur im atomaren Zustand auftritt. Die Bildung der Molekülionen H_2^+ und He_2^+ ist nach der klassischen Vorstellung vom bindenden Elektronenpaar nicht erklärbar. Sie ist jedoch nach der MO-Theorie möglich und wurde auch experimentell nachgewiesen.

Die Energie der Molekülorbitale und die Form ihrer Elektronenverteilung läßt sich durch elektronische Rechenanlagen berechnen. Für einfache Moleküle ergibt sich dabei eine gute Übereinstimmung zwischen Rechnung und experimenteller Messung.

Wie dargestellt, führt die Kombination von Atomorbitalen zu bindenden und antibindenden Molekülorbitalen, wobei in den bindenden Molekülorbitalen unter Energiegewinn eine Erhöhung der Ladungsdichte zwischen den Kernen der beteiligten Atome erreicht wird. Diese Tatsache läßt sich bildlich durch eine Überlappung der Atomorbitale beschreiben. Je größer die Überlappung zwischen den Atomorbitalen ist, desto stärker ist die Bindung zwischen den Atomen; die Bindungsstärke läßt sich daher durch das *Überlappungsintegral* $\int \psi_A \psi_B dv$ ausdrücken. Allerdings können nicht alle Atomorbitale zu Molekülorbitalen kombinieren; um eine wirksame Überlappung zu erhalten, müssen die beiden Atomorbitale von vergleichbarer Energie und bezüglich der Kernverbindungsachse von gleicher Symmetrie sein. Solche mögliche Orbitalkombinationen sind außer der bisher betrachteten Kombination von zwei s-Orbitalen die weiteren in Abb. 17 vereinfacht dargestellten Kombinationen $s-p_x$ (HCl, HF) und p_x-p_x (F_2, Cl_2). Die Plus- und Minus-Zeichen geben keine Ladungen, sondern das Vorzeichen der Wellenfunktion in den entsprechenden Bereichen an. Die Maxima der Elektronendichte dieser Molekülorbitale (Überlappungsgebiete) liegen rotationssymmetrisch zur Kernverbindungsachse (x-Achse). Solche Orbitale werden σ-Molekülorbitale, die durch sie vermittelten Bindungen σ-Bindungen genannt.

Es sind aber auch Überlappungen von p_y- und p_z-Orbitalen untereinander und mit entsprechenden d-Orbitalen möglich. Solche Molekülorbitale besitzen eine Knotenebene der Ladungsdichteverteilung, wie sie Abb. 18 vereinfacht zeigt. Die Maxima der

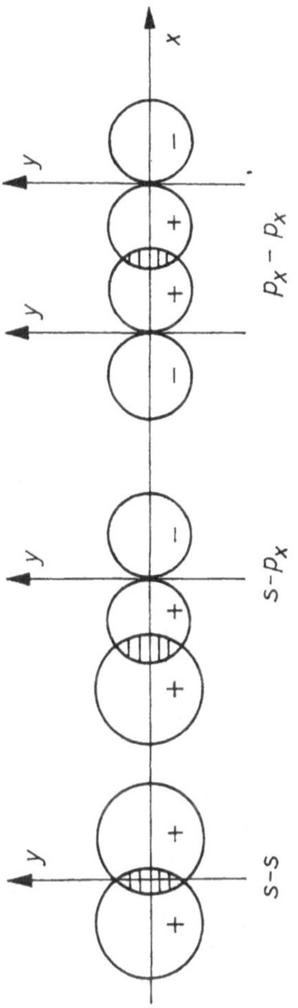

Abb. 17. Mögliche s- und p-Orbitalkombinationen zu σ-Bindungen

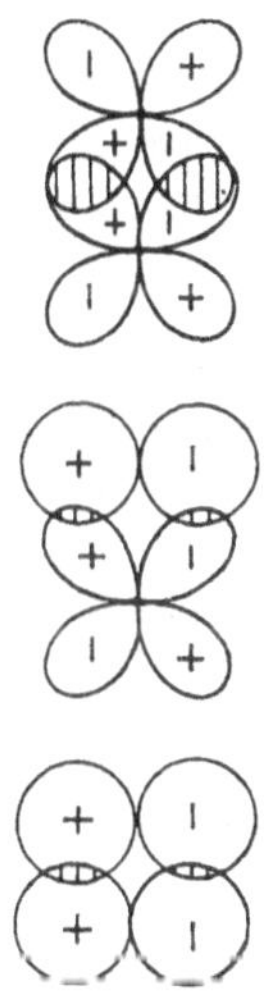

Abb. 18. Mögliche p- und d-Orbitalkombinationen zu π-Bindungen

Elektronendichte befinden sich ober- und unterhalb der Kernverbindungsachse. Diese Orbitale werden π-Molekülorbitale, die durch sie vermittelten Bindungen π-Bindungen genannt. Die π-Bindungen treten meist neben σ-Bindungen als *Doppelbindungen* auf. Doppelbindungen werden bevorzugt von den Elementen der zweiten Periode ausgebildet, die Atome der dritten Periode sind zu groß, um noch eine stabile Überlappung der p-Orbitale außerhalb der Kernverbindungsachse zu gestatten. Alle genannten Orbitale sind außer in der bindenden Form auch in der antibindenden Form mit verminderter Elektronendichte zwischen den Kernen möglich. Für die Bildung zweiatomiger Moleküle von Elementen der zweiten Gruppe des Periodensystems stehen daher zehn Molekülorbitale zur Verfügung. Ordnet man sie nach steigendem Energieinhalt, so ergibt sich folgende Reihe:

$$\sigma 1s < \sigma^*1s < \sigma 2s < \sigma^*2s < \sigma 2p < \pi_y 2p = \pi_z 2p < \pi_y{}^*2p$$
$$= \pi_z{}^*2p < \sigma^*2p$$ [1])

Meist wird sie in Form des in Abb. 19 dargestellten Energieniveauschemas angegeben. Die Entartung der $2p$-Atomorbitale, der $\pi_y 2p$- und $\pi_z 2p$- sowie $\pi_y{}^*2p$- und $\pi_z{}^*2p$-Molekülorbitale ist durch die eng beieinander liegenden Niveaus angedeutet. Die entarteten Molekülorbitale werden nach der HUNDschen Regel zuerst alle nur mit einem Elektron besetzt, ebenso wie entartete Atomorbitale.

Für das *Sauerstoffmolekül* erhält man danach durch Kombination von zwei Sauerstoffatomen mit der Valenzelektronenkonfiguration $2s^2 2p^4$ folgende Besetzung der Molekülorbitale: $(\sigma 2s)^2 (\sigma^*2s)^2(\sigma 2p_x)^2(\pi 2p_{y,z})^4(\pi^*2p_{y,z})^2$, die Abb. 20 als Energieniveauschema weitaus übersichtlicher wiedergibt. Das Sauerstoffmolekül enthält also zwei ungepaarte Elektronen mit gleichgerichtetem Spin; es ist ein paramagnetisches Diradikal. Die Einfachbesetzung der beiden antibindenden Orbitale hebt praktisch eine π-Bindung auf, so daß die Bindungsstärke im Molekül einer σ- und einer π-Bindung entspricht und die Bindungsenergie 495,7 kJ $\times$ mol^{-1} beträgt. Die wesentlichen chemischen Eigenschaften des molekularen Sauerstoffs lassen sich aus der MO-Darstellung ableiten, die vorgeschlagene Valenzstrichformel mit zwei Dreielektronenbindungen |O$\stackrel{\cdots}{\underset{\cdots}{—}}$O| ist zwar einfacher aber weniger aussagekräftig.

---

[1]) Bei den Molekülen Li_2 bis N_2 ist allerdings $\pi_y 2p = \pi_z 2p < \sigma 2p$, diese Abweichung wird aber hier zur Vereinfachung nicht berücksichtigt.

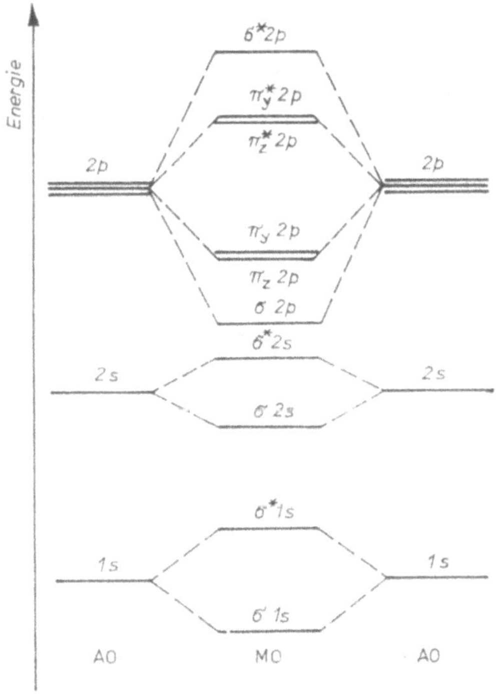

Abb. 19. Energieniveauschema der Atom- und Molekülorbitale von Elementen der 1. und 2. Periode

Das *Stickstoffmolekül* hat zwei Elektronen weniger als das Sauerstoffmolekül und erhält damit das in Abb. 21a gezeigte Energieniveaudiagramm. Alle sechs p-Elektronen der Stickstoffatome sind in bindenden Molekülorbitalen untergebracht; sie bilden eine σ- und zwei π-Bindungen. Diese Anordnung stimmt mit der Valenzstrichformel |N≡N| überein und erklärt die hohe Stabilität des Moleküls mit einer Bindungsenergie von 945,4 kJ $\times$ mol^{-1}.

Bildet man das Energieniveauschema für das Fluormolekül durch Kombination der Valenzelektronenkonfigurationen der beiden Atome ($2s^2 2p^5$) nach Abb. 19, so wirkt im Molekül durch die Aufhebung bindender durch antibindende Orbitale nur eine σ-Bindung. Das *Kohlenmonoxidmolekül* hat die gleiche Elektronenzahl wie das Stickstoffmolekül, in seinem Energieniveauschema liegt also die gleiche Molekulorbitalbesetzung vor, wie aus Abb. 21b) zu ersehen ist. Da aber Sauerstoff elektronegativer ist als Kohlenstoff, ist die Ladungsverteilung unsymmetrisch, die bindenden Elektronen sind zum Sauerstoff hin verschoben. Das kommt in den Atomorbitalen durch die niedrigere Energiehöhe der Sauerstofforbitale zum Ausdruck und zeigt sich auch an den Molekülorbi-

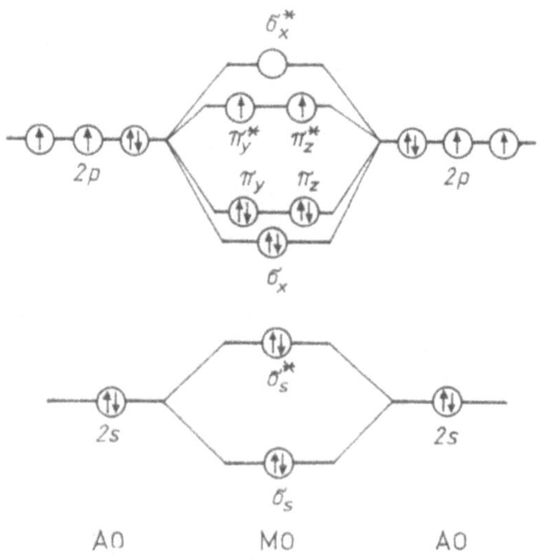

Abb. 20. Energieniveauschema des O_2-Moleküls

talen. Das übereinstimmende Energieniveauschema erklärt die Tatsache, daß sich das Kohlenmonoxidmolekül wie ein gestörtes Stickstoffmolekül verhält; es ist in vielen physikalischen Eigenschaften dem Stickstoff ähnlich und trotz der instabilen Oxydationsstufe +2 des Kohlenstoffs verhältnismäßig reaktionsträge.

Die Bindungsverhältnisse in größeren Molekülen lassen sich in ähnlicher Weise durch das VB- oder das MO-Verfahren beschreiben. Bei der Anwendung des MO-Verfahrens entstehen dabei *polyzentrische Molekülorbitale*, die der Vorstellung einer gleichmäßigen Verteilung der Valenzelektronen aller beteiligten Atome über das gesamte Molekül entsprechen. Die Berechnung solcher Molekülorbitale ist relativ schwierig, führt aber besonders für angeregte Elektronensysteme zu wertvollen Ergebnissen. Nach dem VB-

Verfahren werden die Bindungsverhaltnisse durch die Mesomerie von Valenzstrukturen wiedergegeben, z. B. für das Nitration NO_3

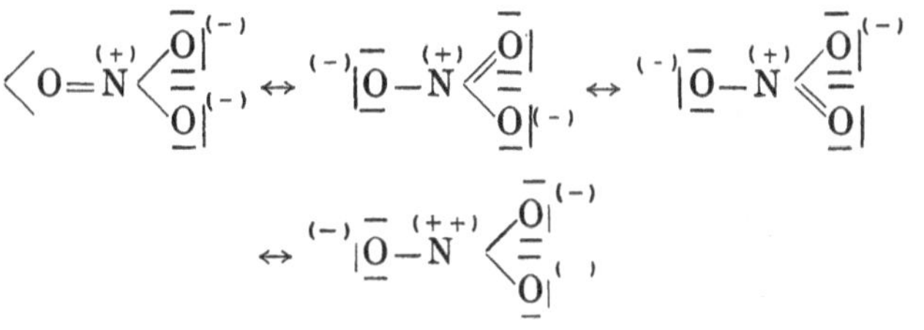

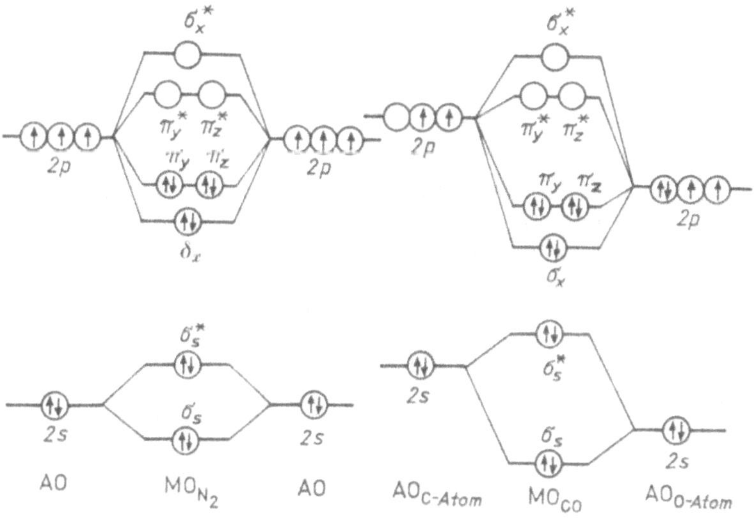

a) b)

Abb. 21. Energieniveauschema des a) N_2-Moleküls, b) CO-Moleküls

Für das Resonanzhybrid kann daraus die folgende vereinfachte Formulierung abgeleitet werden: 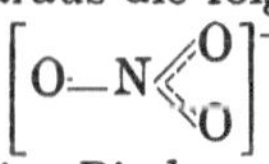, in der die gestrichelte Linie angibt, daß die drei σ-Bindungen zwischen Stickstoff und Sauerstoff durch ein vierzentrisches π-MO überlagert werden. Das Nitration ist damit ein Beispiel für *delokalisierte*

Elektronensysteme, wie sie auch in organischen Verbindungen oft vorkommen.

Häufig muß man zur Erklärung der Bindung in mehratomigen Molekülen Veränderungen im Orbitalsystem der Ausgangsatome annehmen. Der Kohlenstoff sollte nach seiner Valenzelektronenkonfiguration $2s^2\,2p^2$ zweibindige Verbindungen vom Typ CX_2 mit einem Bindungswinkel von 90° bilden. Solche Verbindungen

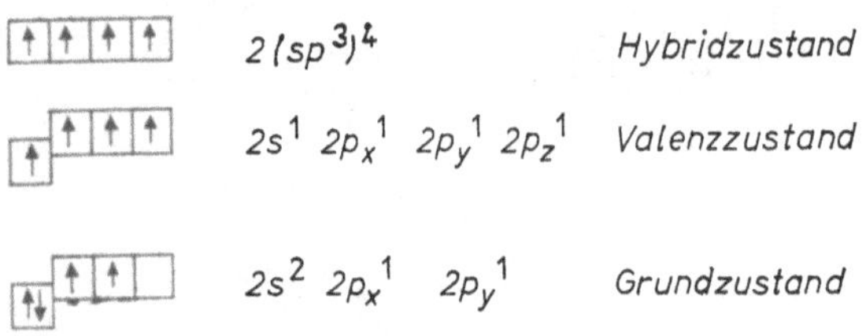

Abb. 22. sp^3-Hybridisierung des Kohlenstoffs

sind aber instabil, Kohlenstoff ist in der überwiegenden Zahl seiner Verbindungen vierbindig, wobei die CX_4-Moleküle vier σ-Bindungen und Tetraederstruktur, d. h. einen Bindungswinkel von 109° 28′ besitzen. Kohlenstoffatome können aber nur dann vier gleichartige Bindungen eingehen, wenn vier energetisch gleichwertige entartete Atomorbitale vorhanden sind. Es muß also eines der beiden $2s$-Elektronen des Kohlenstoffs in das leere p_z-Orbital übergehen – wobei ein angeregter „*Valenzzustand*" entsteht – worauf durch Kombination des dann einfach besetzten $2s$- mit dem $2p_x$-, $2p_y$- und $2p_z$-Orbital vier entartete sogenannte *q-Orbitale* entstehen, wie Abb. 22 schematisch darstellt. Die Wellenfunktionen der q-Orbitale sind auch durch mathematische Kombination der Ausgangswellenfunktionen als gleichwertige Lösungen zu erhalten. Die Kombination unterschiedlicher energieähnlicher Wellenfunktionen eines Atoms zu gleichwertigen q-Funktionen bezeichnet man als *Hybridisierung.* Vier tetraedrisch angeordnete q-Orbitale werden *sp^3-Hybridorbitale* genannt; mit ihnen lassen sich die Bindungsverhältnisse in den CX_4-Molekülen, z. B. dem Methan CH_4 richtig wiedergeben. Auch beim Ammoniak NH_3 und Wasser H_2O liegt sp^3-Hybridisierung am Stickstoff bzw. Sauerstoff vor. Allerdings sind beim Ammoniak ein q-Orbital, beim Wasser zwei q-Orbitale mit nichtbindenden Elektronenpaaren besetzt. Da diese Orbitale nur unter dem Einfluß eines positiv geladenen

Atomrumpfes stehen, nehmen sie einen größeren Raum ein als die bindenden Paare, was bei den Molekülen zu einer Verringerung des Bindungswinkels führt, wie Abb. 23 zeigt.

Da grundsätzlich alle Atomorbitale vergleichbarer Energie zur Hybridbildung befähigt sind, gibt es eine große Anzahl unterschiedlicher Hybridisierungsmöglichkeiten. Der räumliche Bau der zugehörigen Moleküle oder Ionen erklärt sich vor allem daraus, daß

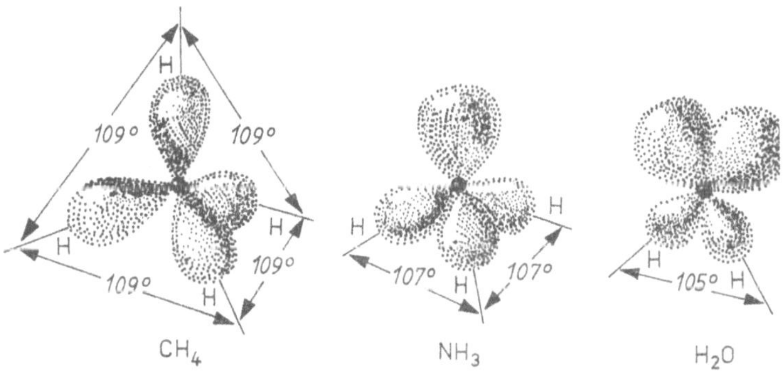

Abb. 23. Molekülbau und freie Elektronenpaare bei Methan, Ammoniak und Wasser

die bindenden Elektronenpaare den größtmöglichen Abstand voneinander einnehmen, so daß die Abstoßungskräfte möglichst klein werden. Einige Beispiele gibt Abb. 24 wieder. Wenn nichtbindende Elektronenpaare vorhanden sind, müssen sie wie bindende berücksichtigt werden. Das *Tetraeder* und *Oktaeder* sind besonders häufige und wegen ihrer hohen Symmetrie bevorzugte Strukturelemente in chemischen Verbindungen.

Zwischen den einzelnen Molekülen einer chemischen Verbindung wirken im allgemeinen nur schwache Anziehungskräfte, die VAN DER WAALS-*Kräfte* genannt werden. Sie beruhen wie die Ionenbindung und Atombindung letztlich ebenfalls auf der Anziehung zwischen entgegengesetzten Ladungen. Bei der Bewegung der Elektronen im Feld der Atomkerne treten sehr kurzzeitige Unsymmetrien der Ladungsverteilung auf, durch die die Atome und Moleküle vorübergehend zu Dipolen werden. Als Dipole rufen sie auch in den benachbarten Teilchen Dipolmomente hervor und führen damit zu den zwischenmolekularen VAN DER WAALS-

Hybridisierungszustand	Räumliche Anordnung	Beispiele	Hybridisierungszustand	Räumliche Anordnung	Beispiele
sp	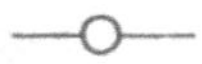 *linear*	HCN $HgBr_2$ CO_2	dsp^2	 *quadratisch-planar*	$[Pt(NH_3)_4]^{2+}$ $[Ni(CN)_4]^{2-}$
sp^2	 *trigonal-planar*	NO_3^- SO_3 BCl_3	sp^3d	 *trigonal-bipyramidal*	PF_5
sp^3	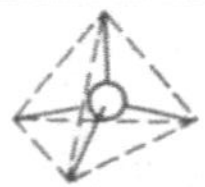 *tetraedrisch*	CH_4 BF_4^- SO_4^{2-} ClO_4^- NH_3 NH_4^+	sp^3d^2 d^2sp^3	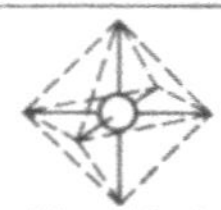 *oktaedrisch*	SF_6 SiF_6^{2-} IO_6^{5-} $[Fe(CN)_6]^{4-}$

Abb. 24. Hybridisierung und räumlicher Bau von Molekülen und Ionen

Kräften. Diese Anziehungskräfte nehmen mit zunehmender Entfernung der Teilchen voneinander stark ab, vergrößern sich aber mit steigender Atom- bzw. Molekülmasse, da sich bei größeren Teilchen die Ladungsverteilung leichter beeinflussen läßt. Bei sehr großen Molekülen – wie langkettigen Kohlenwasserstoffen – können die VAN DER WAALS-Kräfte stärker sein als die Atombindungen im Molekül, so daß sich diese Verbindungen bei Normaldruck nicht mehr unzersetzt destillieren lassen.

Bei der Annäherung der Teilchen nehmen die VAN DER WAALS-Kräfte zu, bis die Anziehung durch die gegenseitige Abstoßung der Elektronenhüllen ausgeglichen wird. Es bildet sich ein Gleichgewichtsabstand heraus, der VAN DER WAALS-*Radius*, der größer ist als die Summe der Atomradien. Er bestimmt den Abstand der Gitterbausteine in den Molekülgittern. Als ein typisches Beispiel ist das Gitter des festen Kohlendioxids in Abb. 25 dargestellt.

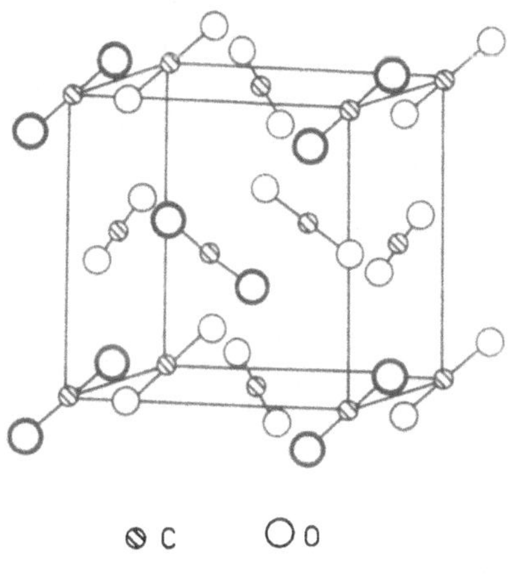

Abb. 25. Elementarzelle des festen Kohlendioxids

4.3. Metallbindung

Mehr als drei Viertel aller Elemente sind *Metalle*. Von den Hauptgruppenelementen gehören dazu die Gruppe der Alkalimetalle, alle Elemente der 2. Hauptgruppe sowie die schwereren Elemente der 3. bis 6. Hauptgruppe. Die Nebengruppenelemente einschließlich der Lanthanoiden und Actinoiden sind ausnahmslos Metalle. Ihre typischen Eigenschaften sind Metallglanz, hohe elektrische Leitfähigkeit und Wärmeleitfähigkeit und leichte Verformbarkeit. Die

Metalle und ihre Legierungen gehören teilweise schon seit Jahrtausenden zu den wichtigsten Werkstoffen der Menschheit.

Legierungen sind äußerlich einheitliche Kombinationen von Metallen untereinander oder mit Halbmetallen, bzw. einigen nichtmetallischen Elementen, die dem Aufbau nach feste Lösungen, „Verbindungen" (intermetallische Phasen) oder Gefüge in sich homogener kleiner Kristalle darstellen.

In den Metallatomen stehen den Valenzelektronen nicht vollständig besetzte oder energienahe unbesetzte Orbitale zur Verfügung. Zusammen mit ihrer niedrigen Ionisierungsenergie führt das zu einer hohen Beweglichkeit der Metallelektronen, die die große Leitfähigkeit der Metalle verursacht. Ausgehend davon wurde das ältere einfache „*Elektronengasmodell*" zur Erklärung der Metalleigenschaften entwickelt, nach dem das Metallgitter aus positiven Ionen besteht, zwischen denen Elektronen gasartig freibeweglich sind, was zu einer richtungsunabhängigen starken Bindung zwischen den Gitterbausteinen führt. Da im *Metallgitter* nur eine Art von Gitterbausteinen vorhanden ist, kann sich jedes Teilchen mit so viel anderen umgeben, wie aus geometrischen Gründen möglich ist; daher treten in Metallgittern hohe Koordinationszahlen auf. Die meisten Metalle kristallisieren in einer der beiden hochsymmetrischen Kugelpackungen, der *kubisch dichtesten Kugelpackung* und der *hexagonal dichtesten Kugelpackung* (Abb. 26), in beiden liegt die Koordinationszahl 12 vor. In der kubisch dichtesten Kugelpackung, der *Goldstruktur*, kommen außer Gold u. a. auch Kupfer, Silber, Nickel, Aluminium, Calcium, Palladium und Platin vor. Die hexagonal dichteste Kugelpackung, die *Magnesiumstruktur*, wird auch von Beryllium, Zink, Cadmium, Titanium, Yttrium u. a. eingenommen. Daneben kommt bei einer größeren Anzahl von Metallen, wie den Alkalimetallen, Barium, Chromium, Molybdän, Wolfram, Vanadium, Niobium, Tantal ein kubisch innenzentriertes Gitter vor, die *Wolframstruktur*, die dem Caesiumchloridgitter (Abb. 15) entspricht. Sie hat die Koordinationszahl 8; wenn man aber die nur wenig weiter entfernten übernächsten Nachbarn mit berücksichtigt, erhält man die Koordinationszahl 14.

Die metallische *Verformbarkeit* beruht auf dem leichten Aufeinandergleiten bestimmter Ebenen der dichtesten Kugelpackungen. Die Goldstruktur besitzt bei vier Gleitebenen (senkrecht zu den Würfeldiagonalen) die größte Wahrscheinlichkeit, daß die Gleitebenen in einer günstigen Lage zu einer Angriffskraft liegen. Die Metalle, die in der Goldstruktur kristallisieren, sind daher leicht verformbar, während die Metalle in Magnesium- und Wolframstruktur, die weniger günstige Gleitebenen besitzen, zur Sprödigkeit neigen. Die große Bedeutung des *Eisens* als Werkstoff beruht wesentlich darauf, daß es oberhalb 906 °C in der Goldstruktur vorliegt, in der es leicht bearbeitet werden kann und Kohlenstoff löst. Beim Abkühlen nimmt Eisen die Wolframstruktur an, in der es eine größere Härte besitzt. Für die besondere Härte und Festigkeit des Stahls mit 0,5 bis 1,7% Kohlenstoff sind darüber hinaus die im Eisengitter eingelagerten Kohlenstoffatome von Bedeutung.

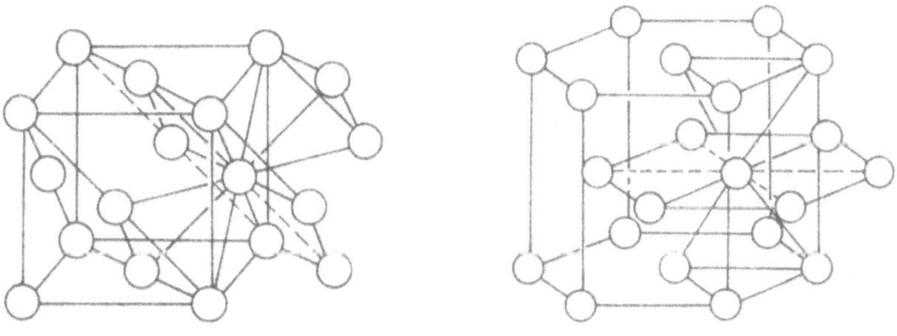

a) b)

Abb. 26. Kubisch (a) und hexagonal (b) dichteste Kugelpackung

Die Einlagerung kleiner Teilchen in die dichten Kugelpackungen erfolgt in die Hohlräume zwischen die kugelförmigen Gitterbausteine. Man kann dabei die in Abb. 27 gezeigten beiden geometrischen Möglichkeiten unterscheiden:

- Hohlräume, die von vier Gitterbausteinen tetraedrisch umgeben sind, die *Tetraederlücken*, und
- Hohlräume, die von sechs Gitterbausteinen oktaedrisch umgeben sind, die *Oktaederlücken*.

Einlagerungen dieser Art sind auch in Anionengittern häufig zu finden.

Das geeignetste Modell für die quantitative Behandlung der Metallbindung ist das *Energiebändermodell*. Es stellt eine Anwendung des Molekül-Orbital-Verfahrens dar und geht davon aus, daß durch Kombination von Metallatomorbitalen wie bei der Atombindung bindende und antibindende Molekülorbitale erhalten werden. Dabei werden so viele Molekülorbitale gebildet wie Atome

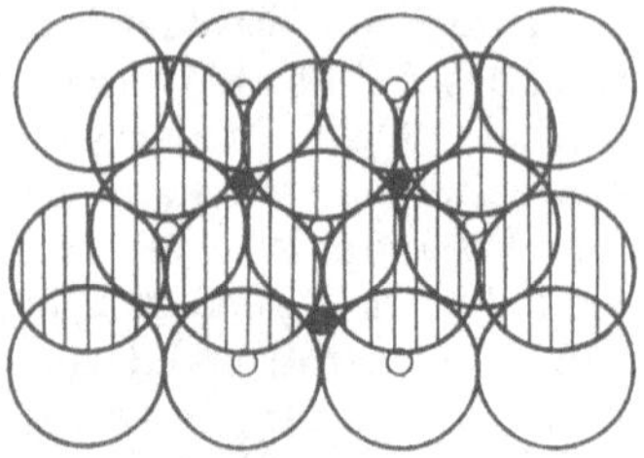

Abb. 27. Teilchen in Tetraederlücken (○) und Oktaederlücken (●)

miteinander verbunden sind. Da im Gitter eines Metalls eine sehr große Anzahl von Atomen durch bewegliche Elektronen zusammengehalten werden – z. B. in 1 g Lithium etwa 10^{23} Atome – ergibt sich eine große Anzahl benachbarter Energiezustände mit sehr geringen Energieunterschieden. Die einzelnen Energieniveaus werden damit ununterscheidbar und verschmelzen zu einem mehr oder weniger breiten Energieband. Die Energieunterschiede zwischen diesen Bändern hängen von den Energieunterschieden zwischen den ursprünglichen Atomorbitalen und dem Abstand der Atome im Gitter ab. Die Energiebänder, die die Bindung zwischen den Metallatomen bewirken, werden als *Valenzbänder* bezeichnet. Sie sind bei den meisten Metallen nicht vollständig mit Elektronen besetzt. Die höheren unbesetzten Bänder und nicht vollbesetzte Valenzbänder sind verantwortlich für die Leitfähigkeitseigenschaften der Metalle. Sie werden deshalb *Leitungsbänder* genannt. Im Leitungsband sind die Elektronen nicht mehr dem Einfluß der einzelnen Atome unterworfen, sondern im gesamten Metallgitter frei beweglich. Ebenso wie die Elektronen in den Atomen nur bestimmte Energiezustände besetzen können, gibt es auch zwischen den einzelnen Energiebändern Bereiche, in denen sich keine Elek-

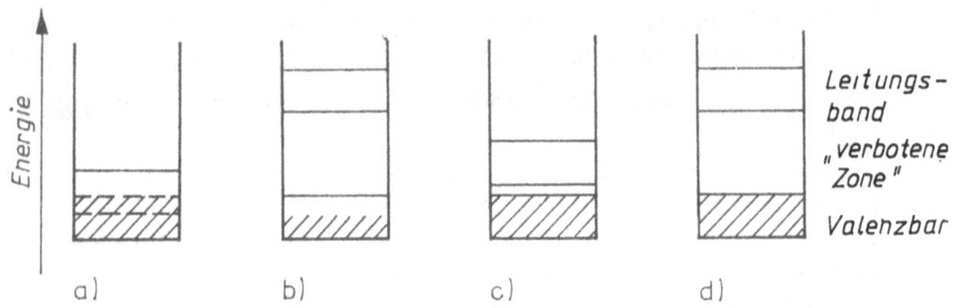

Abb. 28. Energiebändermodell

tronen aufhalten können, die „*verbotenen Zonen*". Das Energiebändermodell läßt sich auch auf andere Festkörper übertragen, es ist vergleichbar den Energieniveaudiagrammen der Atome und Moleküle. Die grundsätzlichen Besetzungsmöglichkeiten sind schematisch in Abb. 28 dargestellt.

Charakteristisch für die Metalle ist die Überlappung von Valenz- und Leitungsband (Abb. 28a)) oder die unvollständige Besetzung des Valenzbandes (Abb. 28b)). In beiden Fällen können bereits durch Anlegen einer elektrischen Spannung Elektronen in den unbesetzten Teil des Valenzbandes oder das Leitungsband angehoben werden und damit die elektrische Leitfähigkeit bewirken.

Liegt das Leitungsband sehr dicht über einem vollbesetzten Valenzband (Energieunterschied < 2 eV), so können die Elektronen bereits durch eine geringe Energiezufuhr in Form einer Temperaturerhöhung oder Lichteinstrahlung in das Leitungsband angehoben werden (Abb. 28c). Solche Stoffe werden *Eigenhalbleiter* genannt; sie haben im Gegensatz zu den Metallen eine elektrische Leitfähigkeit, die mit steigender Temperatur zunimmt, da dann eine größer werdende Anzahl Elektronen in das Leitungsband überführt wird. *Eigenhalbleiter* sind die im Periodensystem zwischen den Metallen und Nichtmetallen stehenden *Halbmetalle*, zu denen Bor, Silicium, Germanium, Arsen und Tellur gehören. Sind das Valenzband und das Leitungsband durch eine breite verbotene Zone getrennt, so ist die Anhebung der Elektronen in das Leitungsband nur unter extremen Bedingungen möglich (Abb. 28d). Ein solcher Stoff leitet den elektrischen Strom nicht, er ist ein *Isolator*.

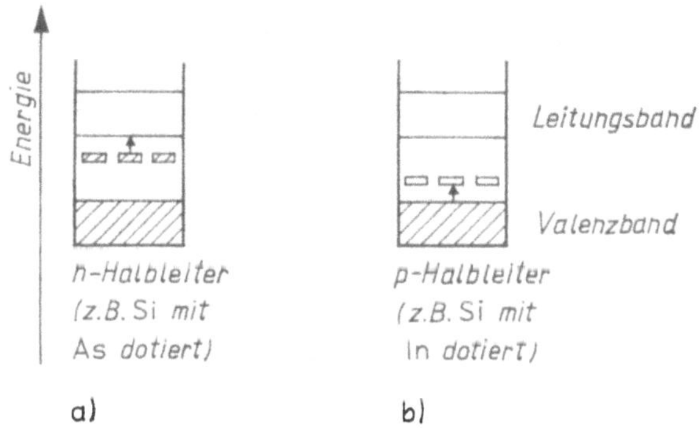

Abb. 29. Störstellenleitung

Praktisch wichtiger als die Eigenhalbleitung ist die *Störstellenleitung*, die beim Einbau von Fremdatomen mit einem Elektronenüberschuß oder -unterschuß in das Gitter von Eigenhalbleitern auftritt. Werden z. B. in das Siliciumgitter Arsen- oder Indiumatome eingebaut, so entstehen durch diese „*Dotierung*" in der verbotenen Zone zwischen dem Valenzband und dem Leitungsband neue Energieniveaus. Wenn ein solches Niveau durch Elektronenüberschuß im Valenzband besetzt ist, so können seine Elektronen in das Leitungsband übergehen und es entstehen *n-Halbleiter* (Abb. 29a). Ist das Niveau leer, so kann es Elektronen aus dem Valenzband aufnehmen und zum Leitungsband werden, wobei sich *p-Halbleiter* (Abb. 29b) bilden.

5. Wasserstoff

Der Wasserstoff ist das einfachste Element; denn das Wasserstoffatom besteht aus einem Proton und einem Elektron, das sich im Grundzustand im 1*s*-Orbital befindet (s. 2.2.). Das Wasserstoffmolekül H_2 ist der Musterfall der reinen Atombindung (s. 4.2.).

Wasserstoff ist das kosmisch häufigste Element, mehr als 90% der Masse des Weltalls ist Wasserstoff. Er ist Ausgangsstoff der Kernverschmelzungsreaktionen (s. 2.1.), die die Energie der Sonne und wahrscheinlich auch einen großen Teil der Energie der anderen Fixsterne liefern. Auf der Erde findet sich der Wasserstoff aber nur mit einem Gewichtsanteil von 0,88% vorwiegend im Wasser und in Kohlenstoffverbindungen (Erdöl, Erdgas u. a.). Wasserstoff bildet mehr Verbindungen als jedes andere Element; fast alle organischen Verbindungen enthalten auch Wasserstoff, und zusätzlich bildet Wasserstoff noch zahlreiche anorganische Verbindungen.

Wasserstoff ist ein farb-, geruch- und geschmackloses Gas. Es ist das leichteste Gas, das Litergewicht beträgt 0,0899 g (Luft: 1,2929 g $\times$ l^{-1}), es hat die höchste Wärmeleitfähigkeit und größte Diffusionsgeschwindigkeit aller Gase. Wasserstoff wird unter Normaldruck bei $-252{,}8\,°C$ (20,4 K) flüssig, es ist dann mit einem Litergewicht von 71 g die leichteste Flüssigkeit. Unterhalb $-259{,}2\,°C$ (14,0 K) wird Wasserstoff fest, bildet ein hexagonales Gitter und ist mit einer Dichte von 0,088 g $\times$ cm^{-3} der leichteste kristalline Festkörper.

Der natürlich vorkommende Wasserstoff ist ein Mischelement, er enthält die drei Isotope ${}^1_1H$, ${}^2_1H$ (Deuterium D) und ${}^3_1H$ (Tritium

T) im Atomverhältnis $1:1{,}6 \times 10^{-4}:10^{-18}$. Tritium ist radioaktiv (s. 2.1.). Bei keinem Element ist der Masseunterschied der Isotope so groß wie beim Wasserstoff. Diese Isotope zeigen deshalb gewisse Unterschiede im chemischen Verhalten, sogenannte „*Isotopieeffekte*" und lassen sich verhältnismäßig leicht gewinnen. *Deuterium* reichert sich in Form des „schweren Wassers" D_2O bei der elektrolytischen Wasserzersetzung im Rückstand an und wird in Tonnenmengen vor allem für die Verwendung in Kernreaktoren gewonnen. Das radioaktive *Tritium* läßt sich zur „Markierung" von Wasserstoffverbindungen verwenden, um ihren Weg bei chemischen, biologischen oder technischen Vorgängen zu verfolgen.

Die Lösung der starken σ-Bindung des Wasserstoffmoleküls erfordert die Zufuhr einer Dissoziationsenergie, die der hohen Bindungsenergie zahlenmäßig gleich ist.

$$H_2 \rightleftharpoons 2\,H + 434{,}1\ \text{kJ} \times \text{mol}^{-1}$$ [1])

Das molekulare Wasserstoffgas ist daher ziemlich reaktionsträge, der reaktionsfähige atomare Wasserstoff läßt sich nur durch die Einwirkung sehr hoher Temperaturen oder elektrischer Entladungen auf molekularen Wasserstoff herstellen. Die *Herstellung* von Wasserstoff erfolgt technisch durch die Reaktion von Wasserdampf mit Kohle bei hohen Temperaturen:

$$H_2O + C \rightarrow CO + H_2$$

oder durch die Umsetzung von Methan (Erdgas) mit Wasserdampf (Methankonvertierung):

$$CH_4 + H_2O \rightarrow CO + 3\,H_2$$

Das dabei entstehende Kohlenmonoxid wird mit Wasserdampf an Katalysatoren weiter zu Wasserstoff und Kohlendioxid umgesetzt (Kohlenmonoxidkonvertierung):

$$CO + H_2O \rightarrow H_2 + CO_2$$

und das Kohlendioxid mit Wasser unter Druck ausgewaschen.

---

[1]) Vom reagierenden System aufgenommene Energiebeträge werden mit positivem Vorzeichen angegeben, abgegebene Energiebeträge mit negativem Vorzeichen.

Eine weitere Herstellungsmöglichkeit ist die Wasserelektrolyse, bei der außerdem Sauerstoff entsteht:

$$2\,H_2O \rightarrow 2\,H_2 + O_2$$

Bei anderen elektrochemischen Verfahren, z. B. der Alkalichloridelektrolyse, fällt Wasserstoff als Nebenprodukt an.

Im Laboratorium werden kleine Mengen Wasserstoff durch die Reaktion unedler Metalle mit Säure dargestellt, z. B.:

$$Zn + 2\,HCl \rightarrow ZnCl_2 + H_2$$

Bei den beiden letztgenannten Darstellungsarten entsteht Wasserstoff zunächst atomar („in statu nascendi") und ist deshalb besonders reaktionsfähig. Wenn keine geeigneten Reaktionspartner vorhanden sind, verbinden sich zwei Atome mit einer Halbwertszeit von etwa 0,3 s zu molekularem Wasserstoff.

Wasserstoff wird in der technischen Chemie in großem Maße für die Ammoniaksynthese zur Düngemittelherstellung, zur Methanolsynthese und für Hydrierungsreaktionen verwendet. *Hydrierungen* sind Wasserstoffanlagerungsreaktionen wie die Kohlehydrierung zur Treibstoffgewinnung oder die Fetthydrierung, bei der Öle durch Wasserstoffanlagerung an ihre Kohlenstoff-Kohlenstoff-Doppelbindung in feste Fette umgesetzt werden. Wasserstoff findet außerdem Anwendung bei der Gewinnung einiger Metalle aus den Oxiden, wie des Molybdäns:

$$MoO_3 + 3\,H_2 \xrightarrow{1\,000^\circ} Mo + 3\,H_2O$$

oder aus wäßrigen Salzlösungen (Kupfer, Cobalt, Nickel). Die Umsetzung mit Sauerstoff wird wegen der dabei freiwerdenden großen Energiemenge

$$H_2 + 1/2\,O_2 \rightarrow H_2O\,, \qquad \Delta H = -286{,}2\,\text{kJ} \times \text{mol}^{-1}$$ [1]

zur Erzeugung hoher Temperaturen im *Knallgasgebläse* verwendet.

In letzter Zeit gewinnt der Wasserstoff zunehmend Beachtung als *Energieträger*. Voraussetzung für seine breite technische Verwendung sind allerdings günstige Gewinnungsverfahren aus Wasser, z. B. durch Wasserelektrolyse mit billiger Elektroenergie aus Kern-

[1] ΔH ist die *Reaktionsenthalpie*, die vom System bei konstantem Druck aufgenommene oder abgegebene Reaktionswärme.

kraftwerken. Flüssiger Wasserstoff wird bereits als Treibstoff in Flüssigkeitsraketen eingesetzt. Wasserstoff ist ein idealer Energieträger vom Standpunkt der Umweltbelastung, da bei seiner Verbrennung nur unschädliche Reaktionsprodukte entstehen.

Der Wasserstoff bildet Verbindungen mit vielen Metallen sowie allen Halbmetallen und Nichtmetallen außer den Edelgasen. Während die Metallwasserstoffverbindungen im allgemeinen *Hydride* genannt werden, z. B. NaH Natriumhydrid, sind für die anderen Verbindungen häufig eingebürgerte Trivialnamen gebräuchlich, wie H_2O Wasser, NH_3 Ammoniak, CH_4 Methan, SiH_4 Silan, PH_4 Phosphan, B_2H_6 Diboran, H_2S Schwefelwasserstoff, HCl Chlorwasserstoff, HBr Bromwasserstoff usw.

Die Hauptzahl der *Wasserstoffverbindungen* enthalten polarisierte Atombindungen. Zu ihnen gehören die riesige Anzahl der Kohlenwasserstoffe und die Wasserstoffverbindungen der nichtmetallischen Elemente der 3. bis 7. Hauptgruppe. Die meisten sind flüchtige Stoffe, viele bei Raumtemperatur gasförmig. Ihre Stabilität ist abhängig von der Bindungsenergie, die stark von der Elektronegativitätsdifferenz zum Bindungspartner und dessen Atomgröße beeinflußt wird. Im allgemeinen wächst die Stabilität der Wasserstoffverbindungen zu den höheren Perioden und niedrigeren Gruppen hin. Eine besonders große Beständigkeit zeigen deshalb Fluorwasserstoff, Wasser und Chlorwasserstoff. Diese Verbindungen zerfallen erst bei Temperaturen über 1000 °C merklich, bilden sich aber explosionsartig aus den Elementen, wenn man den Mischungen Energie in Form von Wärme oder Strahlung zuführt. Wasserstoff-Sauerstoff-Gemische werden daher *Knallgas*, Wasserstoff-Chlor-Gemische *Chlorknallgas* genannt. Dagegen läßt sich Tellurwasserstoff nur durch Einwirkung von atomarem Wasserstoff auf Tellur oder seine Verbindungen erhalten und ist bereits bei Raumtemperatur instabil.

Ionenverbindungen des Wasserstoffs können entstehen, indem man von einem Wasserstoffatom ein Elektron abtrennt oder ein Elektron anlagert. Die Abtrennung des 1*s*-Valenzelektrons führt zur Bildung eines *Protons* und erfordert die Zuführung der hohen Ionisierungsenergie von 1316 kJ $\times$ mol^{-1}. Protonen werden nur gebildet, wenn dieser Energiebetrag durch einen entsprechenden Energiegewinn bei Folgereaktionen ausgeglichen wird. Die Protonen haben durch ihren geringen Radius von 0,15 pm eine sehr hohe Ladungsdichte und umgeben sich stets mit anderen Molekülen, deren Elektronenhülle sie verformen.

Löst man gasförmigen Chlorwasserstoff in Wasser, so erhält man

Salzsäure, in der nach älteren Vorstellungen neben Chloridionen freie Protonen angenommen wurden:

$HCl \rightarrow H^+ + Cl^-$

Tatsächlich lagern sich aber die Protonen an die nichtbindenden Elektronenpaare von Wassermolekulen zu H_3O^+-Ionen an, die noch weitere Wassermoleküle locker gebunden enthalten und *Hydroniumionen* genannt werden. Dieser Vorgang, der *Hydratisierung* genannt wird, liefert einen Energiebetrag von 1123 kJ $\times$ mol^{-1}, der zusammen mit dem Energiegewinn bei der Bildung des Chloridions (356 kJ $\times$ mol^{-1}, s. 3.2.2.) und seiner Hydratisierungsenergie (372 kJ $\times$ mol^{-1}) ausreicht, um die Bindungsenergie des Chlorwasserstoffs (132 kJ $\times$ mol^{-1}) und die Ionisierungsenergie des Wasserstoffs mehr als auszugleichen.

Der Vorgang beim Lösen des Chlorwasserstoffs in Wasser wird meist ohne Berücksichtigung der lockeren Hydratisierung formuliert: $HCl + H_2O \rightarrow H_3O^+ + Cl^-$. Das nicht weiter hydratisierte H_3O^+-Ion kommt als Gitterbaustein in den festen Säurehydraten der Zusammensetzung $HCl \times H_2O$, $HNO_3 \times H_2O$, $H_2SO_4 \times 2\,H_2O$ u. a. vor und wird als *Oxoniumion* bezeichnet. Die genannten Verbindungen sind also tatsächlich $[H_3O]^+Cl^-$ Oxoniumchlorid, $[H_3O]^+NO_3^-$ Oxoniumnitrat und $[H_3O]_2^+SO_4^{2-}$ Oxoniumsulfat.

Die Anlagerung eines Elektrons an ein Wasserstoffatom führt zur Bildung eines Hydridions H^- mit der $1s^2$-Elektronenkonfiguration des Heliums. Da die Elektronenaffinität für diesen Vorgang mit -67 kJ $\times$ mol^{-1} relativ gering ist (s. 3.2.2.), erfolgt die Bildung der ionischen *Hydride* nur mit den stark elektropositiven Alkali- und Erdalkalimetallen. Sie entstehen aus den Metallen und Wasserstoff bei etwa 700 °C und sind feste, farblose, schwerflüchtige Salze. Da der Ionenradius des Hydridions zwischen dem des Fluorid- und Chloridions liegt, kristallisieren die Alkalihydride im Steinsalzgitter. Ihre Schmelze besitzt eine hohe elektrische Leitfähigkeit; bei der Elektrolyse bildet sich Wasserstoff an der Anode. Mit Wasser oder Säure bilden die salzartigen Hydride in einer heftigen Reaktion Wasserstoff, z. B.: $CaH_2 + 2\,H_2O \rightarrow Ca(OH)_2 + 2\,H_2$. Das ist eine weitere Möglichkeit der Wasserstoffdarstellung.

Auch die meisten Nebengruppenmetalle reagieren bei erhöhter Temperatur mit Wasserstoff. Die Verbindungen, die sie bilden, sind oft nichtstöchiometrisch (s. 4.1.), d. h., das Verhältnis ihrer Bestandteile ist nicht ganzzahlig, wie $TiH_{1,7}$, $ZrH_{1,9}$, $LaH_{2,87}$.

Bei diesen Verbindungen ist der Wasserstoff häufig in die Gitterlücken des Metallgitters eingelagert. Sie werden deshalb *Einlagerungshydride* genannt, sind meist metallisch und Elektronenleiter oder Halbleiter. Die bekannteste dieser Verbindungen ist das Palladiumhydrid der ungefähren Zusammensetzung $PdH_{0,7}$, dessen Wasserstoff sich annähernd wie atomarer Wasserstoff verhält.

6. Edelgase

Das auf den Wasserstoff folgende Element ist das Helium, der erste Vertreter der Edelgase, zu denen außerdem noch die Elemente Neon, Argon, Krypton, Xenon und Radon gehören. Sie besitzen eine besonders stabile Elektronenkonfiguration (s. 2.2.) — Helium $1s^2$, die anderen Edelgase ns^2p^6 — und sind dadurch einatomig und außerordentlich reaktionsträge, was auch ihr Name zum Ausdruck bringt. Aus ihren physikalischen Eigenschaften kann man ersehen, daß zwischen den Atomen nur VAN DER WAALS-Kräfte (s. 4.2.) wirken.

Alle Edelgase sind Bestandteile der Luft, wobei Argon bei weitem am häufigsten ist. 100,0 *l* Luft enthalten 933 m*l* Argon; 1,8 m*l* Neon; 0,52 m*l* Helium; 0,11 m*l* Krypton und 0,008 m*l* Xenon. Helium kommt außerdem als Produkt radioaktiver Umwandlungen in der Erdkruste (s. 2.1.) bis zu 10 Vol.% im Erdgas bestimmter Lagerstätten vor und ist darüber hinaus als Hauptprodukt der Kernverschmelzungsreaktionen in den Fixsternen (s. 2.1.5.) nach dem Wasserstoff das kosmisch zweithäufigste Element. Radon ist radioaktiv, die Halbwertszeit des langlebigsten Isotops $^{222}_{86}Rn$ beträgt 3,825 Tage, es ist als Produkt der radioaktiven Umwandlungsreihen in Spuren in der Atmosphäre vorhanden. Entsprechend ihrem Vorkommen werden Argon, Neon, Krypton und Xenon aus verflüssigter Luft, Helium aus Erdgas und Radon durch Abpumpen aus geeigneten radioaktiven Lösungen gewonnen.

Argon und *Krypton* werden vor allem als Füllgase für Glühlampen verwendet. Argon dient außerdem als Schutzgas in der Metallurgie und Chemie, Xenon für Hochdruckgasentladungslampen, Neon fur Leuchtstoffröhren und als Kältemittel, Helium als Füllgas fur Ballons und ebenfalls als Kältemittel.

Helium siedet bei $-268{,}9\,°C$ (4,2 K) und wird selbst nahe der Temperatur des absoluten Nullpunktes erst bei einem beträchtlichen Überdruck fest. Unterhalb von 2,2 K geht flüssiges Helium in einen „superflüssigen" Zustand extrem niedriger Viskosität über, der außerdem mit einer außerordentlich hohen elektrischen Leitfähigkeit verbunden ist.

Da man auf Grund der Oktettregel (s. 4.2.) lange Zeit *Edelgasverbindungen* für unmöglich gehalten hatte, wurde erst 1962 mit dem Xenonhexafluoroplatinat $Xe[PtF_6]_n$, $n = 1$ bis 2, die erste echte Edelgasverbindung hergestellt. Dann stellte sich heraus, daß vor allem *Xenonfluoride* verhältnismäßig leicht darstellbar sind. Durch Reaktion aus den Elementen bilden sich bei erhöhter Temperatur unter Druck die Xenonfluoride XeF_2, XeF_4 und XeF_6. Besonders das Xenonhexafluorid ist als Ausgangsprodukt für weitere Xenonverbindungen geeignet; mit Wasser entsteht über Xenonoxidfluoride das *Xenontrioxid*:

$$XeF_6 + H_2O \rightarrow XeOF_4 + 2\,HF$$

$$XeOF_4 + H_2O \rightarrow XeO_2F_2 + 2\,HF$$

$$XeO_2F_2 + H_2O \rightarrow XeO_3 + 2\,HF$$

Xenontrioxid ist ein farbloser kristalliner Stoff, der in reiner Form leicht explodiert, in Lösung aber beständig ist. In alkalischen Lösungen entstehen Hydrogenxenate: $XeO_3 + OH^- \rightarrow HXeO_4^-$, die langsam in elementares Xenon und *Perxenate* mit Xenon in der Oxydationsstufe +8 zerfallen:

$$2\,HXeO_4^- + 2\,OH^- \rightarrow XeO_6^{4-} + Xe + O_2 + 2\,H_2O$$

Aus konzentrierten Lösungen lassen sich feste Alkali- und Erdalkaliperxenate wie Ba_2XeO_6 oder $K_4XeO_6 \times 9\,H_2O$ gewinnen.

Auch vom Krypton und Radon sind Fluorverbindungen wie das Kryptondifluorid KrF_2 bekannt. Die Untersuchung der Verbindungen des Radons ist schwierig, da durch seine starke Radioaktivität eingegangene Bindungen rasch wieder zerstört werden. Vom Argon, Neon und Helium dürften kaum Verbindungen zu erwarten sein, da bei diesen Elementen die Hybridisierungs- und Ionisierungsenergien außerordentlich hoch sind.

Die Bindungsverhältnisse in den Edelgasverbindungen entsprechen polarisierten Atombindungen mit Bindungsenergien von 120 bis 200 $kJ \cdot mol^{-1}$. Ihr Bau stimmt mit den dort angegebenen Grundsätzen (s. 4.2., Abb. 24) überein, als Beispiel sind die Strukturen einiger Xenonverbindungen in Abb. 30 dargestellt.

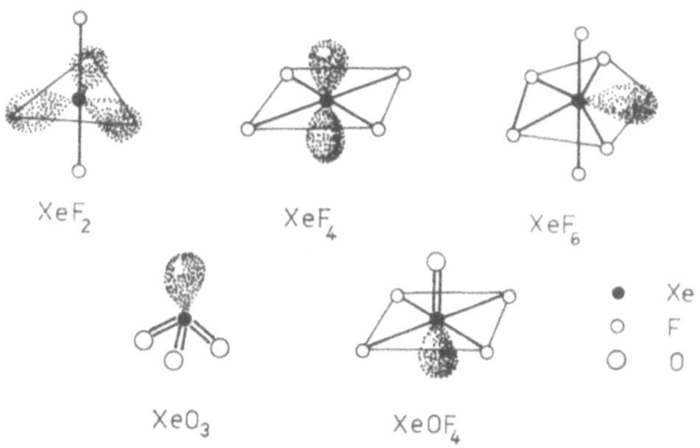

Abb. 30. Strukturen einiger Xenonverbindungen

7. Sauerstoff

Der Sauerstoff ist das häufigste Element auf der Erde, er ist zu 49,5 Masse-% am Aufbau der Erdrinde beteiligt. Er gehört zu den Elementen der 6. Hauptgruppe des Periodensystems, die *Chalkogene*, d. h. Erzbildner genannt werden, weil die Metalloxide und -sulfide als Rohstoffe für die Metallgewinnung eine besondere Bedeutung haben. Auch die anderen Bestandteile der Erdrinde wie Silicate, Carbonate, Sulfate enthalten hohe Anteile an Sauerstoff, und schließlich ist Sauerstoff zu 89 Masse-% im Wasser der Weltmeere und Gewässer sowie zu 23 Masse-% in der Luft enthalten. Die Erdatmosphäre war früher wie die Venusatmosphäre praktisch sauerstofffrei und erst durch die *Assimilation* der Pflanzen haben sich in den letzten 1,8 Milliarden Jahren aus Kohlendioxid und Wasser unter Einwirkung der Sonnenstrahlung Kohlehydrate wie Cellulose, Stärke, Zucker und der jetzige Luftanteil an Sauerstoff gebildet:

$$6\,CO_2 + 6\,H_2O \rightarrow C_6H_{12}O_6 + 6\,O_2$$

Der freie molekulare Sauerstoff ist ein farb-, geruch- und geschmackloses Gas mit einer Dichte von $1{,}429\ g \times l^{-1}$, d. h. etwas schwerer als Luft. Sein Siedepunkt beträgt $-182{,}96\ °C$, der Schmelzpunkt $-218{,}7\ °C$. Im flüssigen Zustand ist Sauerstoff hellblau und hat eine Dichte von $1{,}118\ kg \times l^{-1}$, ist also etwas schwerer als Wasser. Er hat eine hohe Bindungsenergie von 495,7 kJ × mol^{-1} und ist in allen Aggregatzuständen paramagnetisch; die Eigenschaften des Moleküls lassen sich nach dem Molekülorbitalverfahren (s. 4.2., Abb. 20) am besten erklären.

Die *Darstellung* von Sauerstoff erfolgt technisch vorwiegend durch Verflüssigung der Luft und anschließende fraktionierte Destillation, d. h. wiederholtes teilweises Verdampfen und Wiederverflüssigen. Stickstoff, der Hauptbestandteil der Luft, der bei −195,8 °C siedet, wird zuerst abgeschieden und darauf Sauerstoff und Argon (Sdpkt. −185,9 °C) getrennt. Eine andere Möglichkeit ist die Elektrolyse von Wasser und wäßriger Lösungen (s. Kap. 5), wobei sich an der Anode Sauerstoff bildet.

Kleinere Mengen Sauerstoff können im Laboratorium durch die thermische Zersetzung sauerstoffreicher Salze hergestellt werden, z. B. aus Kaliumchlorat: $2\,KClO_3 \rightarrow 2\,KCl + 3\,O_2$. Noch besser eignet sich Bariumperoxid, da es bei 700 °C Sauerstoff abgibt und bei 500 °C die Rückbildung aus Bariumoxid und Sauerstoff möglich ist:

$$2\,BaO_2 \underset{500\,^\circ C}{\overset{700\,^\circ C}{\rightleftharpoons}} 2\,BaO + O_2$$

Sauerstoff wird in großem Umfang bei metallurgischen Verfahren besonders in der Stahlindustrie und bei technischen Oxydationsreaktionen eingesetzt. Zusammen mit Wasserstoff oder Ethin verwendet man ihn zur Erzeugung hoher Temperaturen, medizinisch dient er zur Anregung der Atmung. In Flüssigkeitsraketen findet flüssiger Sauerstoff Anwendung zur Verbrennung der Treibstoffe.

Sauerstoff bildet *Verbindungen* mit allen Elementen außer den leichten Edelgasen; die meisten dieser Verbindungen sind durch direkte Reaktion der Elemente zu erhalten. Zur Auslösung dieser Reaktion ist meist eine Energiezufuhr notwendig, um die Bindungsenergie des Sauerstoffmoleküls zu überwinden, dann werden oft beträchtliche Energiebeträge frei, wie die folgenden Beispiele zeigen:

$$2\,H_2 + O_2 \rightarrow 2\,H_2O, \quad \Delta H = -572\ kJ \times mol^{-1}$$

$$C + O_2 \rightarrow CO_2, \quad \Delta H = -394\ kJ \times mol^{-1}$$

$$S + O_2 \rightarrow SO_2, \quad \Delta H = -297\ kJ \times mol^{-1}$$

$$2\,Al + 3/2\,O_2 \rightarrow Al_2O_3, \quad \Delta H = -1674\ kJ \times mol^{-1}$$

Solche Reaktionen, bei denen Energie an die Umgebung abgegeben wird, nennt man *exotherme Reaktionen.*

Manche Reaktionen lassen sich durch die Gegenwart von Katalysatoren auslösen: leitet man ein Knallgasgemisch über feinverteiltes Platin, so entzündet es sich sofort. Ein *Katalysator* ist ein Stoff, der chemische Reaktionen beschleunigt oder verlangsamt, ohne durch sie verbraucht zu werden.

Die eben angeführten Reaktionen sind Oxydationen in der ursprünglichen Bedeutung einer Verbindung mit Sauerstoff, während man die Reduktion früher als den Entzug von Sauerstoff auffaßte. Heutzutage versteht man unter *Oxydation* eine Elektronenabgabe, unter *Reduktion* eine Elektronenaufnahme. Die genannten Reaktionen sind auch Oxydationen im Sinne der modernen Definition, da bei ihnen Verbindungen entstehen, in denen der Sauerstoff die Oxydationszahl −2 hat (s. 3.2.5.). Sauerstoff nimmt also Elektronen auf und wirkt dadurch als *Oxydationsmittel*, während er selbst reduziert wird. Seine Reaktionspartner geben Elektronen ab, sie sind *Reduktionsmittel* und werden selbst oxydiert. Die Erweiterung der Begriffe Oxydation und Reduktion erlaubt ihre Anwendung auf Elektronenübertragungsreaktionen, an denen kein Sauerstoff beteiligt ist. So wird bei der Bildung von Xenontetrafluorid aus Xenon und Fluor (s. Kap. 6) elementares Xenon zur Oxydationsstufe +4 oxydiert, während das Fluor in die Oxydationsstufe −1 übergeht:

$$\overset{\pm 0}{\mathrm{Xe}} + 2\,\overset{\pm 0}{\mathrm{F}_2} \rightarrow \overset{+4\,-1}{\mathrm{XeF}_4}$$

Bei Normaltemperatur reagiert Sauerstoff schnell nur mit leicht oxydierbaren Stoffen wie den Alkalimetallen, weißem Phosphor und wäßrigen Lösungen von Ionen in niedrigen Oxydationsstufen, z. B.

$$4\,Cr^{2+} + O_2 + 4\,H_3O^+ \rightarrow 4\,Cr^{3+} + 6\,H_2O$$

Fast alle oxydierbaren Stoffe werden aber durch den Luftsauerstoff vor allem in Gegenwart von Wasser langsam angegriffen. Zu diesen „*Autoxydationsreaktionen*“ gehören die Korrosion von Metallen, die Verwesung von organischem Material und die Stoffwechselvorgänge in lebenden Organismen. Durch die *Atmung* wird Sauerstoff aufgenommen, der mit Hilfe von Enzymen (organischen Katalysatoren) die Nahrungsstoffe bei normaler Temperatur oxydiert. Dabei wird in der Gegenreaktion zur Assimilation die Energie frei, die zur Erhaltung der Lebensvorgänge und zur Leistung von Muskelarbeit benötigt wird; sie beträgt für Traubenzucker $C_6H_{12}O_6$ 2820 kJ $\times$ mol^{-1}.

Sauerstoff bildet mit stark elektropositiven Metallen salzartige *Oxide* (z. B. Li_2O, MgO, Al_2O_3, ZnO), die das O^{2-}-Ion mit Neonkonfiguration enthalten. Die meisten dieser Oxide sind wegen ihrer hohen Gitterenergie in Wasser schwer löslich, nur die Alkalioxide lösen sich gut. Das Oxidion ist in Wasser unbeständig, es bildet zwei Hydroxidionen: $O^{2-} + H_2O \rightarrow 2\,OH^-$.

Die Alkalimetalloxide setzen sich mit Wasser daher zu *Basen* um, d. h. zu Stoffen, die in Metallkationen und Hydroxylionen zerfallen. Natriumoxid bildet Natronlauge[1]):

$$Na_2O + H_2O \rightarrow 2\,Na^+ + 2\,OH^-$$

Die Oxide der Nichtmetalle sind überwiegend kovalente Verbindungen; sie enthalten zwei σ-Bindungen wie Wasser H_2O und Dichloroxid Cl_2O oder σ- und π-Bindungen wie Kohlendioxid CO_2, Schwefeltrioxid SO_3 oder Distickstoffpentoxid N_2O_5. Sie lösen sich in Wasser gewöhnlich unter Bildung von *Säuren*, d. h. Stoffen, die Hydroniumionen abspalten, z. B. Salpetersäure:

$$N_2O_5 + 3\,H_2O \rightarrow 2\,H_3O^+ + 2\,NO_3^-$$

und hypochloriger Säure:

$$Cl_2O + 3\,H_2O \rightarrow 2\,H_3O^+ + 2\,ClO^-$$

Säuren und Basen heben ihre Wirkung gegenseitig auf, indem sie sich zu Wasser und gelöstem Salz vereinigen. So reagieren Natronlauge und Salpetersäure zu Wasser und gelöstem Natriumnitrat:

$$Na^+ + OH^- + H_3O^+ + NO_3^- \rightarrow 2\,H_2O + Na^+ + NO_3^-$$

Bei diesen Umsetzungen, die *Neutralisation* genannt werden, ist der wesentliche Vorgang der Protonenübergang vom Hydroniumion auf das Hydroxidion, da die Metallkationen und Säurerestanionen meist gelöst bleiben und erst beim Eindampfen der Lösung die feste Ionenverbindung ergeben. Saure und basische Oxide können sich allerdings unmittelbar zu festen Salzen verbinden:

$$2\,CaO + SiO_2 \rightarrow Ca_2SiO_4$$

[1]) Laugen sind wäßrige Lösungen von Basen.

Einige Metalloxide wie Berylliumoxid, Aluminiumoxid, Zinkoxid lösen sich sowohl in stark sauren als auch in stark alkalischen Lösungen:

$$ZnO + 2\,H_3O^+ \rightarrow Zn^{2+} + 3\,H_2O$$

$$ZnO + 2\,OH^- + H_2O \rightarrow [Zn(OH)_4]^{2-}$$

Diese Erscheinung wird *Amphoterie* genannt; durch die Reaktion mit basischen Lösungen entstehen Metallhydroxokomplexe. Bildet ein Element mehrere Oxide, so ist in dem Oxid mit der höchsten Oxydationsstufe der kovalente Bindungscharakter am deutlichsten ausgeprägt, und es hat auch die stärksten sauren Eigenschaften. So ist von den Chromiumoxiden das CrO basisch, das Cr_2O_3 amphoter und das CrO_3 sauer.

Unter den Oxiden der Nebengruppenmetalle gibt es eine Anzahl nichtstöchiometrischer Verbindungen (s. 4.12.). Ihre strukturelle Grundlage ist meist ein Oxidionengitter in dichter Kugelpackung (Abb. 26), dessen Hohlräume teilweise mit Metallionen unterschiedlicher Ladung besetzt sind. Dadurch ergibt sich eine gewisse Schwankungsbreite der Zusammensetzung, z. B. im Eisenoxid $Fe_{0,90-0,95}O$ oder im Titaniumoxid $TiO_{0,69-1,33}$.

Atomarer Sauerstoff kann ähnlich dem atomaren Wasserstoff aus der diatomaren Elementverbindung O_2 durch Energiezufuhr in Form elektrischer Entladungen oder UV-Strahlung hergestellt werden. Er reagiert mit molekularem Sauerstoff zum Trisauerstoff O_3, der *Ozon* genannt wird. Ozon ist ein bläuliches Gas mit einem starken charakteristischen Geruch, das bei $-112\,°C$ zu einer tiefblauen Flüssigkeit kondensiert und bei $-193\,°C$ zu einem schwarzvioletten Festkörper erstarrt. Zur Herstellung des Ozons muß ein beträchtlicher Energiebetrag aufgebracht werden, da die aufzubringende Dissoziationsenergie des Sauerstoffmoleküls wesentlich größer ist, als der bei der Anlagerung des Sauerstoffatoms freiwerdende Energiebetrag:

$$1/2\,O_2 \rightarrow O, \quad \Delta H = +248\ \text{kJ} \times \text{mol}^{-1}$$

$$O_2 \rightarrow O_3, \quad \Delta H = -103\ \text{kJ} \times \text{mol}^{-1}$$

$$1\,1/2\,O_2 \rightarrow O_3, \quad \Delta H = +145\ \text{kJ} \times \text{mol}^{-1}$$

Solche energieverbrauchenden Reaktionen nennt man *endotherme Reaktionen*, die dabei entstehenden Verbindungen endotherme Verbindungen. Endotherme Verbindungen wie Ozon sind instabil, da sie in der Rückreaktion unter Energiefreisetzung zerfallen können.

In der Erdatmosphäre bildet sich in 20 bis 25 km Höhe durch die Einwirkung der UV-Strahlung der Sonne eine *Ozonschicht*, in der Ozonbildung und -zerfall im Gleichgewicht stehen. Der Ozonzerfall setzt Energie frei, so daß in der Ozonschicht die Temperatur wesentlich höher ist als in den darüber und darunter liegenden Schichten. Die Ozonschicht schützt das Leben auf der Erde vor der zerstörenden UV-Strahlung; da sie sich aber erst nach dem starken Anstieg des Sauerstoffgehaltes vor etwa 500 Millionen Jahren bilden konnte, war sie eine Voraussetzung für die Entwicklung höherer Lebensformen auf der Erde.

Das Ozonmolekül ist diamagnetisch und gewinkelt, es läßt sich nach dem Valenzstrukturverfahren durch zwei bevorzugte mesomere Grenzstrukturen (s. 4.2.)

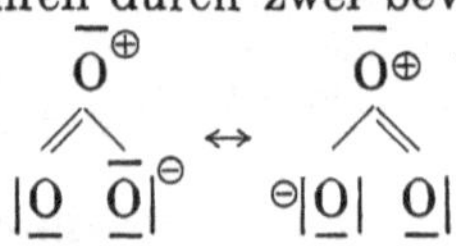

bzw. als Resonanzhybrid mit delokalisierter π-Bindung darstellen:

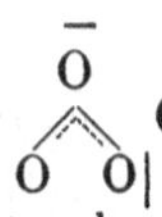

Ozon ist eines der stärksten Oxydationsmittel, es oxydiert schon bei Raumtemperatur schwarzes Bleisulfid zu weißem Bleisulfat:

$$\overset{-2}{PbS} + 4\,O_3 \rightarrow Pb\overset{+6}{S}O_4 + 4\,O_2$$

und scheidet aus Kaliumiodidlösungen elementares Iod aus:

$$2\,KI + O_3 + H_2O \rightarrow 2\,KOH + I_2 + O_2$$

Bei der Umsetzung von Ozon mit Alkalihydroxiden entstehen *Alkaliozonide*, z. B. das orangerote Kaliumozonid:

$$2\,KOH + 2\,O_3 \rightarrow 2\,KO_3 + H_2O + 1/2\,O_2$$

Das Ozonidion ist paramagnetisch, wie seine Valenzstrukturformel ausweist:

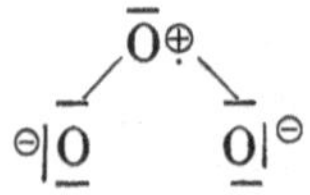

Die Ozonide zerfallen langsam in Hyperoxide und Sauerstoff.

$$2\,KO_3 \rightarrow 2\,KO_2 + O_2$$

Hyperoxide entstehen bei der Reaktion von Sauerstoff mit den schwereren Alkalimetallen Kalium, Rubidium und Caesium, z. B.:

$$K + O_2 \rightarrow KO_2$$

Natrium bildet bevorzugt das *Peroxid*:

$$2\,Na + O_2 \rightarrow Na_2O_2$$

und nur Lithium das Oxid:

$$4\,Li + O_2 \rightarrow 2\,Li_2O$$

Der Grund für die unterschiedlichen Reaktionen liegt darin, daß bei fallendem Kationenradius zur Bildung eines stabilen Ionengitters immer kleinere Anionen benötigt werden.

Die Bindungsverhältnisse im Hyperoxid- und Peroxidion werden am besten durch das MO-Energieniveauschema ausgedrückt (s. 4.2.). Es ist in vereinfachter Form für die $2p$-Elektronen von O_2, O_2^- und O_2^{2-} in Abb. 31 wiedergegeben. Man sieht, daß im Hyperoxidion durch die Zweifachbesetzung eines antibindenden π^*-Orbitals nur noch eine halbe π-Bindung und eine σ-Bindung wirksam sind. Durch das verbleibende ungepaarte Elektron sind die Hyperoxide paramagnetisch. Das Peroxidion ist durch die vollständige Besetzung der π^*-Orbitale diamagnetisch und verfügt nur noch über eine σ-Bindung.

Peroxide dürfen nicht mit Dioxiden verwechselt werden. Peroxide enthalten O_2^{2-}-Ionen, Dioxide zwei O^{2-}-Ionen; z. B. sind SnO_2 und PbO_2 keine Peroxide, sondern Zinn- und Bleidioxid.

Hyperoxide binden sowohl Wasser als auch Kohlendioxid unter Sauerstoffentwicklung:

$$2\,KO_2 + 2\,H_2O \rightarrow 2\,KOH + H_2O_2 + O_2$$

$$4\,KO_2 + 2\,CO_2 \rightarrow 2\,K_2CO_3 + 3\,O_2$$

Sie können daher zur Lufterneuerung in geschlossenen Räumen, wie in Raumfahrzeugen eingesetzt werden.

Die Hyperoxide und Peroxide sind kräftige Oxydationsmittel,

sie oxydieren z. B. Chromium(III)oxid zum wasserlöslichen Natriumchromat:

$$Cr_2O_3 + 3\,Na_2O_2 \rightarrow 2\,Na_2CrO_4 + Na_2O$$

Beide geben bei der Umsetzung mit Wasser oder verdünnten Säuren *Wasserstoffperoxid* H_2O_2: $Na_2O_2 + H_2SO_4 \rightarrow Na_2SO_4 + H_2O_2$. Wasserstoffperoxid ist im Gegensatz zu den ionischen Per-

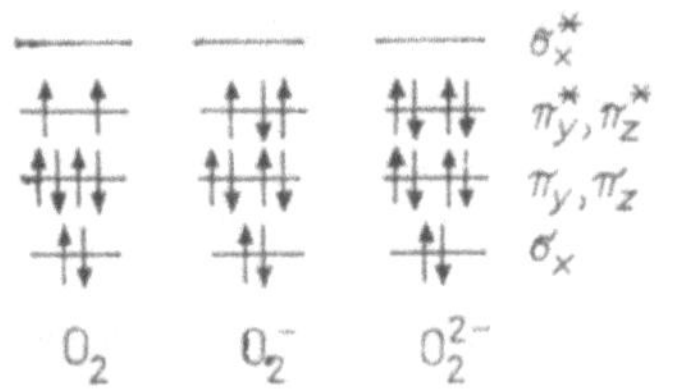

Abb. 31. MO-Schemata unterschiedlich geladener O_2-Teilchen

oxiden eine kovalente Verbindung, es ist die Grundsubstanz der Peroxoverbindungen, die ebenfalls eine O—O-σ-Bindung besitzen. Der Bau des Wasserstoffperoxidmoleküls ist in Abb. 32 dargestellt; da an jedem Sauerstoffatom noch zwei nichtbindende Elektronenpaare vorhanden sind, liegen die beiden O—H-Bindungen auf Ebenen, die etwa einen rechten Winkel einschließen.

Wasserstoffperoxid wird überwiegend über Autoxydationsreaktionen organischer Verbindungen hergestellt, die Wasserstoff auf den Luftsauerstoff übertragen. Es ist rein eine blaßblaue sirupöse Flüssigkeit, die bei 150 °C siedet und bei −0,9 °C zu Kristallen erstarrt. Da es im reinen oder hochkonzentrierten Zustand leicht explosionsartig zerfällt, wird es meist als 30%ige wäßrige Lösung verwendet.

Der Sauerstoff hat im Wasserstoffperoxid die Oxydationsstufe −1, steht also zwischen dem elementaren Sauerstoff mit der Oxydationsstufe Null und dem des Wassers mit der Oxydationsstufe −2. Wasserstoffperoxid kann also als Oxydationsmittel wirken, d. h. Elektronen aufnehmen und in Wasser übergehen:

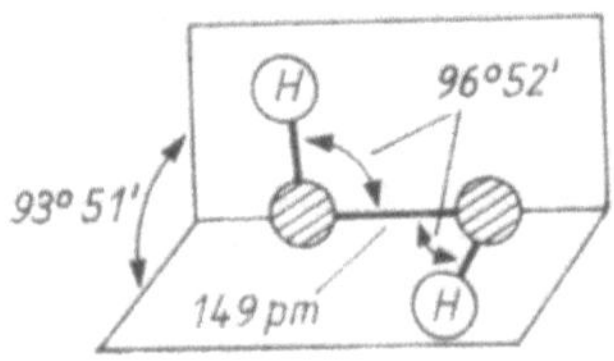

Abb. 32. Bau des Wasserstoffperoxidmoleküls

$$\overset{-1}{H_2O_2} + 2e^- + 2\,H^+ \rightarrow 2\,H_2\overset{-2}{O}$$[1])

aber auch Reduktionsmittel sein, d. h. Elektronen abgeben und Sauerstoff bilden:

$$\overset{-1}{H_2O_2} \rightarrow \overset{\pm 0}{O_2} + 2e^- + 2\,H^+$$

Wie aus den Gleichungen hervorgeht, wird die Oxydationsreaktion besonders gut in saurer Lösung ablaufen, da für die Reaktion Hydroniumionen gebraucht werden. Für die Reduktion sind basische Lösungen vorteilhaft, da dort die entstehenden Hydroniumionen durch Neutralisation abgefangen werden. Beispiele sind die Oxydation von Eisen(II)ionen

$$2\,Fe^{2+} + H_2O_2 + 2\,H^+ \rightarrow 2\,Fe^{3+} + 2\,H_2O$$

und die Reduktion von Chlor:

$$Cl_2 + H_2O_2 + 2\,OH^- \rightarrow 2\,Cl^- + O_2 + 2\,H_2O$$

Es ist aber auch möglich, daß ein Molekül Wasserstoffperoxid ein anderes zu Sauerstoff oxydiert, wobei es selbst zu Wasser reduziert wird:

$$H_2O_2 + H_2O_2 \rightarrow O_2 + 2\,H_2O$$

Eine solche Reaktion, bei der aus der Verbindung eines Elementes mit einer mittleren Oxydationsstufe zwei neue Verbindungen mit einer höheren und einer niedrigeren Oxydationsstufe entstehen, nennt man *Disproportionierung.* Diese Zersetzung, bei der 99 kJ $\times$ mol^{-1} frei werden, kann durch katalytisch wirkende Stoffe wie Platin, Metalloxide, Metallionen oder Hydroxidionen stark beschleunigt werden.

Durch die polarisierte H—O-Bindung ist Wasserstoffperoxid eine schwache Säure:

$$H_2O_2 + H_2O \rightleftharpoons H_3O^+ + HO_2^-$$

$$HO_2^- + OH^- \rightarrow O_2^{2-} + H_2O$$

Die Hydrogenperoxide und Peroxide, wie $NaHO_2$ und Na_2O_2 können daher als Salze des Wasserstoffperoxids aufgefaßt werden.

Es gibt eine große Anzahl weiterer Peroxoverbindungen, vor

[1]) In Reaktionsgleichungen schreibt man das Hydroniumion $H_3O^+_{aq}$ häufig vereinfacht als Proton.

allem Peroxosäuren und Peroxoanionen, die gewöhnlich starke Oxydationsmittel sind und mit Wasser Wasserstoffperoxid ergeben.

Auf Grund der besonders stark ausgeprägten Oxydationswirkung werden Wasserstoffperoxid und die Peroxoverbindungen vorwiegend als Bleichmittel verwendet für Fasern, Öle, Leder, in Waschmitteln und kosmetisch zum Bleichen der Haare.

8. Wasser

Wasser ist eine der wichtigsten chemischen Verbindungen, es ist die auf der Erde weitaus häufigste Flüssigkeit. Über 80% der Erdoberfläche sind von Wasser bedeckt, das Wasser entspricht etwa 5% der Masse der Erde. Mehr als 97% davon befinden sich als verdünnte Salzlösung in den Ozeanen, etwa 2% als fast reiner Festkörper in Schneefeldern, Gletschern und als Polareis, etwa 0,4% als unterirdische Vorkommen, etwa 0,01% in Flüssen und Seen und nur etwa 0,0015% in der Atmosphäre, wo sie aber das Wetter und Klima auf der Erdoberfläche wesentlich mitbestimmen.

Das irdische Leben hat sich vor etwa 3,5 Milliarden Jahren in den Urozeanen entwickelt, und auch in den gegenwärtigen Lebewesen laufen die wesentlichen Stoffwechselvorgänge in wäßriger Lösung ab; das pflanzliche und tierische Gewebe besteht zu 69 bis 99%, der Mensch zu etwa 70% aus Wasser.

Außerdem ist das Wasser von großer Bedeutung als Lösungsmittel, Kühlmittel und Rohstoff in der Industrie. Viele wichtige chemische Reaktionen werden in wäßriger Lösung durchgeführt. Diese herausragende Rolle des Wassers erklärt sich aus den besonderen Struktur- und Bindungseigenschaften.

Im *Wassermolekül* liegen zwei stark polarisierte σ-Bindungen zwischen Sauerstoff und Wasserstoff vor, die einen Winkel von 104,5° einschließen. Außerdem verfügt der Sauerstoff noch über zwei nichtbindende Elektronenpaare, wobei die bindenden und nichtbindenden Elektronenpaare so angeordnet sind, daß sie in die Ecken eines schwach verzerrten Tetraeders zeigen (s. 4.2., Abb. 23). Auf Grund dieser Struktur und Ladungsdichteverteilung stellt das Wassermolekül einen starken Dipol dar mit einer negativen Ladung am Sauerstoff und einer positiven Ladung an den positiv polarisierten Wasserstoffatomen. Diese Wasserstoffatome verhalten sich annähernd wie Protonen: Zwischen ihnen und den Sauerstoffatomen anderer Wassermoleküle wirken Anziehungskräfte, die zur

Bildung von *Wasserstoffbrücken* zwischen den Wassermolekülen führen. Gleichartige Wasserstoffbrückenbindungen treten auch zwichen Molekülen von Wasserstoffverbindungen anderer stark elektronegativer Elemente auf, vor allem beim Fluorwasserstoff und Ammoniak. Die Bindung besitzt ein gewisses ionisches Gepräge, da der Wasserstoff nur eine Atombindung ausbilden kann. Die Bindungsenergie der stärksten Wasserstoffbrückenbindung zum Fluor als dem elektronegativsten Element beträgt beim Fluorwasserstoff zwar nur etwa 30 kJ × mol⁻¹, die Wasserstoffbrucken haben aber tiefgreifende Auswirkungen auf die chemischen und physikalischen Eigenschaften der entsprechenden Stoffe.

Das zeigt sich bereits an den Schmelz- und Siedepunkten der Wasserstoffverbindungen der Elemente der 4. bis 7. Hauptgruppe, die in Abb. 33 dargestellt sind. Die Zunahme bei den Elementwasserstoffverbindungen der 4. Hauptgruppe entspricht der Vergrößerung der VAN DER WAALS-Kräfte zwischen den Molekülen durch die steigenden Molekülmassen (s. 4.2.). Ein ebensolches normales Verhalten zeigen die anderen Wasserstoffverbindungen der Elemente der 3. bis 5. Periode. Die starken Abweichungen für Wasser, Fluorwasserstoff und Ammoniak beruhen auf der

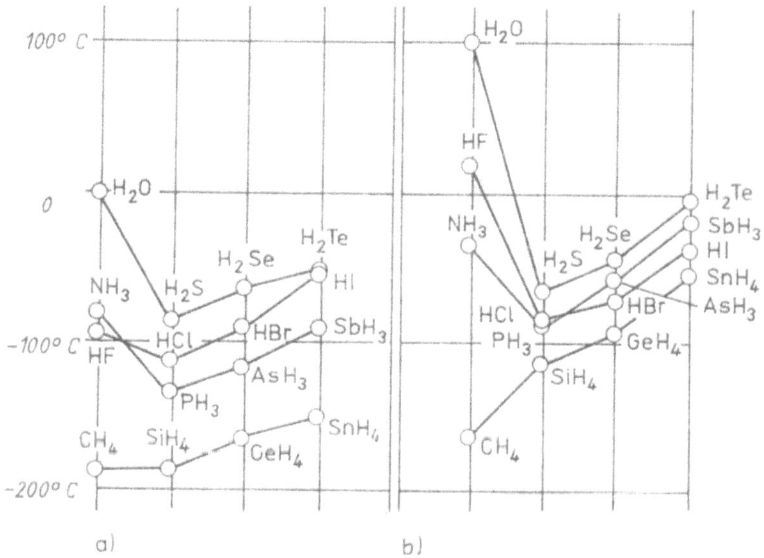

Abb. 33. Schmelzpunkte a) und Siedepunkte b) ausgewählter Wasserstoffverbindungen

Ausbildung von Wasserstoffbrückenbindungen. Wasser würde bei „normalem“ Verhalten bei etwa −100 °C sieden! Die Abweichung ist beim Wasser besonders groß, da von jedem Wassermolekül zwei Wasserstoffbrücken ausgehen können und damit eine Raumnetzstruktur möglich ist. Diese ist am deutlichsten im *Eis* ausgebildet, aus dessen lockerer voluminöser Grundstruktur Abb. 34 einen Ausschnitt zeigt. Jedes Sauerstoffatom ist tetraedrisch von vier Wasserstoffatomen umgeben, von denen zwei durch Atombindungen, zwei durch Wasserstoffbrückenbindungen gebunden sind. Beim Schmelzen wird diese Anordnung teilweise abgetrennt,

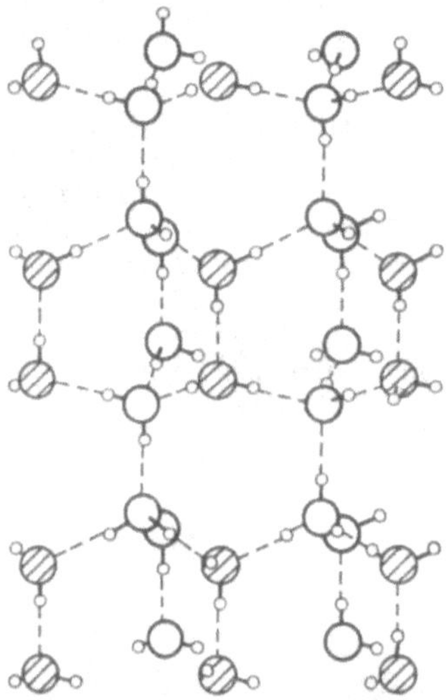

Abb. 34. Grundstruktur des Eises

und die Moleküle können sich dichter zusammenlagern, bis beim weiteren Erwärmen durch die höhere Raumbeanspruchung der Moleküle infolge ihrer Wärmebewegung die Dichte wieder abnimmt. Es ergibt sich damit eine Temperaturabhängigkeit der Dichte wie sie in Abb. 35 dargestellt ist. Das Dichtemaximum bei +4 °C hat zur Folge, daß sich in den Gewässern auch bei Frost stets Wasser dieser Temperatur am Boden befindet, während das Eis auf dem Wasser schwimmt und sich nur allmählich von oben nach unten verstärkt. Dadurch wird Leben in den Gewässern auch bei Frost ermöglicht. Andererseits dehnt sich Wasser beim Gefrieren aus; in Gesteinsspalten oder -poren befindliches Wasser sprengt Gesteinsbrocken bei Frost auseinander und führt zur mechanischen *Verwitterung.*

Auch im *flüssigen Wasser* ist die Bindung der Wassermoleküle über Wasserstoffbrücken erhalten; wahrscheinlich liegen schwarmartige Anordnungen vor, zwischen denen ein schneller Molekül-

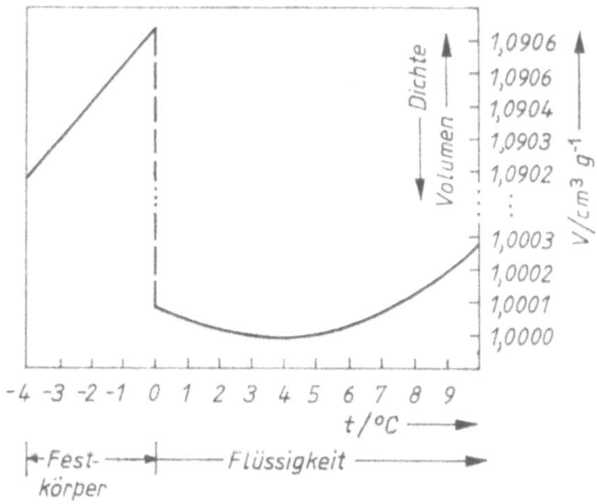

Abb. 35. Temperaturabhängigkeit der Dichte des Wassers

austausch erfolgt. Es ist noch unklar, ob dabei neben starken und schwachen Wasserstoffbrückenbindungen auch ungebundene OH-Gruppen auftreten. Reines Wasser ist geruch-, geschmack- und farblos, in dicker Schicht bläulich. Der Gefrierpunkt ist der Nullpunkt der Celsiusskala, der Siedepunkt gleich 100 °C. Außer diesen Kenngrößen werden auch andere wichtige Stoffeigenschaften durch die Wasserstoffbrückenbindungen stark beeinflußt. Die Schmelzwärme des Eises ist mit 6,0 kJ $\times$ mol^{-1} recht hoch; die gleiche Wärmemenge wird als Erstarrungswärme beim Gefrieren des Wassers frei. Die Abgabe und Aufnahme dieser Energiebeträge durch die im Winter unter Wärmeentwicklung gefrierenden und im Frühling unter Wärmeverbrauch tauenden Wassermassen trägt wesentlich zum Temperaturausgleich an der Erdoberfläche bei. Die hohe Verdampfungs- bzw. Kondensationswärme von 40,6 kJ $\times$ mol^{-1} bringt einen großen Energieaufwand beim Trocknen und Eindampfen wäßriger Lösungen mit sich, bewirkt aber auch die gute Eignung von Wasserdampf als Wärmeüberträger.

Im Wasser finden Protonenübertragungsreaktionen nach dem folgenden Gleichgewicht statt:

$$H_2O + H_2O \rightleftharpoons H_3O^+ + OH^-$$

wobei die nach rechts verlaufende Reaktion als *Autoprotolyse* bezeichnet wird. Das Gleichgewicht liegt sehr stark auf der Seite des Wassers, die Hydroniumionenkonzentration und Hydroxidionenkonzentration betragen nur je 10^{-7} mol $\times l^{-1}$. Ihr Produkt, das *Ionenprodukt des Wassers*, K_W, beträgt demnach

$$K_W = [H_3O^+] \cdot [OH^-] = 10^{-14}\,\text{mol}^2 \times l^2$$

Zur Vereinfachung wird die Hydroniumionenkonzentration meist durch den *pH-Wert* ausgedrückt, das ist der negative dekadische Logarithmus der Hydroniumionenkonzentration: pH $= -\log [H_3O^+]$. Der Wert des Ionenproduktes K_W bleibt in allen wäßrigen Lösungen erhalten. Wird der pH-Wert kleiner als 7, d. h. $[H_3O^+] > 10^{-7}$ mol $\times l^{-1}$, so ist $[OH^-] < 10^{-7}$ mol $\cdot l^{-1}$, und es liegt eine saure Lösung vor. Umgekehrt sind Lösungen mit pH > 7 alkalisch.

Eine der bemerkenswertesten Eigenschaften des Wassers ist seine Fähigkeit, eine große Anzahl von Stoffen, besonders Ionenverbindungen und polare Stoffe zu *wäßrigen Lösungen* aufzulösen. Bringt man einen Ionenkristall wie Natriumchlorid in Wasser, so lagern sich die Wasserdipole zwischen die Ionen des Kristallgitters und führen somit eine Auflösung des Gitterverbandes herbei. In der Lösung sind die Ionen mit einer Hülle von gerichteten Wasserdipolen, einer *Hydrathülle* umgeben. Besonders fest ist diese *Hydratisierung* bei kleinen hochgeladenen Kationen wie Al^{3+}, oder Be^{2+}, die definierte *Aquokomplexe* $[Al(H_2O)_6]^{3+}$ und $[Be(H_2O)_4]^{2+}$ bilden. Die Koordinationszahl wird dabei von der Ionengröße bestimmt. Stabile Aquokomplexe bleiben auch in den festen Salzen erhalten; das Kristallwasser von Salzhydraten wie Magnesiumchloridhexahydrat $MgCl_2 \times 6\,H_2O$, Nickelsulfatheptahydrat $NiSO_4 \times 7\,H_2O$, Kupfersulfatpentahydrat $CuSO_4 \times 5\,H_2O$ ist ganz oder teilweise als Aquokomplex am Kation gebunden: $[Mg(H_2O)_6] \cdot Cl_2$, $[Ni(H_2O)_6]SO_4 \times H_2O$, $[Cu(H_2O)_4]SO_4 \times H_2O$. In den Lösungen wirken Kationen hoher Ladungsdichte abstoßend auf die Protonen der Hydrathulle, so daß Protonen auf das Wasser übertragen werden, z. B.

$$[Fe(H_2O)_6]^{3+} + H_2O \rightleftharpoons [FeOH(H_2O)_5]^{2+} + H_3O^+$$

Die Lösungen reagieren also sauer und enthalten Hydroxoaquokomplexe, sogenannte basische Kationen. Solche Reaktionen, die auf einem Protonenübergang beruhen, werden als *Protolyse* bezeichnet. Früher war allgemein für Reaktionen, bei denen Stoffe durch die Einwirkung von Wasser gespalten werden, die Bezeichnung *Hydrolyse* üblich; sie wird heute bevorzugt für die Spaltung von Atombindungen verwendet, wobei allerdings oft auch saure Lösungen entstehen:

$$HCl + H_2O \rightarrow H_3O^+ + Cl^-$$

$$PF_3 + 3\,H_2O \rightarrow H_3PO_3 + 3\,HF$$

Bei der Hydratisierung der Ionen wird die *Hydratisierungsenergie* frei, deren Größe bei kleinen hochgeladenen Ionen beträchtlich sein kann, so beim Al^{3+} 4609 kJ × mol^{-1}, Fe^{3+} 4492 kJ × mol^{-1}, F^- 511 kJ × mol^{-1}. Diese Hydratisierungsenergie ermöglicht die Auflösung der Ionengitter, die durch eine bestimmte Gitterenergie stabilisiert sind (s. 4.1.). Ist die Hydratisierungsenergie größer als die Gitterenergie, so ist der Lösevorgang exotherm, im umgekehrten Fall endotherm. Übersteigt die Gitterenergie die Hydratisierungsenergie wesentlich, so ist der Stoff in Wasser schwer löslich. Wasser kann (wie auch andere Lösungsmittel) nur eine begrenzte Menge

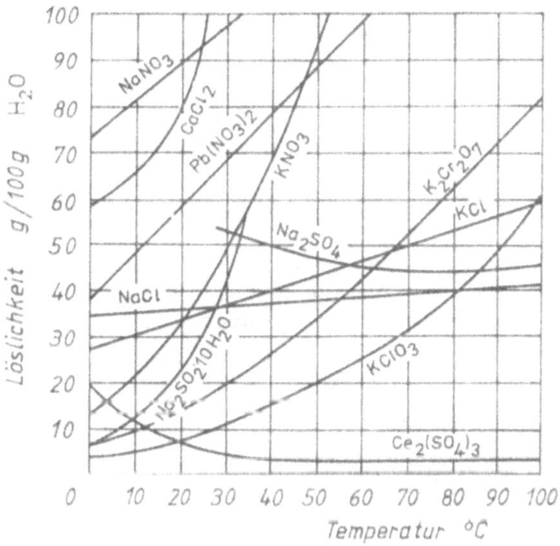

Abb. 36. Temperaturabhängigkeit der Löslichkeit einiger Salze

eines Stoffes lösen, weiter zugegebener Stoff bleibt als feste Phase ungelöst. Eine solche Lösung ist gesättigt. Die Konzentration eines Stoffes in seiner gesättigten Lösung ist die *Löslichkeit.* Sie ist eine charakteristische Stoffeigenschaft und wird meist in g/100 g Wasser oder in Mol $\times\, l^{-1}$ angegeben. Besonders bei schwerlöslichen Stoffen erfolgt die Angabe oft als *Löslichkeitsprodukt* K_L, dem Produkt der Ionen in der gesättigten Lösung, z. B. $K_{L_{AgCl}} = [Ag^+] \cdot [Cl^-] = 10^{-10}\ mol^2 \times l^2$. Die Löslichkeiten sind mehr oder weniger temperaturabhängig, wie Abb. 36 für einige Salze zeigt. Bei den meisten Stoffen steigt die Löslichkeit mit der Temperatur, d. h. das Lösen erfolgt unter Energieaufnahme. Diese Salze lassen sich durch Kristallisation aus heißen Lösungen reinigen. Bei höheren Temperaturen scheiden sich oft wasserärmere Salze ab, so kristallisiert Natriumsulfat unterhalb 32,4 °C als Dekahydrat, oberhalb dieser Temperatur wasserfrei (Abb. 36).

Die Löslichkeit von Gasen in Wasser ist gering, wenn sie nicht chemische Reaktionen mit dem Wasser eingehen. Die Löslichkeit nimmt mit steigender Temperatur stets ab und ist bei gleichbleibender Temperatur proportional dem Druck des Gases über der Lösung (HENRY-DALTON*sches Gesetz*). Wenn man allerdings Wasser in Gegenwart bestimmter Gase wie den Edelgasen, Methan und anderen Kohlenwasserstoffen, Kohlendioxid, Schwefelwasserstoff, Schwefeldioxid, Chlordioxid, Chlor, Brom erstarren läßt, erhält man feste Verbindungen. Sie stellen lockere offene Eisstrukturen mit käfigartigen Hohlräumen dar, in denen die Gasmoleküle eingeschlossen sind und werden *Einschlußverbindungen* oder *Clathrate* genannt. Der häufigste Clathrattyp enthält in einer Einheitszelle 46 Wassermoleküle, die sechs größere und zwei kleinere Käfige bilden. Meist sind nicht alle Käfige mit Gastmolekülen besetzt, so daß etwa 6 Wassermoleküle auf ein Gastmolekül kommen. Außer Wasser gibt es noch eine größere Anzahl anderer Verbindungen wie Silicate, Metallkomplexe, Harnstoff und Hydrochinon, die Einschlußverbindungen bilden können.

9. Siebente Hauptgruppe

Die Elemente Fluor, Chlor, Brom, Iod und Astat bilden die siebente Hauptgruppe des Periodensystems, sie werden *Halogene,* d. h. Salzbildner genannt, da sie mit geeigneten Metallen leicht salzartige Halogenide bilden. Sie haben die gemeinsame Valenzelektronenkonfiguration ns^2p^5 mit den Hauptquantenzahlen $n = 2$ bis 6. Sie reagieren sehr leicht unter Elektronenaufnahme, d. h. als Oxydationsmittel zu ionischen oder kovalenten Verbindungen, in denen sie die Oxydationsstufe -1 und damit eine Edelgaskonfiguration besitzen. Das zeigt sich an ihrer hohen Elektronenaffinität (s. 3.2.2.) und Elektronegativität (s. 3.2.4.); die Halogene weisen die höchsten Elektronegativitätswerte jeder Periode auf, das Fluor den absolut höchsten Wert. Fluor tritt daher in Verbindung mit anderen Elementen stets in der Oxydationsstufe -1 auf, die anderen Halogene können positive Oxydationsstufen nur in den Verbindungen mit Fluor und Sauerstoff annehmen.

9.1. *Die Elemente*

In den Elementverbindungen F_2, Cl_2, Br_2, I_2 sind σ-Bindungen über das einfach besetzte p-Orbital ausgebildet. Außerdem sind π-Bindungen möglich. Chlor, Brom und Iod stehen d-Orbitale zur Verfügung, so daß die Elektronenkonfiguration $ns^1p^3d^3$ möglich ist. Nach der Bildung eines σ-Bindungsgerüstes mit sp^3-Hybridorbitalen sind noch drei einfach besetzte d-Orbitale für π-Bindungen frei, z. B. in den Perhalogensäuren $HClO_4$, $HBrO_4$, HIO_4.

Auf Grund ihrer großen Reaktionsfähigkeit kommen die Halogene in der Natur nicht frei vor, sondern vorwiegend als Metallhalogenide:

- *Fluor* im Flußspat CaF_2, Apatit $Ca_5\,[(PO_4)_3(F, OH)]$, Kryolith $Na_3[AlF_6]$.
- *Chlor* im Natriumchlorid NaCl, das als Steinsalz mächtige Lagerstätten bildet und außerdem gelöst ist in Salzseen und mit einem mittleren Gehalt von 3,5% in den Meeren vorkommt, im Sylvin KCl, im Doppelsalz Carnallit $KCl \times MgCl_2 \times 6\,H_2O$ u. a.
- *Brom* und *Iod* sind Begleiter des Chlors, z. B. im Meerwasser in einem Häufigkeitsverhältnis $Cl^- : Br^- : I^- = 1 : 6 \cdot 10^{-3} : 10^{-6}$. Iod wird von gewissen Meerespflanzen angereichert und kommt außerdem in Form von Natriumiodat $NaIO_3$ als Beimengung im Chilesalpeter $NaNO_3$ vor.
- *Astat* ist radioaktiv, es ist ein kurzlebiges Zwischenprodukt der Umwandlungsreihe des Uraniums und Thoriums (s. 2.1.). Das stabilste Isotop ^{210}At hat nur eine Halbwertszeit von 8,3 h (Tab. 4). Die Herstellung erfolgt am besten durch Kernreak-

tionen (s. 2.1.). Die Untersuchung des chemischen Verhaltens ist durch die Kurzlebigkeit und die starke Radioaktivität erschwert.

Die *Darstellung* von Fluor muß elektrochemisch erfolgen, da es nicht durch chemische Oxydationsmittel aus den Fluoriden zu erhalten ist. Bei der Elektrolyse einer wasserfreien Schmelze von Kaliumhydrogenfluorid KHF_2 entsteht an der Anode Fluor, an der Katode Wasserstoff. Bei Anwesenheit von Wasser würde an der Anode Sauerstoff entwickelt.

Chlor wird technisch in großen Mengen durch die Alkalichloridelektrolyse (s. 15.2.), besonders die Elektrolyse wäßriger Natriumchloridlösung gewonnen. Im Gegensatz zum Fluor ist auch eine chemische Oxydation möglich, z. B. durch katalytische Umsetzung von Chlorwasserstoff mit Sauerstoff:

$$4\,HCl + O_2 \xrightarrow{CuCl_2\text{-Träger}} 2\,Cl_2 + 2\,H_2O$$

oder aus Salzsäure und Mangandioxid

$$4\,HCl + MnO_2 \rightarrow Cl_2 + MnCl_2 + 2\,H_2O$$

Brom und Iod gewinnt man technisch durch Oxydation von Bromid- und Iodidlösung mit Chlor, z. B.:

$$2\,KBr + Cl_2 \rightarrow Br_2 + 2\,KCl$$

Iod außerdem aus Natriumiodat durch Reduktion mit Schwefeldioxid:

$$2\,NaIO_3 + 5\,SO_2 + 4\,H_2O \rightarrow I_2 + Na_2SO_4 + 4\,H_2SO_4$$

Die Halogene bilden in allen Aggregatzuständen zweiatomige Moleküle. Sie sind daher recht flüchtige Stoffe mit charakteristischer Farbe, wie die Zusammenstellung in Tab. 13 zeigt. Die Änderung der Farbe beruht darauf, daß innerhalb einer Gruppe mit zunehmender Hauptquantenzahl die Bindung der Außenelektronen schwächer (s. 3.2.1.) und damit ihre Anregung durch immer langwelligeres Licht möglich wird.

Fluor ist das reaktionsfähigste Element überhaupt. Es setzt sich bei normaler oder erhöhter Temperatur mit allen anderen Elementen außer den leichten Edelgasen, Stickstoff und Sauerstoff um. Die Reaktionen sind meist sehr heftig und führen zu den höchsten Oxydationsstufen der Reaktionspartner, z. B. SF_6, IF_7, AgF_2,

Tabelle 13
Eigenschaften der Halogene

Element	Farbe im Gaszustand	Schmelzpunkt (°C)	Siedepunkt (°C)	Bindungsenergie X_2 (kJ × mol^{-1})	Bindungslänge X_2 (pm)
Fluor	blaßgelb	−220	−187	155	142
Chlor	gelbgrün	−101	−34	240	199
Brom	rotbraun	−7,3	59	191	288
Iod	violett	113,7	184,5	149	267
Astat		300	370		

AuF_3, PtF_6. Die Ursachen für die hohe Reaktionsfähigkeit des Fluors sind die hohe Elektronenaffinität des Fluoratoms (s. 3.2.2.) und die niedrige Bindungsenergie des Fluormoleküls (Tab. 12), die vor allem auf Abstoßungskräfte zwischen den Elektronenhüllen der nur 142 pm voneinander entfernten Fluoratome zurückzuführen ist. Die Bindungsenergie der Nichtmetallfluoride ist meist recht hoch, so daß sie reaktionsträger sind als die anderen entsprechenden Halogenide. Die Metallfluoride haben durch die hohe Elektronegativität des Fluors den ausgeprägtesten Ionencharakter der Metallhalogenide. Die salzartigen Fluoride kristallisieren in der gleichen Gitterstruktur wie die Oxide, da das Fluoridion und das Oxidion fast gleichgroß sind. Fluor oxydiert Wasser zu Sauerstoff, daneben entsteht Fluorwasserstoff:

$$2F_2 + 2H_2O \rightarrow O_2 + 4HF$$

Einige organische Fluorverbindungen haben in den letzten Jahrzehnten große praktische Bedeutung erhalten, vor allem Fluorkohlenwasserstoffe (CHF_3, $CClF_3$, $CHFCl_2$ u. a.) als Kältemittel und Aerosoltreibgase sowie Polytetrafluorethylen $(CF_2-CF_2)_n$ ein chemisch außerordentlich beständiger Plastwerkstoff.

Chlor, Brom und Iod lösen sich in geringem Umfang in Wasser. Dabei entstehen die ***hypohalogenigen Säuren*** HXO mit dem Halogen in der Oxydationsstufe +1 und die Halogenwasserstoffsäuren mit Halogen der Oxydationsstufe −1, im Falle des Chlors hypochlorige Säure und Salzsäure:

$$Cl_2 + 2H_2O \rightarrow HClO + H_3O^+ + Cl^-$$

Die ablaufende Reaktion ist also eine Disproportionierung.

Chlor und Brom bilden mit Wasser bei niedrigen Temperaturen Einschlußverbindungen (s. Kap. 8), die etwa die Zusammensetzung $Cl_2 \times 6H_2O$ und $Br_2 \times 7H_2O$ besitzen und häufig *Gashydrate* genannt werden. Iod löst sich gut in vielen Lösungsmitteln. Die violetten Lösungen in Chloroform $CHCl_3$, Tetrachlorkohlenstoff CCl_4 und Schwefelkohlenstoff CS_2 enthalten I_2-Moleküle, in den braunen Lösungen in Alkohol, Ether, Aceton u. a. liegen lockere Anlagerungsverbindungen vor, in denen eine teilweise Ladungsübertragung vom Lösungsmittel auf das Iod erfolgt. Wäßrige Iodidlösungen nehmen Iod unter Bildung tiefbraun gefärbter Triiodidlösungen auf: $I^- + I_2 \rightarrow I_3^-$. Mit Stärkelösung bildet Iod eine tiefblaue Einlagerungsverbindung, bei der kettenförmige I_5^--Ionen in Hohlräumen zwischen den Stärkemolekülen eingelagert sind. Diese Reaktion kann zum Nachweis sehr geringer Iodmengen verwendet werden.

9.2. *Wasserstoffverbindungen*

Die *Halogenwasserstoffe* entstehen durch Umsetzung von Metallhalogeniden mit schwerflüchtigen Säuren: $CaF_2 + H_2SO_4 \rightarrow CaSO_4 + 2HF$ oder aus den Elementen: $Cl_2 + H_2 \rightarrow 2HCl$. Sie sind farblose, stechend riechende Gase, die rein in flüssigem Zustand nur geringe elektrische Leitfähigkeit zeigen, sich aber in Wasser zu Säuren lösen, z. B. $HBr + H_2O \rightarrow H_3O^+ + Br^-$. Einige ihrer Eigenschaften sind in Tab. 14 angegeben.

Auffällig ist der hohe Schmelz- und Siedepunkt des Fluorwasserstoffs, der durch die Ausbildung von Wasserstoffbrückenbindungen (Kap. 8) bewirkt wird. Die Wasserstoffbrücken zwischen den Fluoratomen haben durch den hohen Elektronegativitätsunterschied zwischen den Bindungspartnern mit 25···33 kJ $\times$ mol^{-1} die

Tabelle 14
Eigenschaften der Halogenwasserstoffe

Verbindung	Schmelzpunkt (°C)	Siedepunkt (°C)	Bildungsenthalpie (kJ · mol^{-1})
HF	−83,1	+19,5	−269
HCl	−114,8	−84,9	−97
HBr	−86,9	−66,8	−36
HI	−50,7	−35,4	+26

größtmögliche Bindungsenergie aller Wasserstoffbrücken. Auch in der wäßrigen Fluorwasserstofflösung, der *Flußsäure*, liegen wasserstoffverbrückte Ionen, vor allem $[FHF]^-$, Hydrogendifluoridionen vor. Dadurch wird die Hydroniumionenkonzentration in der Flußsäure verringert, sie ist eine sehr schwache Säure und bildet saure Salze wie das Kaliumhydrogendifluorid KHF_2. Flußsäure löst Siliciumdioxid, Silicate und Glas unter Bildung der Hexafluorokieselsäure: $SiO_2 + 6\,HF \rightarrow H_2SiF_6 + 2\,H_2O$. Diese Reaktion wird zum Glasätzen benutzt, hat aber zur Folge, daß Flußsäure nicht in Glasgefäßen aufbewahrt werden kann. Auf der Haut erzeugt sie schmerzhafte, schwer heilende Wunden.

Chlorwasserstoff wird von Wasser begierig unter Wärmeentwicklung zur *Salzsäure* aufgenommen, einer starken Säure, die in der Industrie in großen Mengen verwendet wird. Bromwasserstoff und besonders Iodwasserstoff sind weniger stabil als Fluor- und Chlorwasserstoff, wie auch aus den in Tab. 14 angegebenen Bildungsenthalpien aus den Elementen hervorgeht. Beide lassen sich leicht zu Brom und Iod oxydieren, Iodwasserstoff ist sogar ein starkes Reduktionsmittel. Mit Wasser ergeben sie die sehr starke Bromwasserstoffsäure und Iodwasserstoffsäure.

9.3. *Sauerstoffverbindungen*

Alle Halogene bilden Sauerstoffverbindungen, die sehr reaktionsfähig sind, häufig sogar zum explosionsartigen Zerfall neigen. Die Fluor-Sauerstoff-Verbindungen sind wegen der höheren Elektronegativität des Fluors als *Sauerstofffluoride* aufzufassen. Beim schnellen Durchleiten von Fluor durch verdünnte Natronlauge entsteht das verhältnismäßig beständige blaßgelbe gasförmige Sauerstoffdifluorid: $2\,F_2 + 2\,OH^- \rightarrow OF_2 + 2\,F^- + H_2O$, Disauerstoffdifluorid O_2F_2 läßt sich als gelborangefarbener Feststoff bei tiefen Temperaturen aus den Elementen gewinnen, zerfällt aber bereits bei $-50\,°C$ mit einer Halbwertszeit von 3 Stunden.

Die am besten untersuchten *Chloroxide* sind das Dichlormonoxid Cl_2O, Chlordioxid ClO_2 und Dichlorheptoxid Cl_2O_7. Dichlormonoxid entsteht bei der Einwirkung von Chlor auf Quecksilberoxid: $2\,Cl_2 + HgO \rightarrow Cl_2O + HgCl_2$. Es ist bei Raumtemperatur ein gelbrotes Gas, das beim Erhitzen explodiert und mit Wasser eine rötlichgelbe Lösung bildet, die wenig hypochlorige Säure enthält: $Cl_2O + H_2O \rightleftharpoons 2\,HClO$. Chlordioxid ClO_2 kann durch die Reaktion von Natriumchlorat mit Schwefeldioxid in schwefelsaurer

Lösung hergestellt werden: $2NaClO_3 + SO_2 + H_2SO_4 \rightarrow 2ClO_2 + 2NaHSO_4$. Es ist ein grünlichgelbes Gas, paramagnetisch – da das Molekül eine ungerade Elektronenzahl hat – und als Radikal sehr reaktionsfähig und explosiv. Das stabilste Chloroxid ist das Dichlorheptoxid, das als farblose ölige Flüssigkeit beim Entwässern von Perchlorsäure erhalten wird: $2HClO_4 - H_2O \rightarrow Cl_2O_7$. Es detoniert jedoch auch beim Erhitzen oder auf Schlag.

Die *Bromoxide* sind den Chloroxiden ähnlich, aber noch unbeständiger. Das stabilste Halogenoxid ist das Diiodpentoxid, das sich beim Erhitzen von Iodsäure als farbloser kristalliner Feststoff bildet: $2HIO_3 - H_2O \rightarrow I_2O_5$ und sich erst bei der Schmelztemperatur von etwa 300 °C in Iod und Sauerstoff zersetzt. Die anderen *Iodoxide* I_2O_4, I_2O_7 und I_4O_9, die farbige Festkörper darstellen, zerfallen beim Erhitzen in Diiodpentoxid, Iod und Sauerstoff; I_2O_4 ist wahrscheinlich Iodyliodat $IO^+IO_3^-$, I_4O_9 Iod(III)-iodat $I^{3+}(IO_3^-)_3$.

Die *Halogensauerstoffsäuren* lassen sich in vier Typen einteilen, die in Tab. 15 angegeben sind. Die *hypohalogenigen Säuren* können durch die bereits erwähnte Disproportionierungsreaktion der Elemente mit Wasser erhalten werden; ihre Konzentration ist aber auch in gesättigten wäßrigen Lösungen der Halogene sehr gering

Tabelle 15
Sauerstoffsäuren der Halogene

Oxydationsstufe	Typ	Chlor	Brom	Iod
+1	Hypohalogenige Säure	$HClO$	$HBrO$	HIO
+3	Halogenige Säure	$HClO_2$	–	–
+5	Halogensäure	$HClO_3$	$HBrO_3$	HIO_3
+7	Perhalogensäure	$HClO_4$	$HBrO_4$	H_5IO_6

(3×10^{-2} bis 6×10^{-6} mol $\times l^{-1}$). Eine brauchbare Darstellung ist die Reaktion des Halogens mit einer Aufschlämmung von Quecksilberoxid in Wasser, z. B.: $2Cl_2 + HgO + H_2O \rightarrow 2HClO + HgCl_2$. Die hypohalogenigen Säuren sind sehr schwache Säuren und im reinen Zustand nicht beständig. Ihre Salze, die Hypohalogenite entstehen durch die schnell und vollständig verlaufende Reaktion der Halogene mit Alkalihydroxidlösungen: $Br_2 + 2NaOH +$

$\rightarrow NaBrO + NaBr + H_2O$. Die Hypohalogenitlösungen zerfallen leicht in Halogenide und Sauerstoff und werden daher als Bleich- und Desinfektionsmittel verwendet: $ClO^- \rightarrow Cl^- + O$. Gleichzeitig findet in Lösungen eine Disproportionierungsreaktion zu Halogenid- und Halogenationen statt: $3\overset{+1}{Cl}O^- \rightarrow 2Cl^- + \overset{+5}{Cl}O_3^-$, die bei Raumtemperatur beim Hypochlorid langsam, beim Hypobromit ziemlich schnell und bei Hypoiodid sehr schnell abläuft. Von den *halogenigen Säuren* ist nur die chlorige Säure sicher bekannt, ihre Salze, die Chlorite, sind starke Oxydationsmittel.

Als einzige der *Halogensäuren* ist die Iodsäure in reiner Form als farblose kristalline Verbindung darstellbar. Man erhält sie aus Iod mit Wasserstoffperoxid oder anderen starken Oxydationsmitteln. Sie kann, wie schon erwähnt, leicht zu ihrem Anhydrid I_2O_5 entwässert werden und zeigt selbst kräftige Oxydationswirkung, z. B. auf Iodidlösungen: $IO_3^- + 5I^- + 6H_3O^+ \rightarrow 3I_2 + 9H_2O$. Eine solche Reaktion, bei der aus Verbindungen mit einer höheren ($\overset{+5}{I}O_3$) und einer niedrigeren Oxydationsstufe (I^-) eine mittlere Oxydationsstufe (I_2) entsteht, bezeichnet man als *Komproportionierung*. Sie ist die Umkehrung der Disproportionierung. Chlor- und Bromsäure sind nur in wäßriger Lösung beständig, bei dem Versuch der Anreicherung zersetzen sie sich. Alle Halogensäuren sind starke Säuren und kräftige Oxydationsmittel. Ihre Salze, die Halogenate, sind als Festkörper und in Lösung unbegrenzt haltbar, erst beim Erhitzen über den Schmelzpunkt hinaus gehen die Chlorate in Perchlorate und Chloride über: $4KClO_3 \rightarrow 3KClO_4 + KCl$. Die Alkalichlorate werden technisch als Sauerstoffüberträger vielfältig verwendet. Die freien Säuren sind stets weniger stabil als die Salze, da bei ihnen eine Störung der Ladungsverteilung des Anions durch das Proton eintritt. Auch bei den *Perhalogensäuren* sind die Salze durch die hohe Symmetrie der tetraedrisch gebauten Anionen ziemlich reaktionsträge und stabiler als die Säuren. Die Perchlorate werden meist durch elektrolytische Oxydation der Chlorate hergestellt. Aus Bariumperchloratlösung kann man durch Umsetzung mit Schwefelsäure die Perchlorsäure als einzige in reiner Form darstellbare Chlorsauerstoffsäure erhalten: $Ba(ClO_4)_2 + H_2SO_4 \rightarrow 2HClO_4 + BaSO_4$. Vorsichtiger Wasserentzug ergibt die reine Säure als eine farblose, an der Luft rauchende Flüssigkeit, die sich beim Erwärmen oder durch Spuren organischer Verunreinigungen explosionsartig zersetzen kann. Sie ist ein sehr kräftiges Oxydationsmittel und in wäßriger

Lösung eine sehr starke Säure. Die reine Säure ist nur einige Tage haltbar, da sie in Oxoniumperchlorat und Dichlorheptoxid zerfällt: $3\,HClO_4 \rightarrow (H_3O)ClO_4 + Cl_2O_7$.

Perbromate kann man durch Einwirkung von Fluor auf alkalische Bromatlösungen herstellen: $BrO_3^- + F_2 + 2\,OH^- \rightarrow BrO_4^- + 2\,F^- + H_2O$. Die Perbromsäure ist in wäßriger Lösung eine recht beständige Säure, Perbromatlösungen sind nur langsam wirkende Oxydationsmittel. Die Periodsäure tritt nur als wasserreichere Form Orthoperiodsäure H_5IO_6 auf, in der das Iod oktaedrisch von sechs Sauerstoffatomen umgeben ist. Auch die Salze sind meist saure Orthoperiodate wie $Na_2H_3IO_6$ u. a., lediglich große Kationen wie Caesium bilden Metaperiodate der Formel $CsIO_4$.[1]) Die Periodate werden gewöhnlich durch Oxydation der Iodate mit Hypochlorit hergestellt: $IO_3^- + ClO^- \rightarrow IO_4^- + Cl^-$, sie sind starke, schnell wirkende Oxydationsmittel.

9.4. *Interhalogenverbindungen*

Die Halogene bilden eine große Anzahl von Verbindungen untereinander, die *Interhalogenverbindungen* genannt werden. Einfache Verbindungen wie Chlorfluorid ClF, Iodchlorid ICl oder Iodbromid IBr entstehen durch direkte Reaktion der Elemente, höhere wie Iodtrichlorid ICl_3, Brompentafluorid BrF_5 oder Iodheptafluorid IF_7 durch Anlagerung von Halogen an die einfachen Verbindungen. Alle Interhalogenverbindungen sind starke Oxydationsmittel, viele wirksame Halogenisierungsmittel; in alkalischer Lösung werden einige explosionsartig hydrolysiert. Im flüssigen Zustand sind viele Interhalogenverbindungen teilweise in Ionen gespalten, z. B.: $2\,BrF_3 \rightleftharpoons BrF_2^+ + BrF_4^-$, die auch in festen Verbindungen wie $BrF_2^+\,AuF_4^-$ oder $Ag^+BrF_4^-$ nachgewiesen werden konnten.

10. Sechste Hauptgruppe

Zur sechsten Hauptgruppe des Periodensystems, den *Chalkogenen*, gehören die Elemente Sauerstoff, Schwefel, Selen, Tellur und Polonium. Der Sauerstoff unterscheidet sich in seinen Eigenschaften wie alle ersten Elemente der Hauptgruppen stark von den

[1]) Allgemein wird die wasserreichste Form einer Säure als *Orthoform*, die wasserärmste als *Metaform* bezeichnet.

höheren Homologen und wurde deshalb bereits getrennt behandelt (Kap. 7). Zwischen Schwefel und den anderen Elementen besteht dagegen eine gleitende Abstufung der Eigenschaften, wie aus Tab. 16 zu ersehen ist. Allgemein sind die Eigenschaftsunterschiede der Chalkogene größer als die der Halogene, dem zweiatomigen typischen Nichtmetall Sauerstoff mit seinen besonderen Bindungsverhältnissen (s. 4.2.) steht das radioaktive Halbmetall Polonium gegenüber. Auf Grund der gemeinsamen Valenzelektro-

Tabelle 16

Eigenschaften der Elemente der Sechsten Hauptgruppe

Element	Schmelzpunkt (°C)	Siedepunkt (°C)	Dichte[1]) ($g \times cm^{-3}$)	Atomradius (pm)	Elektronegativität
Sauerstoff	−218,8	−183,0	1,27	66	3,5
Schwefel	112,8	444,6	2,07	104	2,6
Selen	220,5	684,1	4,82	117	2,4
Tellur	450	1390	6,25	137	2,1
Polonium	254	962	9,2	140	2,0

[1]) in festem Zustand

nenkonfiguration ns^2p^4 können die Chalkogene zwei Elektronen aufnehmen und Chalkogenidionen, wie O^{2-} oder S^{2-} bilden. Diese besitzen zwar Edelgaskonfiguration, treten aber als Anionen nur in Verbindung mit stark elektropositiven Metallen auf, z. B. Li_2O, CaS, Al_2O_3. Mit der Abnahme der Elektronegativität der Elemente verringert sich der ionische Charakter der Verbindungen. Neben der größtmöglichen Oxydationsstufe +6 tritt beim Übergang vom Schwefel zu den Verbindungen der höheren Homologen immer stärker die Oxydationsstufe +4 in den Vordergrund. Da ab Schwefel *d*-Orbitale für die Verbindungsbildung verfügbar sind, werden im Gegensatz zum Sauerstoff sechsbindige Verbindungen wie SF_6, $K_2[SeCl_6]$, H_6TeO_6, $Cs[PoBr_6]$ möglich.

Schwefel hat nach Kohlenstoff die größte Neigung zur Selbstverkettung, d. h. zur Ausbildung von Schwefel-Schwefel-Bindungen, die sowohl beim Element als auch bei Verbindungen, wie den Polysulfiden und Polythionaten auftreten. Beim Selen und Tellur ist die Kettenbildung nur noch bei den Elementen zu finden.

10.1. Die Elemente

Schwefel kommt in der Natur sowohl in elementarer Form als auch in zahlreichen schwefelhaltigen Erzen vor, besonders in Sulfiden und Sulfaten. Die sulfidischen Erze werden häufig als Kiese, Glanze oder Blenden bezeichnet, wie Eisenkies oder Pyrit FeS_2, Bleiglanz PbS und Zinkblende ZnS. Wichtige sulfatische Vorkommen sind Gips $CaSO_4 \times 2\,H_2O$, Anhydrit $CaSO_4$, Kieserit $MgSO_4 \times H_2O$ und Schwerspat $BaSO_4$. Außerdem tritt in einigen Erdgasvorkommen Schwefelwasserstoff H_2S in größeren Mengen auf und darüber hinaus ist Schwefel ein wichtiger Bestandteil der Eiweißstoffe der Tiere und Pflanzen.

Selen und *Tellur* sind wesentlich seltener als Schwefel und treten vor allem als seine Begleiter in sulfidischen Erzen auf. Das *Polonium* ist das erste Element des Periodensystems, das nur deutlich radioaktive Isotope besitzt. Das wichtigste Isotop ist ^{210}Po, ein α-Strahler mit einer Halbwertszeit von 138,4 Tagen, der in sehr geringer Menge in Uraniumerzen vorkommt (s. 2.1.) und durch Bestrahlung von Bismut in Kernreaktoren gewonnen werden kann:

$$^{209}_{83}Bi + ^{1}_{0}n \rightarrow [^{210}_{83}Bi] \xrightarrow{\beta^-} ^{210}_{84}Po$$

Der *elementare Schwefel* tritt in verschiedenen Kristallformen und mit unterschiedlicher Molekülgröße auf. Grundsätzlich können Schwefelringe – Cycloschwefel oder Schwefelketten – Catenaschwefel vorliegen. Die häufigste und beständigste Form ist der *Cyclooctaschwefel* S_8, der kronenartige Ringe (Abb. 37) bildet. Aus ihm bestehen die bei Raumtemperatur stabilen gelben Kristalle des rhombischen α-Schwefels, die sich bei 95,4 °C langsam in den

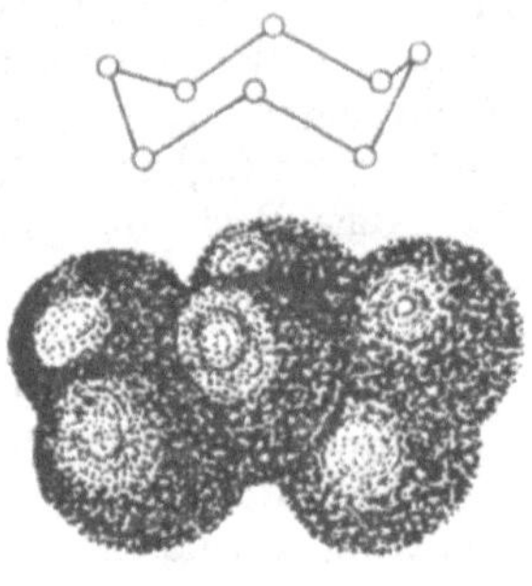

Abb. 37. Cyclooctaschwefel – Strukturbild a) und tatsächliche Größenverhältnisse b)

monoklin kristallisierenden β-Schwefel umwandeln. Dieser schmilzt bei 119 °C zu einer hellgelben, dünnflüssigen Schmelze, in der ebenfalls S_8-Ringe vorliegen, die nur durch schwache van der Waalssche Kräfte (s. 4.2.) verbunden sind. Beim Abkühlen kristallisiert nadelförmiger β-Schwefel aus, der sich unterhalb 95,4 °C in einigen Tagen wieder in α-Schwefel umwandelt. Beim Erhitzen über den Schmelzpunkt hinaus wird die helle leichtbewegliche Schmelze ab etwa 160 °C dunkel und zähflüssig, es tritt eine Aufspaltung der S_8-Ringe zu Radikalen und Zusammenlagerung zu Catenaschwefel ein, dessen durchschnittliche Kettenlänge beim Viskositätsmaximum ($\sim$ 170 °C) etwa eine Million Schwefelatome beträgt. Bei weiterer Temperaturerhöhung werden die Ketten wieder abgebaut, bei 444,6 °C ist der Siedepunkt erreicht.

Schwefel ist weniger reaktionsfähig als Sauerstoff, verbindet sich aber in der Hitze mit den meisten Elementen, z. B. mit den Metallen zu Sulfiden: $Cu + S \rightarrow CuS$.

Selen kann in zwei instabilen roten nichtmetallischen Formen auftreten, die aus Se_8-Ringen bestehen und beim Erwärmen in stabiles graues Selen übergehen, das aus spiralförmigen Ketten aufgebaut ist. Graues Selen ist ein Photohalbleiter, seine elektrische Leitfähigkeit wird beim Belichten stark erhöht. Tellur tritt nur noch in einer silberweißen spröden metallischen Form auf. In der Reaktionsfähigkeit ähneln Selen und Tellur dem Schwefel, mit dem sie auch in der Bildung gefärbter Lösungen bei der Einwirkung konzentrierter Schwefelsäure und anderer Oxydationsmittel übereinstimmen. Dabei entstehen polymere Kationen S_4^{2+}, S_8^{2+}, S_{16}^{2+}, Se_4^{2+}, Se_8^{2+}, Te_4^{2+}, z. B. nach:

$$Se_8 + 3\,AsF_5 \rightarrow Se_8^{2+} + 2\,AsF_6^- + AsF_3$$

$$7\,Te + TeCl_4 + 4\,AlCl_3 \rightarrow 2\,Te_4^{2+} + 4\,AlCl_4^-$$

10.2. Wasserstoffverbindungen des Schwefels

Der Schwefel reagiert im Gegensatz zum Sauerstoff mit Wasserstoff ohne heftige Reaktion. Leitet man Wasserstoff über erhitzten Schwefel, so bildet sich *Schwefelwasserstoff*, ein farbloses, sehr giftiges Gas von starkem charakteristischem Geruch in einer schwach exothermen Reaktion:

$$H_2 + S \rightleftharpoons H_2S, \quad \Delta H = -20{,}1\ \text{kJ} \times \text{mol}^{-1}$$

Schwefelwasserstoff tritt mitunter im Erdgas und in Quellwässern auf und bildet sich bei der Zersetzung schwefelhaltiger organischer Verbindungen.

Im Laboratorium gewinnt man Schwefelwasserstoff durch Einwirkung von Säuren auf Eisensulfid: $FeS + 2\,HCl \rightarrow FeCl_2 + H_2S$. Schwefelwasserstoff löst sich in Wasser (2,47 *l* H_2S in 1 *l* Wasser bei 20 °C) zu einer etwa 0,1 molaren Lösung, die schwach sauer reagiert. Die sich in der Lösung einstellenden Gleichgewichte, die zur Bildung von *Hydrogensulfid-* (HS^-) und *Sulfid*ionen (S^{2-}) führen, liegen allerdings stark auf der linken

$$H_2S + H_2O \rightleftharpoons H_3O^+ + HS^-$$

$$HS^- + H_2O \rightleftharpoons H_3O^+ + S^{2-}$$

Seite, so daß die Sulfidionenkonzentration in der Lösung nur $10^{-13}\,\text{Mol} \times l^{-1}$ beträgt. Durch Zugabe von Säure lassen sich die Gleichgewichte noch weiter nach links verschieben, bei einer Hydroniumionenkonzentration von $1\,\text{Mol} \times l^{-1}$ beträgt die Sulfidionenkonzentration nur etwa $10^{-22}\,\text{Mol} \times l^{-1}$. Man benutzt diese pH-Abhängigkeit zur analytischen Trennung der Metalle. Aus sauren Metallsalzlösungen fallen durch Zugabe von Schwefelwasserstoff nur die Metallsulfide mit sehr kleinem Löslichkeitsprodukt wie Blei(II)sulfid ($K_L = 1 \times 10^{-29}$), Kupfer(II)sulfid ($K_L = 8{,}5 \times 10^{-45}$), Quecksilber(II)sulfid ($K_L = 4 \times 10^{-53}$), während die Metallsulfide mit größerem Löslichkeitsprodukt wie Mangan(II)sulfid ($K_L = 1{,}4 \times 10^{-15}$) oder Eisen(II)sulfid ($K_L = 3{,}7 \times 10^{-19}$) nur aus alkalischer Lösung ausfallen.

Schwefelwasserstoff ist recht reaktionsfreudig. Mit Luft oder Sauerstoff erhält man je nach dem Volumenverhältnis entweder Schwefel: $H_2S + 1/2\,O_2 \rightarrow S + H_2O$ $\Delta H = -222\,\text{kJ} \times \text{mol}^{-1}$ oder Schwefeldioxid: $H_2S + 1\,1/2\,O_2 \rightarrow SO_2 + H_2O$ $\Delta H = -520\,\text{kJ} \times \text{mol}^{-1}$. Auch in anderen Reaktionen erweist sich Schwefelwasserstoff als Reduktionsmittel; gelöstes Jod wird unter Schwefelabscheidung zu Jodwasserstoff reduziert:

$$I_2 + H_2S \rightarrow 2\,HI + S$$

Diese Reaktion läßt sich zur quantitativen Bestimmung von Schwefelwasserstoff verwenden.

Da Schwefelwasserstoff auch Schwefeldioxid zu Schwefel reduziert, kann man durch teilweise Verbrennung von Schwefelwasserstoff zu Schwefeldioxid und anschließende Komproportionierung

Schwefel gewinnen: $SO_2 + 2H_2S \rightarrow 3S + 2H_2O$ $\Delta H = -146$ kJ $\times$ mol^{-1}.

Außer dem einfachen Schwefelwasserstoff, der auch als Monosulfan bezeichnet wird, gibt es weitere Schwefelwasserstoffverbindungen mit höherem Schwefelgehalt der allgemeinen Formel H_2S_n, die *Polysulfane* genannt werden und zickzackförmige Schwefelketten enthalten. Die niederen Polysulfane sind hellgelbe Flüssigkeiten, mit steigendem Schwefelgehalt wird die Farbe kräftiger und die Zähigkeit größer. Man gewinnt die Polysulfane aus *Polysulfiden* – die ihrerseits durch Auflösen von Schwefel in Alkalisulfidlösungen oder Schmelzen von Sulfiden mit Schwefel hergestellt werden – durch Einwirkung von Säure. Disulfan H_2S_2 bis Hexasulfan H_2S_6 lassen sich durch Destillation rein gewinnen, die höheren Sulfane nur als Gemische erhalten.

10.3. *Sauerstoffverbindungen des Schwefels*

Die wichtigsten Schwefeloxide sind das Schwefeldioxid SO_2 und das Schwefeltrioxid, die beide große Bedeutung für die Schwefelsäureherstellung haben. *Schwefeldioxid* gewinnt man durch Verbrennung von Schwefel: $S + O_2 \rightarrow SO_2$ $\Delta H = -297$ kJ $\times$ mol^{-1} oder das Abrösten sulfidischer Erze, z. B.: $2FeS_2 + 5\,1/2\,O_2 \rightarrow Fe_2O_3 + 4SO_2$. Es ist ein farbloses, stechend riechendes Gas, das einen Siedepunkt von −10,0 °C besitzt und sich daher leicht verflüssigen läßt. Auf Grund seiner Struktur

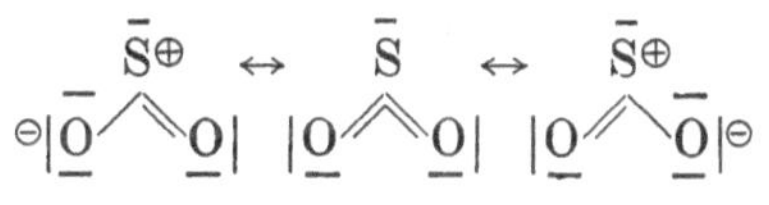

ist das Schwefeldioxidmolekül ein Dipol und flüssiges Schwefeldioxid ein gutes Lösungsmittel für einige Elemente und viele nichtionische Verbindungen. Gasförmiges Schwefeldioxid löst sich leicht in Wasser (10,5 g SO_2 in 100 g H_2O bei 20 °C) zu einer sauer reagierenden Lösung, der *schwefligen Säure*. Die reine Verbindung H_2SO_3 ist allerdings unbeständig und dürfte auch in der wäßrigen Lösung höchstens in geringer Menge enthalten sein. Der Hauptanteil des Schwefeldioxids liegt in der Lösung hydratisiert (SO_{2aq}) im Sinne der folgenden Gleichungen vor: $SO_2 + H_2O \rightleftharpoons SO_{2aq} \rightleftharpoons H_3O^+ + HSO_3^-$. Die schweflige Säure ist eine schwache Säure, das Hydrogensulfition HSO_3^- gibt nur in alkalischer Lösung ein

Proton ab, so daß die *Sulfite*, wie Natriumsulfit Na_2SO_3 entstehen: $HSO_3^- + OH^- \rightarrow SO_3^{2-} + H_2O$. Schweflige Säure und Sulfitlösungen sind kräftige Reduktionsmittel, z. B. wird Iodsäure durch schweflige Säure unter Schwefelsäurebildung zum elementaren Iod reduziert: $2\,HIO_3 + 5\,SO_{2aq} + 4\,H_2O \rightarrow I_2 + 5\,H_2SO_4$. Schwefeldioxid kann aber auf Grund der mittleren Oxydationsstufe +4 als Oxydationsmittel gegenüber mittelstarken bis starken Reduktionsmitteln auftreten. Beispielsweise werden neben der bereits genannten Oxydation von Schwefelwasserstoff in saurer Lösung Zinn(II)ionen zu Zinn(IV)ionen oxydiert, die mit den bei der Reaktion entstehenden Sulfidionen unlösliches Zinn(IV)sulfid bilden: $6\,SnCl_2 + 2\,SO_{2aq} + 18\,HCl \rightarrow SnS_2 + 5\,H_2[SnCl_6] + 4\,H_2O$.

Die Hauptmenge des industriell hergestellten Schwefeldioxids wird zur Schwefelsäureproduktion verwendet, die stets über eine Oxydation zum *Schwefeltrioxid* verläuft. Diese Reaktion wird überwiegend nach dem *Kontaktverfahren* durchgeführt, indem ein Schwefeldioxid-Luft-Gemisch bei etwa 450 °C über einen Vanadiumoxid-Katalysator (Kontakt) geleitet wird:

$$SO_2 + 1/2\,O_2 \rightleftharpoons SO_3, \quad \Delta H = -98{,}5\ \mathrm{kJ} \times \mathrm{mol}^{-1}$$

Bei der Schwefeltrioxidbildung wird Energie frei, sie ist eine exotherme Reaktion. Die Rückreaktion des Schwefeltrioxidzerfalls verbraucht demzufolge Energie, sie ist endotherm. Temperaturänderungen wirken sich auf Reaktionsgleichgewichte so aus, daß die exothermen Reaktionen bei tiefen Temperaturen begünstigt sind, während die endothermen Reaktionen bei hohen Temperaturen bevorzugt sind. Die Temperaturabhängigkeit der Gleich-

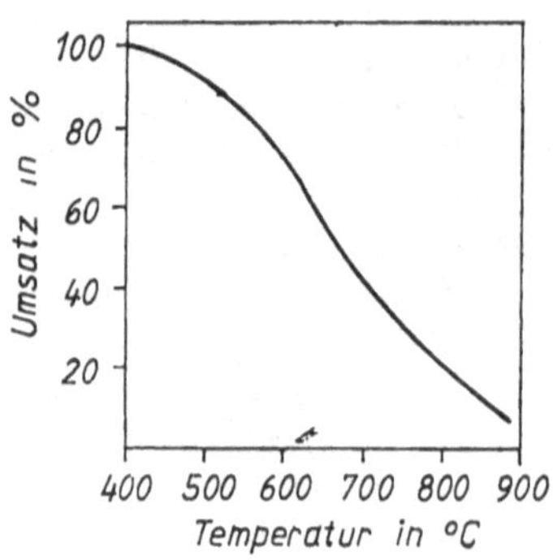

Abb. 38. Temperaturabhängigkeit des Schwefeldioxidumsatzes beim Kontaktverfahren

gewichtslage beim Kontaktverfahren zeigt Abb. 38. Danach liegt das Gleichgewicht unterhalb 400 °C vollständig auf der Schwefeltrioxidseite und verschiebt sich bei Temperaturerhöhung immer mehr zum Schwefeldioxid hin. Da die Einstellung des Gleichgewichtes aber bei niedriger Temperatur sehr langsam erfolgt, muß ein Katalysator eingesetzt werden, um die Reaktionsgeschwindigkeit zu erhöhen.

Eine andere Möglichkeit zur Oxydation von Schwefeldioxid ist die Verwendung von Stickstoffdioxid als Sauerstoffüberträger, wie sie im *Turmverfahren*, einer Weiterentwicklung des früheren Bleikammerverfahrens erfolgt. Diese Reaktion, die in Gegenwart von Wasser abläuft, kann man vereinfacht wie folgt ausdrücken:

$$SO_2 + NO_2 + H_2O \rightarrow H_2SO_4 + NO$$

Sie führt zu einer etwa 80%igen Schwefelsäure. Das Stickstoffmonoxid wird durch Luftsauerstoff wieder aufoxydiert:

$$2NO + O_2 \rightarrow 2NO_2$$

ist also in der Wirkung einem Katalysator vergleichbar.

Beim Kontaktverfahren entsteht als Zwischenprodukt *Schwefeltrioxid*, eine farblose Verbindung, die bei 17 °C schmilzt und bei 44,6 °C siedet. Sie liegt nur in der Gasphase in monomeren Molekülen vor, im festen Zustand tritt sie asbestartig in polymeren SO_3-Ketten oder eisartig in ringförmigen $(SO_3)_3$-Molekülen auf. Alle Formen rauchen an der Luft, da sie mit Wasser schwer abscheidbare Schwefelsäurenebel bilden. Man löst deshalb beim Kontaktverfahren das Schwefeltrioxid in konzentrierter Schwefelsäure. Dabei entsteht „rauchende Schwefelsäure“ (auch Oleum genannt), die *Dischwefelsäure* $H_2S_2O_7$ enthält. Aus ihr kann durch vorsichtiges Verdünnen mit Wasser die handelsübliche Schwefelsäure hergestellt werden.

Die *Schwefelsäure* H_2SO_4, die wichtigste Sauerstoffsäure des Schwefels, ist als reine Verbindung eine farblose ölige Flüssigkeit mit einer Dichte von 1,84 g $\times$ cm^{-3} und einem Schmelzpunkt von 10,4 °C. Beim Erhitzen gibt sie Schwefeltrioxid ab, bis bei 338 °C eine 98%ige Säure, die „konzentrierte Schwefelsäure“ abdestilliert. In wäßriger Lösung ist die Schwefelsäure eine sehr starke Säure, das erste Proton ist praktisch vollständig abgespalten:

$$H_2SO_4 + H_2O \rightarrow H_3O^+ + HSO_4^-$$

und auch ein Teil der Hydrogensulfationen gibt noch ein Proton ab:

$$HSO_4^- + H_2O \rightleftharpoons H_3O^+ + SO_4^{2-}$$

Diese Reaktionen sind mit dem Freiwerden einer beträchtlichen Hydratisierungsenergie verbunden, beim Mischen von konzentrierter Schwefelsäure mit Wasser tritt daher eine starke Wärmeentwicklung auf. Aus dem gleichen Grund ist konzentrierte Schwefelsäure ein gutes Trockenmittel und spaltet Wasser aus wasserstoff- und sauerstoffhaltigen Verbindungen wie Zucker, Holz und Papier unter Verkohlung ab.

Verdünnte Schwefelsäure zeigt alle typischen Säurereaktionen, löst z. B. Zink unter Wasserstoffentwicklung: $Zn + H_2SO_4 \rightarrow ZnSO_4 + H_2$. Dagegen reagiert konzentrierte Schwefelsäure mit Metallen erst bei erhöhter Temperatur als Oxydationsmittel, es löst sogar edle Metalle unter Schwefeldioxidentwicklung:

$$Cu + 2\,H_2SO_4 \rightarrow CuSO_4 + SO_2 + 2\,H_2O$$

Die Schwefelsäure bildet zwei Reihen von Salzen, die *Hydrogensulfate* wie $NaHSO_4$ und die *Sulfate*, wie Na_2SO_4. Die Hydrogensulfate gehen beim Erhitzen in Disulfate über: $2\,NaHSO_4 \rightarrow Na_2S_2O_7 + H_2O$, die leicht Schwefeltrioxid abgeben, und werden daher zum Aufschluß schwerlöslicher Oxide verwendet: $Fe_2O_3 + 3\,Na_2S_2O_7 \rightarrow Fe_2(SO_4)_3 + 3\,Na_2SO_4$. Die Sulfate sind durch ihre symmetrische Struktur stabile Verbindungen; im Sulfation ist der Schwefel tetraedrisch von vier Sauerstoffatomen umgeben, an der Bindung sind außer σ- auch π-Bindungen beteiligt.

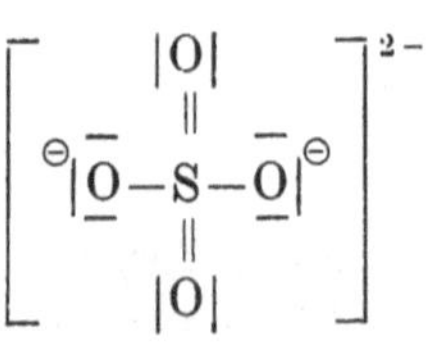

Alle Hydrogensulfate und die meisten Sulfate sind gut wasserlöslich, Ausnahmen sind das schwerlösliche Barium-, Strontium- und Bleisulfat.

Aus der großen Zahl weiterer Säuren des Schwefels seien nur einige genannt. Die *Thioschwefelsäure* $H_2S_2O_3$ kann durch die Umsetzung von Schwefelwasserstoff mit Schwefeltrioxid bei $-78\,°C$

in Ether hergestellt werden: $H_2S + SO_3 \rightarrow H_2S_2O_3$, zerfällt aber bei Raumtemperatur und in wäßriger Lösung wieder: $H_2S_2O_3 \rightarrow SO_2 + S + H_2O$. Ihre Salze, die beständigen *Thiosulfate* erhält man durch Kochen von Sulfitlösungen mit Schwefel: $Na_2SO_3 + S \rightarrow Na_2S_2O_3$. Diese Reaktion entspricht der Oxydation von Sulfiten mit Sauerstoff zu Sulfaten; das Thiosulfation hat den gleichen Bau wie das Sulfation, nur ist ein Sauerstoffatom durch Schwefel ersetzt, wie auch die Bezeichnung „Thio" angibt. Natriumthiosulfat wird als „Fixiersalz" in der Photographie verwendet, es löst das nach dem Entwickeln noch im Photomaterial befindliche lichtempfindliche Silberbromid unter Komplexbildung: $AgBr + 2\,Na_2S_2O_3 \rightarrow Na_3[Ag(S_2O_3)_2] + NaBr$. In der Maßanalyse werden Iodlösungen häufig als milde Oxydationsmittel verwendet (Iodometrie). Sie werden gewöhnlich im Überschuß eingesetzt und der nicht verbrauchte Anteil mit Thiosulfatlösung zurücktitriert: $I_2 + 2\,S_2O_3^{2-} \rightarrow S_4O_6^{2-} + 2\,I^-$. Dabei bilden sich die Ionen der Tetrathionsäure $H_2S_4O_6$, einer *Polythionsäure*. Diese haben die allgemeine Formel $H_2S_xO_6$ mit $x = 3 \cdots 14$. Ihrem Aufbau nach sind sie Sulfandisulfonsäuren, da sie wie die Sulfane Schwefelketten enthalten, die am Ende Sulfonsäuregruppen tragen: $HO_3S - S_n - SO_3H$. Gemische von Polythionsäuren entstehen beim Einleiten von Schwefelwasserstoff in schweflige Säure (WACKENRODERsche Lösung). Alle Polythionsäuren sind unbeständig und zerfallen schnell unter Bildung von Schwefel, Schwefeldioxid und Schwefelsäure.

Nicht zu den Polythionsäuren gehört die recht beständige *Dithionsäure* $H_2S_2O_6$, deren Salze, die *Dithionate*, man durch Oxydation von Sulfiten erhält: $2\,SO_3^{2-} + MnO_2 + 4\,H_3O^+ \rightarrow Mn^{2+} + S_2O_6^{2-} + 6\,H_2O$. Auch hier ist die Stabilität durch die symmetrische Struktur des Dithionations erklärlich:

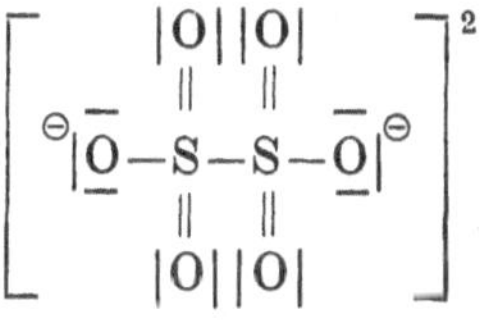

Die freie Dithionsäure zerfällt erst in konzentrierter Lösung unter Disproportionierung: $H_2\overset{+5}{S_2}O_6 \rightarrow H_2\overset{+6}{S}O_4 + \overset{+4}{S}O_2$. Durch Reduktion von Sulfitlösung oder Schwefeldioxid erhält man die *Dithionite*, die Salze der *dithionigen Säure* $H_2S_2O_4$: $2\,SO_2 + Zn \rightarrow S_2O_4^{2-} + Zn^{2+}$. Die Dithionite sind starke Reduktionsmittel, die freie

Säure ist sehr unbeständig:

$$2\,H_2\overset{+3}{S}_2O_4 \rightarrow 3\,\overset{+4}{S}O_2 + \overset{\pm 0}{S} + 2\,H_2O$$

Elektrolysiert man Schwefelsäure bei hoher Stromdichte, so erhält man an der Anode die *Peroxodischwefelsäure* $H_2S_2O_8$, die über die Entladung der Hydrogensulfationen zu Radikalen und deren Zusammenlagerung entsteht: $HSO_4^- - e^- \rightarrow HSO_4$, $2\,HSO_4 \rightarrow H_2S_2O_8$. Die Peroxodischwefelsäure enthält damit die charakteristische Peroxogruppe (s. Kap. 7) und wirkt als starkes Oxydationsmittel, z. B. werden farblose Mangan(II)ionen zu violetten Permanganationen aufoxydiert: $2\,Mn^{2+} + 5\,S_2O_8^{2-} + 8\,H_2O \rightarrow 2\,MnO_4^- + 10\,SO_4^{2-} + 16\,H^+_{aq}$. Mit Wasser tritt langsam Hydrolyse ein, wobei über die *Peroxomonoschwefelsäure* H_2SO_5 Wasserstoffperoxid gebildet wird.

$$H_2S_2O_8 + H_2O \rightarrow H_2SO_5 + H_2SO_4$$

$$H_2SO_5 + H_2O \rightarrow H_2O_2 + H_2SO_4$$

10.4. Halogenverbindungen des Schwefels

Auch von den *Schwefel-Halogen-Verbindungen* sollen nur die wichtigsten kurz erwähnt werden. Durch Überleiten von Chlor über geschmolzenen Schwefel erhält man *Dischwefeldichlorid*: $S_8 + 4\,Cl_2 \rightarrow 4\,S_2Cl_2$ als eine orangegelbe Flüssigkeit (Sdp. 138 °C) mit widerlich beißendem Geruch. Es löst Schwefel und bildet dabei die *Dichlorpolysulfane* S_xCl_2 mit x bis etwa 100. Bei der Reaktion mit überschüssigem Chlor in Gegenwart von Katalysatoren entsteht *Schwefeldichlorid* SCl_2 als eine granatrote Flüssigkeit (Sdp. 59 °C), die durch Destillation abgetrennt werden kann. Bei der stark exothermen Reaktion von Schwefel mit Fluor bildet sich *Schwefelhexafluorid* SF_6, ein farb- und geruchloses Gas, das so reaktionsträge wie Stickstoff ist, da der Schwefel durch die hohe Bindungsstärke und Symmetrie der ihn oktaedrisch umgebenden Fluoratome vollständig abgeschirmt ist. Dagegen hat das *Schwefeltetrafluorid* SF_4, das als ebenfalls farbloses Gas aus Schwefeldichlorid und Natriumfluorid in organischen Lösungsmitteln erhältlich ist: $3\,SCl_2 + 4\,NaF \rightarrow SF_4 + S_2Cl_2 + 4\,NaCl$, eine große Reaktionsfähigkeit als Fluorüberträger.

Schwefel bildet außerdem zwei Gruppen von Oxidhalogeniden, die *Thionylhalogenide* SOX_2 und die *Sulfurylhalogenide* SO_2X_2. Die wichtigsten Vertreter sind die entsprechenden Chloride, die beide als Chlorierungsmittel verwendet werden. Schwefeldioxid ist Ausgangsprodukt für beide, Thionylchlorid wird durch Umsetzung mit Phosphorpentachlorid hergestellt: $SO_2 + PCl_5 \rightarrow SOCl_2 + POCl_3$, Sulfurylchlorid entsteht durch Anlagerung von Chlor unter der katalytischen Wirkung von Aktivkohle:

$$SO_2 + Cl_2 \rightarrow SO_2Cl_2$$

10.5. Verbindungen des Selens, Tellurs und Poloniums

Selen und Tellur bilden Verbindungen, die den Schwefelverbindungen ähnlich sind. Die Stabilität der Wasserstoffverbindungen nimmt gegenüber Wasser und Schwefelwasserstoff weiter ab. *Selenwasserstoff* H_2Se und *Tellurwasserstoff* H_2Te sind farblose, übelriechende, giftige Gase, die als starke Reduktionsmittel wirken und mit Wasser saure Lösungen ergeben, die beim Stehen unter Abscheidung der Elemente zerfallen. Bei den Sauerstoffverbindungen nimmt die Beständigkeit der Oxydationsstufe +4 im Vergleich zur Oxydationsstufe +6 zu. Das feste weiße Selendioxid löst sich in Wasser zur beständigen *selenigen Säure*, die als feste farblose Verbindung H_2SeO_3 erhalten werden kann. Für die Oxydation zur *Selensäure* H_2SeO_4 werden kräftige Oxydationsmittel wie Chlorsäure oder konzentrierte Salpetersäure benötigt. Die reine Selensäure ist ein farbloser Feststoff, der sich in Wasser zu einer starken Säure löst und stark oxydierend wirkt. Entsprechend sind die Verhältnisse beim Tellur, allerdings ist durch die Zunahme des metallischen Charakters das Tellurdioxid amphoter und durch die Zunahme des Atomradius hat Tellur in der *Tellursäure* H_6TeO_6 die Koordinationszahl 6.

Polonium hat noch stärker metallische und basische Eigenschaften als Tellur, eine typische Verbindung ist das Poloniumsulfat $Po(SO_4)_2$.

11. Fünfte Hauptgruppe

In der fünften Hauptgruppe des Periodensystems, zu der die Elemente Stickstoff, Phosphor, Arsen, Antimon und Bismut gehören, ist die Vielfalt der physikalischen und chemischen Eigenschaften sowohl bei den Elementen als auch bei den Verbindungen noch größer als bei den Chalkogenen (Tab. 17). Auf Grund der Eigenschaftsänderungen, die sich aus der Stellung im Periodensystem ableiten lassen (s. 3.2.), ist beim Übergang zu den höheren Homologen eine Zunahme des metallischen Charakters der Elemente und der basischen Eigenschaften ihrer Oxide zu erwarten. So sind Stickstoff und Phosphor typische Nichtmetalle, ihre Oxide bilden mit Wasser Säuren; Arsen und Antimon sind Halbmetalle

Tabelle 17
Eigenschaften der Elemente der Fünften Hauptgruppe

Element	Schmelzpunkt (°C)	Siedepunkt (°C)	Dichte[1]) ($g \times cm^{-3}$)	Atomradius (pm)	Elektronegativität
Stickstoff	−210	−196	0,88	70	3,0
Phosphor	44,1	280	1,82	110	2,1
Arsen	817[2])	613[3])	5,72	121	2,0
Antimon	631	1380	6,68	141	1,9
Bismut	271	1560	9,80	146	1,9

[1]) in festem Zustand
[2]) 36,5 bar
[3]) Sublimationstemperatur

mit amphoteren Oxiden und Bismut ist ein Metall mit einem basenbildenden Oxid. Die möglichen Oxydationsstufen reichen von der Stufe −3 bei den Nitriden und Phosphiden bis zur Stufe +5, die bei den höheren Elementen zunehmend unbeständiger wird.

Die gemeinsame Elektronenkonfiguration aller Elemente ist ns^2p^3, d. h., alle p-Orbitale sind einfach besetzt. Die Erreichung der nächsten Edelgaskonfiguration erfordert einen hohen Energieaufwand, z. B. für $P + 3e^- \rightarrow P^{3-} + 1450\,kJ \times mol^{-1}$, so daß nur die elektropositivsten Elemente ionische Verbindungen wie Lithiumnitrid Li_3N oder Calciumphosphid Ca_3P_2 bilden können. Häufig werden die einfach besetzten Elektronenzustände auch zur Bildung mehr oder weniger polarisierter Atombindungen verwendet, wie in den Verbindungen NH_3, PCl_3, $BiCl_3$ oder P_4. Stickstoff kann als ein Element, dessen Valenzelektronen sich in Energieniveaus mit der Hauptquantenzahl 2 befinden, Bindungen nur über das s- und die drei p-Orbitale eingehen und damit höchstens vierbindig auftreten, wie im Ammoniumion NH_4^+. Phosphor und die höheren Homologen verfügen über leicht erreichbare d-Orbitale; es sind durch sp^3d-Hybridisierung fünfbindige Verbindungen wie PF_5, $SbCl_5$ oder durch Elektronenaufnahme und sp^3d^2-Hybridisierung Anionen mit sechsbindigem Zentralatom wie $[AsF_6]^-$, $[Sb(OH)_6]^-$ oder $[SbBr_6]^-$ möglich (s. 4.2.).

11.1. Die Elemente

Der *Stickstoff* ist — wie der Sauerstoff bei den Chalkogenen — das einzige unter Normalbedingungen gasförmige Element der Gruppe. Er ist farb-, geruch-, geschmacklos und hat einen Siedepunkt von $-195{,}8\,°C$ sowie einen Schmelzpunkt von $-209{,}9\,°C$; flüssige Luft reichert sich also beim langsamen Verdampfen mit Sauerstoff an. Stickstoff kommt in Form zweiatomiger beständiger Moleküle vor, die infolge ihrer unpolaren Dreifachbindung die außerordentlich hohe Bindungsenergie von $942{,}4\ kJ \times mol^{-1}$ besitzen (s. 4.2.). Das Stickstoffmolekül ist daher die stabilste Stickstoffverbindung und weist eine ausgeprägte Reaktionsträgheit auf, bei Raumtemperatur finden nur eine langsame Nitridbildung mit Lithium und einige komplexchemische Reaktionen statt. Bei erhöhter Temperatur reagieren viele Metalle mit Stickstoff zu *Nitriden*. Diese können je nach den Bindungsverhältnissen salzartig (Li_3N, Mg_3N_2) oder als metallische Einlagerungsverbindungen (TiN, $VN_{0,4}$, UN) auftreten. Viele Einlagerungsnitride sind chemisch sehr beständig, von außerordentlicher Härte und hohem Schmelzpunkt, so daß sie wertvolle Hochtemperaturwerkstoffe darstellen.

Die besondere Stabilität des Stickstoffmoleküls zeigt sich auch darin, daß über 99% des auf der Erde vorkommenden Stickstoffs molekular in der Luft enthalten sind, die ja zu 75,5 Masse-% aus Stickstoff besteht. Daneben tritt Stickstoff noch in Form von Nitraten, besonders Natriumnitrat $NaNO_3$ (Chilesalpeter) auf und ist ein wichtiger Bestandteil der Eiweißstoffe.

Die Darstellung des Stickstoffs erfolgt vorwiegend durch Verflüssigung der Luft und anschließende Destillation (Kap. 7), chemisch auch durch Entfernung des Sauerstoffs aus der Luft mit Kohlenstoff als technisches Verfahren oder mit Kupfer als Laborverfahren.

Der *Phosphor* tritt im Gegensatz zum Stickstoff in mehreren Formen auf, die sich in ihrer Struktur und ihren Bindungsverhältnissen und damit auch in ihren physikalischen und chemischen Eigenschaften unterscheiden. Solche Formen werden *Modifikationen* genannt. Die Hauptmodifikationen des Phosphors sind der weiße, rote und schwarze Phosphor. Der *weiße Phosphor* ist ein wachsartiger weißer Stoff, der bei 44,1 °C schmilzt. Er besteht aus tetraedrischen P_4-Molekülen, die unter einer starken Ringspannung stehen und deshalb eine hohe Reaktionsfähigkeit besitzen. So ist er an der Luft selbstentzündlich und reagiert leicht mit den Halogenen, Schwefel und vielen Metallen. Er löst sich leicht in unpolaren Lösungsmitteln wie Schwefelkohlenstoff oder Benzen und ist stark giftig. Der *rote Phosphor* entsteht aus dem weißen am Licht oder durch Erhitzen unter Sauerstoffausschluß. Er ist wesentlich weniger reaktionsfähig, nicht selbstentzündlich, unlöslich in Lösungsmitteln und ungiftig. Er besteht aus uneinheitlichen Polymeren, die durch Aufspaltung der P—P-Bindungen von P_4-Tetraedern und Verbindung dieser Gruppen untereinander entstanden

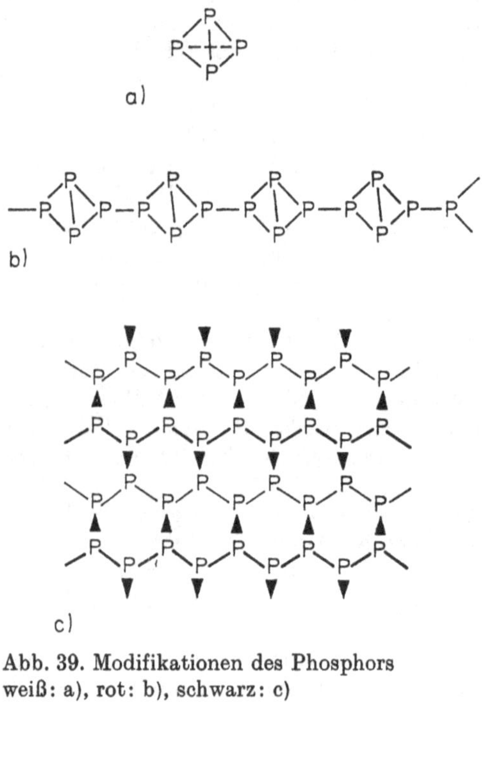

Abb. 39. Modifikationen des Phosphors weiß: a), rot: b), schwarz: c)

sein können, wie Abb. 39 vereinfacht zeigt. Der metallische *schwarze Phosphor* bildet sich aus dem weißen unter hohem Druck in der Hitze in Gegenwart von Quecksilber als Katalysator. Er ist noch reaktionsträger als der rote, zeigt Metallglanz und eine gute elektrische Leitfähigkeit. Er ist aus einem Raumgitter aus gewellten Doppelschichten aufgebaut, die untereinander zu Ringen verbunden sind, wie in Abb. 39 angegeben. Phosphor kommt in der Natur nicht elementar vor, sondern hauptsächlich in Form von Phosphaten, unter denen Calciumphosphate verschiedener Zusammensetzung (Apatit, Phosphorit) am verbreitetsten sind. Außerdem sind Phosphate und Verbindungen der Phosphorsäure wichtige Bestandteile des pflanzlichen, tierischen und menschlichen Körpers (Knochensubstanz, Eiweißstoffe, Nukleinsäuren). Phosphate sind daher wichtige Düngemittel.

Die Darstellung von Phosphor erfolgt, indem Phosphat mit Koks und Sand gemischt und im Elektroofen oberhalb 1300 °C umgesetzt wird:

$$2\,Ca_3(PO_4)_2 + 10\,C + 6\,SiO_2 \rightarrow P_4 + 6\,CaSiO_3 + 10\,CO$$

Der entweichende Phosphordampf wird unter Wasser als weißer Phosphor abgeschieden.

Arsen und *Antimon* bilden beständige graue Modifikationen, die wie der schwarze Phosphor aus Doppelschichten von gewellten Sechsringen aufgebaut sind und daneben unbeständige nichtmetallische gelbe Modifikationen, in denen tetraedrische As_4- und Sb_4-Moleküle vorliegen. Bismut tritt nur in einer Form als silberweißes, rotstichiges, sprödes Schwermetall auf.

Alle drei Elemente kommen in der Natur sulfidisch vor, z. B. als Arsenkies FeAsS, Realgar As_4S_4, Grauspießglanz Sb_2S_3, Bismutglanz Bi_2S_3; Bismut auch oxidisch als Bismutocker Bi_2O_3, Arsen elementar als Scherbenkobalt oder Fliegenstein.

Die Darstellung von Arsen ist durch Erhitzen von Arsenkies unter Luftabschluß möglich, wobei Arsen absublimiert: $FeAsS \rightarrow FeS + As$. Aus den anderen sulfidischen Erzen gewinnt man die Elemente durch Schmelzen mit Eisen: $Sb_2S_3 + 3\,Fe \rightarrow 2\,Sb + 3\,FeS$ oder Rösten und Reduktion der Oxide mit Kohle:

$$2\,Bi_2S_3 + 9\,O_2 \rightarrow 2\,Bi_2O_3 + 6\,SO_2, \quad 2\,Bi_2O_3 + 6\,C \rightarrow 4\,Bi + 6\,CO$$

11.2. Wasserstoffverbindungen

Stickstoff bildet drei Wasserstoffverbindungen: Ammoniak NH_3, Hydrazin N_2H_4 und die Stickstoffwasserstoffsäure HN_3.

Ammoniak ist die bei weitem wichtigste Verbindung, da es den Ausgangsstoff für die Herstellung der Stickstoffdüngemittel und die meisten anderen Stickstoffverbindungen darstellt. Es ist ein farbloses Gas von stechendem Geruch mit einem Siedepunkt von −33,4 °C. Der verhältnismäßig hohe Siedepunkt (vergleiche PH_3 −87,7 °C; AsH_3 −62 °C) erklärt sich durch die Ausbildung von Wasserstoffbrückenbindungen zwischen den Molekülen, die die Gestalt trigonaler Pyramiden (s. Abb. 23) mit positivem Ladungsschwerpunkt zwischen den Wasserstoffatomen und negativem Ladungsschwerpunkt über dem Stickstoffatom haben. Flüssiges Ammoniak ist als Dipol ein gutes wasserähnliches Lösungsmittel und löst sich auch selbst leicht in Wasser (700 *l* in 1 Liter Wasser bei 20 °C). Die Lösung verhält sich als eine schwache Base, da das Ammoniakmolekül Protonen aus dem Autoprotolysegleichgewicht des Wassers (Kap. 8) unter Bildung von Ammoniumionen aufnehmen kann:

$$NH_3 + H_3O^+ + OH^- \rightleftharpoons NH_4^+ + OH^- + H_2O$$

Eine Verbindung Ammoniumhydroxid NH_4OH gibt es mit Sicherheit nicht, doch bildet Ammoniak mit Säuren *Ammoniumsalze* wie Ammoniumchlorid · $NH_3 + HCl \rightarrow NH_4Cl$. Diese sind in Löslichkeit und Kristallform den Kalium- und Rubidiumsalzen ähnlich, da das Ammoniumion im Ionenradius zwischen beiden steht und die gleiche Ladung besitzt. Ammoniak bildet sich bei der Umsetzung ionischer Nitride mit Wasser neben dem entsprechenden Metallhydroxid:

$$Mg_3N_2 + 6\,H_2O \rightarrow 3\,Mg(OH)_2 + 2\,NH_3$$

Die großtechnische Herstellung erfolgt aus den Elementen, indem diese nach dem Haber-Bosch-*Verfahren* bei etwa 500 °C und einem Druck von 25 bis 35 MPa über einen eisenhaltigen Katalysator geleitet werden: $N_2 + 3\,H_2 \rightleftharpoons 2\,NH_3$ $\Delta H = -92{,}5$ kJ $\times mol^{-1}$. Die Reaktion ist also exotherm und es gelten daher die gleichen Überlegungen wie beim Kontaktverfahren (Kap. 10). Für die Ammoniaksynthese wären also niedrige Temperaturen günstig. Bei diesen ist aber die Gleichgewichtseinstellung gehemmt und

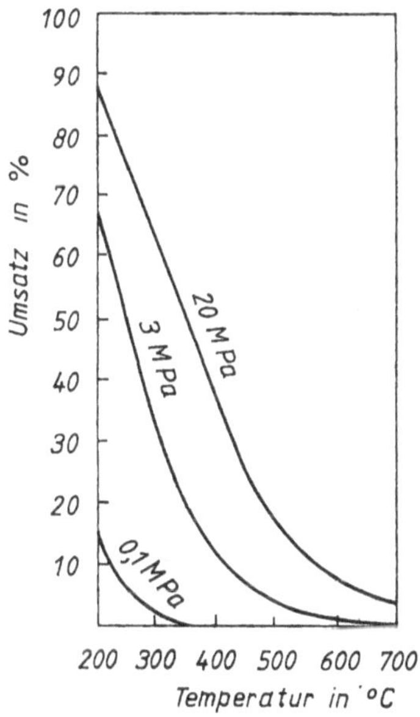

Abb. 40. Temperatur- und Druckabhängigkeit der Ammoniakausbeute beim HABER-BOSCH-Verfahren

die bisher bekannten Katalysatoren wirken erst ab 400 °C, so daß man sich mit mäßigen Ammoniakausbeuten begnügen muß. Bei der Ammoniakbildung vermindert sich aber das Gasvolumen auf die Hälfte, durch Anwendung von Druck kann daher die Ausbeute verbessert werden, wie Abb. 40 zeigt. Unter den angegebenen Bedingungen läßt sich ein Umsatz von etwa 20% erreichen; das Ammoniak wird verflüssigt und das unumgesetzte Synthesegas in den Prozeß zurückgeführt.

Ammoniak reagiert leicht mit Sauerstoff, wobei die bevorzugte Reaktion die Oxydation zum Stickstoff ist:

$$4\,NH_3 + 3\,O_2 \rightarrow 2\,N_2 + 6\,H_2O, \quad \Delta H = -1226\ \text{kJ} \times \text{mol}^{-1}$$

Leitet man Ammoniak-Luft-Gemische aber bei 700 °C nach dem OSTWALD-*Verfahren* über Platin-Rhodium-Katalysatoren, so erhält man hauptsächlich Stickstoffmonoxid, das zur Herstellung von Salpetersäure verwendet wird:

$$4\,NH_3 + 5\,O_2 \rightarrow 4\,NO + 6\,H_2O, \quad \Delta H = -905\ \text{kJ} \times \text{mol}^{-1}$$

Die weiteren Reaktionen werden bei den Stickstoffoxiden besprochen. Hydrazin N_2H_4, eine farblose, an der Luft rauchende Flüssigkeit mit einem Siedepunkt von 113,5 °C wird durch Oxydation von Ammoniak mit Hypochlorit hergestellt: $2\,NH_3 + ClO^- \rightarrow H_2N{-}NH_2 + Cl^- + H_2O$. Durch die beiden freien Elektronenpaare am Stickstoff kann das Hydrazin zwei Protonen aufnehmen und damit zwei Reihen von Hydrazoniumsalzen bilden, z. B. N_2H_5Cl und $N_2H_6Cl_2$.

Hydrazin reagiert mit Sauerstoff oder Stickstoffoxiden unter beträchtlicher Energieentwicklung zu Stickstoff und Wasserdampf und wird deshalb als Raketentreibstoff verwendet:

$$N_2H_4 + O_2 \rightarrow N_2 + 2\,H_2O, \qquad \Delta H = -540\ \text{kJ} \times \text{mol}^{-1}$$

Auch in basischen wäßrigen Lösungen ist Hydrazin ein kräftiges Reduktionsmittel, so scheidet es aus Silbersalzlösungen metallisches Silber ab:

$$4\,Ag^+ + N_2H_4 + 4\,OH^- \rightarrow 4\,Ag + N_2 + 4\,H_2O$$

eine Reaktion, die zur Spiegelherstellung verwendet wird.

Die *Stickstoffwasserstoffsäure* HN_3 ist eine farblose, stechend riechende, bei 37 °C siedende Flüssigkeit mit einer starken Neigung zur explosionsartigen Zersetzung: $2\,HN_3 \rightarrow 3\,N_2 + H_2$ $\Delta H = -295\ \text{kJ} \times \text{mol}^{-1}$. Sie wird deshalb am besten in wäßriger Lösung dargestellt, indem man ihr Salz Natriumazid NaN_3 mit verdünnter Schwefelsäure umsetzt. Natriumazid gewinnt man durch Überleiten von Distickstoffmonoxid über Natriumamid bei 170···190 °C:

$$2\,NaNH_2 + N_2O \rightarrow NaN_3 + NaOH + NH_3$$

Die Alkaliazide sind ziemlich beständige salzartige Verbindungen, sie enthalten symmetrische Azidionen: $\langle\overset{\ominus}{N}{=}\overset{\oplus}{N}{=}\overset{\ominus}{N}\rangle$. Dagegen zerfallen die wasserunlöslichen Schwermetallazide, wie Blei- oder Silberazid beim Erhitzen oder Schlageinwirkung explosionsartig; sie werden in der Sprengtechnik als Initialzünder verwendet.

Phosphorwasserstoffverbindungen entstehen bei der Umsetzung der ionischen Metallphosphide mit Wasser entsprechend der Ammoniakbildung aus Nitriden. Hauptprodukt ist dabei das *Phosphan* PH_3, ein farbloses, übelriechendes, giftiges Gas, das einen Siedepunkt von −88 °C besitzt:

$$Ca_3P_2 + 6\,H_2O \rightarrow 2\,PH_3 + 3\,Ca(OH)_2$$

Als Nebenprodukt entsteht *Diphosphan* P_2H_4, eine farblose Flüssigkeit mit einem Siedepunkt von 52 °C, die an der Luft selbstentzündlich ist und sich leicht in Phosphor und Phosphan zersetzt. Diphosphan bildet keine Salze und auch Phosphan ist viel schwächer basisch als Ammoniak, nur das Phosphoniumiodid PH_4I ist wasserfrei beständig, reagiert aber mit Wasser sofort unter Phosphanentwicklung:

$$PH_4I + H_2O \rightarrow PH_3 + H_3O^+ + I^-$$

Die Wasserstoffverbindungen von Arsen, Antimon und Bismut werden zunehmend unbeständiger. Sie entstehen als übelriechende, giftige Gase, wenn man Magnesiumarsenid, -antimonid bzw. eine Bismut-Magnesium-Legierung mit Säuren umsetzt, z. B.:

$$Mg_3Sb_2 + 6\,HCl \rightarrow 2\,SbH_3 + 3\,MgCl_2$$

Arsenwasserstoff bildet sich auch bei der Einwirkung von naszierendem Wasserstoff (s. Kap. 5) auf lösliche Arsenverbindungen:

$$As_2O_3 + 6\,Zn + 6\,H_2SO_4 \rightarrow 2\,AsH_3 + 6\,ZnSO_4 + 3\,H_2O$$

Beim Erhitzen zersetzt sich der Arsenwasserstoff unter Abscheidung von elementarem Arsen (MARSHsche Probe zum Arsennachweis).

11.3. Halogenverbindungen

Stickstoff kann als Element der ersten Achterperiode nur Trihalogenide NX_3 bilden, die bei der Einwirkung der Halogene auf Ammoniak entstehen, z. B.: $NH_3 + 3\,Cl_2 \rightarrow NCl_3 + 3\,HCl$. Während das Stickstofftrifluorid ein wenig reaktionsfähiges, farbloses Gas ist (Sdp. −129 °C), sind das Chlorid, Bromid und Iodid gefärbte Flüssigkeiten bzw. Festkörper, die schon beim geringsten Anlaß heftig explodieren.

Phosphor verfügt auch über *d*-Orbitale und kann daher neben den Trihalogeniden auch Pentahalogenide bilden, von denen vor allem die Chloride wichtig sind. Beim Überleiten von Chlorgas über geschmolzenen weißen Phosphor destilliert farbloses Phosphortrichlorid (Siedepunkt 74,2 °C) ab: $P_4 + 6\,Cl_2 \rightarrow 4\,PCl_3$. Mit überschüssigem Chlor entsteht das weiße kristalline Phosphorpentachlorid: $PCl_3 + Cl_2 \rightarrow PCl_5$, in dem im festen Zustand tetraedrische $[PCl_4]^+$-Kationen und $[PCl_6]^-$-Anionen vorliegen. Bei 164 °C sublimiert es, in der Gasphase treten dann trigonal-bipyramidale PCl_5-Moleküle auf. Mit wenig Wasser wird Phosphorpentachlorid zum Phosphoroxidchlorid hydrolysiert: $PCl_5 + H_2O \rightarrow POCl_3 + 2\,HCl$; mit viel Wasser ergibt die Hydrolyse Phosphorsäure: $PCl_5 + 4\,H_2O \rightarrow H_3PO_4 + 5\,HCl$. Phosphorpentachlorid ist ein häufig verwendetes Chlorierungsmittel, beispielsweise lassen sich anorganische oder organische Säuren leicht in die Säurechloride überführen:

$$H_2SO_4 + 2\,PCl_5 \rightarrow SO_2Cl_2 + 2\,POCl_3 + 2\,HCl$$

$$CH_3COOH + PCl_5 \rightarrow CH_3COCl + POCl_3 + HCl$$

Auch von Arsen, Antimon und Bismut können durch Vereinigung der Elemente Halogenide der Oxydationsstufen +3 und +5 dargestellt werden, wobei die Verbindungen mit der höheren Oxydationsstufe zum Bismut hin unbeständiger werden. Nur die Pentafluoride aller Elemente sind stabil, wenn auch das Bismutpentafluorid bereits ein starkes Fluorierungsmittel ist und mit elementarem Schwefel zu Schwefelhexafluorid reagiert. Häufig treten auch Hexahalogenokomplexe auf, wie in den $[AsF_6]^-$-, $[SbCl_6]^-$- oder $[BiF_6]^-$-Ionen.

11.4. Sauerstoffverbindungen des Stickstoffs

Bei den Sauerstoffverbindungen tritt die Sonderstellung des Stickstoffs besonders hervor, indem er als Element der ersten Achterperiode im Gegensatz zu den höheren Homologen leicht Mehrfachbindungen ausbildet, aber höchstens vierbindig auftreten kann. Einen Überblick über die wichtigsten Sauerstoffverbindungen gibt Tab. 18, sie werden im folgenden kurz beschrieben.

Distickstoffmonoxid N_2O ist ein farbloses, süßlich riechendes Gas von narkotisierender Wirkung mit einem Siedepunkt von −88,5 °C, das durch vorsichtiges Erhitzen von Ammoniumnitrat dargestellt werden kann: $NH_4NO_3 \rightarrow N_2O + 2\,H_2O$. Es ist das reaktionsträgste Stickstoffoxid und reagiert bei Raumtemperatur weder mit

Tabelle 18

Die wichtigsten Oxide und Säuren des Stickstoffs

Oxydationsstufe	Oxid	Säure
+1	N_2O	$H_2N_2O_2$
+2	NO	
+3	N_2O_3	HNO_2
+4	NO_2, N_2O_4	
+5	N_2O_5	HNO_3

Alkalimetallen noch mit Halogenen. Erst ab etwa 500 °C wirkt es oxydierend, indem der Zerfall in Sauerstoff und Stickstoff beginnt. Das Molekül ist linear und in einer mesomeren Grenzstruktur isoster[1]) mit Kohlendioxid und dem Azidion:

$$\langle\overset{\ominus}{N}=\overset{\oplus}{N}=O\rangle \leftrightarrow |N\equiv\overset{\oplus}{N}-\overset{\ominus}{\underline{\overline{O}}}|$$

Stickstoffmonoxid NO ist ein farbloses Gas, das sich unterhalb −152 °C zu einer blauen Flüssigkeit verdichten läßt. Seine technische Herstellung erfolgt nach dem OSTWALD-Verfahren durch die katalytische Ammoniakoxydation (s. 14.2.), die Darstellung im Labor durch die Umsetzung halbkonzentrierter Salpetersäure mit Kupfer:

$$8\,HNO_3 + 3\,Cu \rightarrow 3\,Cu(NO_3)_2 + 2\,NO + 4\,H_2O$$

Das Stickstoffmonoxidmolekül hat eine ungerade Zahl von Elektronen, seine Bindungsverhältnisse lassen sich am besten durch das MO-Verfahren wiedergeben (s. 4.2.). Das im antibindenden, π^*-Orbital befindliche ungepaarte Elektron ist aber delokalisiert, so daß der Radikalcharakter nur schwach ausgeprägt ist. Das ungepaarte Elektron wird leicht unter Bindungsverstärkung abgegeben, wobei das Nitrosylkation NO^+ entsteht, von dem zahlreiche ionische Verbindungen, wie Nitrosylhydrogensulfat $NO[HSO_4]$, Nitrosylhexachloroantimonat $NO[SbCl_6]$ u. a., bekannt

[1]) Als Isosterie bezeichnet man die Erscheinung, daß verschiedene Moleküle oder Ionen die gleiche Anzahl und Anordnung der Valenzelektronen und Atomrümpfe besitzen.

sind. Mit dem Luftsauerstoff tritt sofort Reaktion zum Stickstoffdioxid ein:

$$2\,NO + O_2 \rightarrow 2\,NO_2, \qquad \Delta H = -113\ kJ \times mol^{-1}$$

Stickstoffdioxid NO_2 ist ein braunrotes Gas vom Siedepunkt 21 °C, das in einem stark temperaturabhängigen Gleichgewicht mit dem farblosen *Distickstofftetroxid* N_2O_4 steht:

$$2\,NO_2 \rightleftharpoons N_2O_4 \qquad \Delta H = -57\ kJ \times mol^{-1}$$

Beim Schmelzpunkt von −9 °C liegt reines Distickstofftetroxid vor. Stickstoffdioxid ist ebenfalls eine Verbindung mit einem ungepaarten Elektron, das aber weitgehend am Stickstoff lokalisiert ist, was die starke Neigung zur Dimerisierung erklärt. Das ungepaarte Elektron kann auch hier leicht abgegeben werden, wobei das *Nitrylkation* NO_2^+ entsteht, das isoster mit Kohlendioxid ist: $[\langle O{=}\overset{\oplus}{N}{=}O\rangle]$. Es spielt eine große Rolle bei den Nitrierungsreaktionen der Salpetersäure und tritt auch in festen Verbindungen, wie dem Nitrylperchlorat $[NO_2]^+[ClO_4]^-$ auf. Wird Stickstoffdioxid zusammen mit Luft in Wasser geleitet, so entsteht Salpetersäure:

$$2\,NO_2 + 1/2\,O_2 + H_2O \rightarrow 2\,HNO_3$$

Diese Reaktion ist ein wichtiger Teilschritt der technischen Salpetersäureherstellung.

Distickstofftrioxid N_2O_3 ist nur bei tiefen Temperaturen rein als blaue Flüssigkeit erhältlich; bereits beim Siedepunkt von 3 °C ist es teilweise in Stickstoffmonoxid und -dioxid zerfallen: $N_2O_3 \rightleftharpoons NO + NO_2$. Die Darstellung erfolgt am besten als Rückreaktion des Zerfalls. Distickstofftrioxid ist formal das Anhydrid der *salpetrigen Säure* HNO_2, einer schwachen und unbeständigen Säure, die nur in kalter verdünnter Lösung und in Form ihrer Salze, der *Nitrite*, beständig ist. Nitrite erhält man durch Einleiten von Distickstofftrioxid in Alkalihydroxidlösungen: $N_2O_3 + 2\,NaOH \rightarrow 2\,NaNO_2 + H_2O$, oder durch Erhitzen von Alkalinitraten. Durch Zugabe von verdünnter Säure zu Nitritlösungen entsteht eine Lösung der salpetrigen Säure:

$$2\,NaNO_2 + H_2SO_4 \rightarrow 2\,HNO_2 + Na_2SO_4$$

die beim Erwärmen oder Konzentrieren zu Stickstoffmonoxid und Salpetersäure disproportioniert: $3\,HNO_2 \rightarrow 2\,NO + HNO_3 + H_2O$.

Im Nitrition hat der Stickstoff die mittlere Oxydationsstufe +3; es kann daher je nach Reaktionspartner als Oxydations- oder Reduktionsmittel wirken. Iodide werden zum Iod oxydiert, Permanganat zum Mangan(II)ion reduziert: $2NO_2^- + 2I^- + 4H^+ \rightarrow I_2 + 2NO + 2H_2O$, $5NO_2^- + 2MnO_4^- + 6H^+ \rightarrow 2Mn^{2+} + 5NO_3 + 3H_2O$. Die Salze der *hyposalpetrigen Säure* $H_2N_2O_2$, die *Hyponitrite*, werden aus Nitriten durch starke Reduktionsmittel wie Natriumamalgam[1]) hergestellt: $2NaNO_2 + 4Na + 2H_2O \rightarrow Na_2N_2O_2 + 4NaOH$. Die freie Säure bildet farblose Blättchen, die leicht explodieren und schon in wäßriger Lösung unter Entwicklung von Distickstoffmonoxid zerfallen: $H_2N_2O_2 \rightarrow N_2O + H_2O$. Die Rückreaktion zur Säure ist nicht möglich.

Die *Salpetersäure* HNO_3 ist die wichtigste Sauerstoffsäure des Stickstoffs, sie wird vor allem zur Herstellung von Düngemitteln sowie zur Nitrierung organischer Verbindungen für die Erzeugung von Farbstoffen, Arzneimitteln und Sprengstoffen verwendet. Ihre technische Darstellung erfolgt durch die katalytische Ammoniakoxydation über Stickstoffmonoxid wie bereits oben beschrieben.

Als reine Verbindung ist die Salpetersäure eine farblose Flüssigkeit mit einem Siedepunkt von 84 °C. Beim Sieden wie auch unter Lichteinwirkung tritt eine Gelbfärbung durch teilweise Zersetzung ein: $4HNO_3 \rightarrow 4NO_2 + O_2 + 2H_2O$. Die Salpetersäure ist eine starke Säure, d. h. ihre verdünnte wäßrige Lösung ist praktisch vollständig in Ionen dissoziiert: $HNO_3 + H_2O \rightarrow H_3O^+ + NO_3^-$. Als konzentrierte Säure ist sie ein kräftiges Oxydationsmittel. Die verdünnte Säure löst daher unedle Metalle unter Wasserstoffentwicklung, während die konzentrierte Säure auch einige edlere Metalle, wie Kupfer, Quecksilber und Silber löst: $3Ag + 4HNO_3 \rightarrow 3AgNO_3 + NO + 2H_2O$. Gold, Platin und weitere Platinmetalle werden allerdings auch durch konzentrierte Salpetersäure nicht angegriffen. Um sie zu lösen, muß man *Königswasser* anwenden, ein Gemisch von konzentrierter Salpetersäure und konzentrierter Salzsäure. In ihm entsteht Nitrosylchlorid und aktives atomares Chlor, das mit den Edelmetallen lösliche Chlorokomplexe bildet: $HNO_3 + 3HCl \rightarrow NOCl + 2Cl + 2H_2O$. Behandelt man Salpetersäure mit stark wasserentziehenden Mitteln wie P_4O_{10} (s. 11.5.), so erhält man Distickstoffpentoxid N_2O_5: $2HNO_3 - H_2O \rightarrow N_2O_5$, in Gestalt farbloser Kristalle, die bei 30 °C schmelzen. Es liegt fest als Nitrylnitrat $[NO_2]^+[NO_3]^-$ vor und ist

[1]) *Amalgame* sind flüssige oder feste Quecksilberlegierungen, die eine sehr unterschiedliche Zusammensetzung haben können.

ein starkes Oxydationsmittel. Mehrere unedle Metalle, wie Eisen, Chromium und Aluminium lösen sich in verdünnter Salpetersäure, aber nicht in konzentrierter, da sie an der Metalloberfläche eine zusammenhängende passivierende Oxidschicht bilden.

Zur Nitrierung, der Einführung der Nitrogruppe ($-NO_2$) in organische Moleküle, verwendet man die *Nitriersäure*, ein Gemisch von konzentrierter Salpetersäure und konzentrierter Schwefelsäure. Begünstigt durch die wasserentziehende Wirkung der Schwefelsäure bildet sich darin das Nitrylkation, das bei der Nitrierung angreifende Teilchen:

$$HNO_3 + H_2SO_4 \rightarrow NO_2^+ + HSO_4^- + H_2O$$

Die Salze der Salpetersäure, die *Nitrate*, sind gut wasserlöslich. Das Nitration wirkt durch Mesomeriestabilisierung und hohe Symmetrie viel schwächer oxydierend als die freie Säure. Erst oberhalb des Schmelzpunktes geben die Alkalinitrate Sauerstoff ab: $2KNO_3 \rightarrow 2KNO_2 + O_2$, während die Schwermetallnitrate beim Erhitzen Stickstoffdioxid abspalten: $2Pb(NO_3)_2 \rightarrow 2PbO + 4NO_2 + O_2$. Kaliumnitrat hatte früher große Bedeutung als Bestandteil des *Schwarzpulvers*, das außerdem noch Schwefel und Holzkohle enthielt und wird auch jetzt noch zusammen mit Ammoniumnitrat in der Feuerwerkerei und Sprengtechnik angewandt.

11.5. Sauerstoffverbindungen des Phosphors

Phosphor bildet Oxide der Zusammensetzung P_4O_6 bis P_4O_{10}, die aus P_4-Tetraedern aufgebaut sind, die über sechs Kanten durch Sauerstoffatome überbrückt sind und außerdem noch endständige Sauerstoffatome am Phosphor tragen können. Die Strukturen der beiden Endglieder der Reihe, die auch die wichtigsten Oxide sind, zeigt Abb. 41. Das *Tetraphosphordekaoxid* P_4O_{10} entsteht als eine farblose kristalline Verbindung, die bei 359 °C sublimiert, in einer stark exothermen Reaktion bei der Verbrennung des Phosphors mit Sauerstoffüberschuß:

$$P_4 + 5O_2 \rightarrow P_4O_{10}, \qquad \Delta H = -3020\ \text{kJ} \times \text{mol}^{-1}$$

Diese Oxydationsreaktion, die bei feinverteiltem Phosphor bereits bei Raumtemperatur mit dem Luftsauerstoff zur Selbstentzündung führt, ist mit Leuchterscheinungen verbunden, die ihm den

Namen[1]) gegeben haben. Das Tetraphosphordekaoxid reagiert heftig mit Wasser, wobei über Zwischenstufen die Orthophosphorsäure H_3PO_4 gebildet wird: $P_4O_{10} + 6\,H_2O \rightarrow 4\,H_3PO_4$. Diese Reaktion macht die Verbindung zu einem der wirkungsvollsten Trockenmittel, bereits in der Kälte werden z. B. viele Säuren in ihre Anhydride überführt: $6\,H_2SO_4 + P_4O_{10} \rightarrow 6\,SO_3 + 4\,H_3PO_4$, $12\,HNO_3 + P_4O_{10} \rightarrow 6\,N_2O_5 + 4\,H_3PO_4$. Das *Tetraphosphorhexoxid*

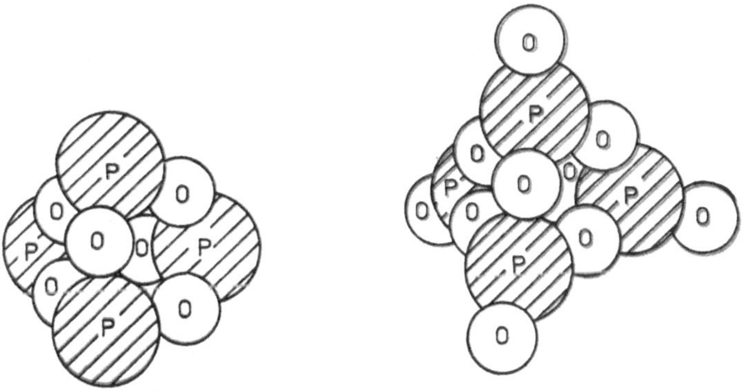

Abb. 41. Strukturen von P_4O_6 und P_4O_{10}

P_4O_6 bildet sich als eine weiße, wachsartige Masse vom Schmelzpunkt 23,8 °C, wenn man Phosphor bei beschränkter Luftzufuhr verbrennt: $P_4 + 3\,O_2 \rightarrow P_4O_6$. Bei der Umsetzung mit kaltem Wasser ergibt es die phosphorige Säure H_3PO_3: $P_4O_6 + 6\,H_2O \rightarrow 4\,H_3PO_3$, während bei der Reaktion mit heißem Wasser eine Disproportionierungsreaktion abläuft, bei der nebeneinander Phosphorsäure, Phosphan, elementarer Phosphor und andere Verbindungen entstehen.

Zu den wichtigsten *Säuren des Phosphors* gehört außer den bereits genannten die *hypophosphorige Säure*, deren Salze, die *Hypophosphite*, neben Phosphan entstehen, wenn man weißen Phosphor mit Lauge kocht: $P_4 + 3\,KOH + 3\,H_2O \rightarrow KH_2PO_2 + PH_3$. Die hypophosphorige Säure ist einwertig, d. h. nur ein Wasserstoffatom kann als Hydroniumion abgelöst werden: $H_3PO_2 + H_2O \rightleftharpoons H_3O^+ + H_2PO_4^-$. Der Grund dafür ist, daß im Molekül zwei unpolare P–H-Bindungen vorliegen; die Valenzstrichformel ist:

[1]) phosphoros (griech.) = Lichtträger

$$\begin{array}{c} \mathrm{H} \\ | \\ \mathrm{H-\underline{\overline{O}}-P=\underline{\overline{O}}} \\ | \\ \mathrm{H} \end{array}$$

Die reine hypophosphorige Säure bildet zerfließliche Kristalle vom Schmelzpunkt 26,5 °C. Sie ist eine starke Säure und als Phosphorverbindung der Oxydationsstufe +1 ein kräftiges Reduktionsmittel.

Die *phosphorige Säure* H_3PO_3 erhält man am besten durch Hydrolyse von Phosphortrichlorid: $PCl_3 + 3\,H_2O \rightarrow H_3PO_3 + 3\,HCl$. Sie ist eine zweiwertige Säure, da noch eine P—H-Bindung im Molekül vorhanden ist, wie die Valenzstrukturformel zeigt:

$$\begin{array}{c} \mathrm{H} \\ | \\ \mathrm{H-\underline{\overline{O}}-P-\underline{\overline{O}}-H} \\ \| \\ |\mathrm{O}| \end{array}$$

Ihre Salze, die Hydrogenphosphite mit dem Anion $H_2PO_3^-$ und Phosphite mit dem Anion HPO_3^{2-} sind starke Reduktionsmittel; eine Fällung des weißen Silberphosphits färbt sich beim Stehen langsam durch Silberabscheidung schwarz: $Ag_2HPO_3 + H_2O \rightarrow 2\,Ag + H_3PO_4$. Vom Tetraphosphordekaoxid leiten sich mehrere *Phosphorsäuren* ab, die sich im Wassergehalt unterscheiden. Die *Orthophosphorsäure* H_3PO_4 kann wie oben angegeben durch Verbrennung von Phosphor und die Umsetzung des Dekaoxides mit Wasser oder durch den Aufschluß von Phosphat mit Schwefelsäure: $Ca(PO_4)_2 + 3\,H_2SO_4 \rightarrow 2\,H_3PO_4 + 3\,CaSO_4$ hergestellt werden. Sie bildet wasserfreie farblose Kristalle vom Schmelzpunkt 42,3 °C, die sich sehr leicht in Wasser zu einer starken Säure lösen. Sie ist eine dreiwertige Säure mit folgender Valenzstrichformel:

$$\begin{array}{c} \mathrm{H} \\ | \\ |\mathrm{O}| \\ | \\ \mathrm{H-\underline{\overline{O}}-P-\underline{\overline{O}}-H} \\ \| \\ |\mathrm{O}| \end{array}$$

Es können daher drei Reihen von Salzen gebildet werden, die *Dihydrogenphosphate* (z. B. NaH_2PO_4), die *Hydrogenphosphate* (Na_2HPO_4) und die *Phosphate* (Na_3PO_4). Die wäßrigen Lösungen der Dihydrogenphosphate zeigen eine schwach saure Reaktion, während die Lösungen der Hydrogenphosphate und noch stärker der Phosphate durch Protolyse basisch reagieren: $HPO_4^{2-} + H_2O \rightleftharpoons H_2PO_4^- + OH^-$.

Konzentrierte Phosphorsäure ist eine sirupöse Flüssigkeit, da zwischen den Molekülen zahlreiche Wasserstoffbrücken bestehen. Sie neigt zur *Kondensation*, d. h. zur Vereinigung zu größeren Molekülen unter Wasserabspaltung, wobei die *Diphosphorsäure* $H_4P_2O_7$ entsteht: $2\,H_3PO_4 \rightleftharpoons H_4P_2O_7 + H_2O$. In gleicher Weise gehen die Hydrogenphosphate beim Erhitzen in *Diphosphate* über: $2\,Na_2HPO_4 \rightleftharpoons Na_4P_2O_7 + H_2O$. Die Dihydrogenphosphate bilden beim Glühen kondensierte Phosphate, die sich von der *Metaphosphorsäure* HPO_3, der wasserärmsten Form der Phosphorsäuren ableiten: $n\ NaH_2PO_4 \rightarrow (NaPO_3)_n + n\ H_2O$. Die Baueinheit der kondensierten Phosphate ist ebenfalls das PO_4-Tetraeder, das mit weiteren Tetraedern über gemeinsame Ecken verbunden ist. Man unterscheidet drei Strukturtypen (Abb. 42): *Polyphosphate* mit kettenförmigen und mit ringförmigen Anionen, bei denen die PO_4-Tetraeder über zwei Sauerstoffatome miteinander verknüpft sind, sowie die vernetzten Polyphosphate, bei denen Tetraeder über drei Sauerstoffatome miteinander verbunden sind.

Die Phosphate sind wichtige Düngemittel. Da die Pflanzen aber nur solche Phosphate aufnehmen können, die in Wasser oder verdünnten organischen Säuren löslich sind, eignen sich die in der Natur vorkommenden unlöslichen Phosphate nicht als Düngemittel und müssen aufgeschlossen werden. Das geschieht in großem Umfang mit Schwefelsäure: $Ca_3(PO_4)_2 + 2\,H_2SO_4 \rightarrow Ca(H_2PO_4)_2 + 2\,CaSO_4$. Das Gemisch aus gut löslichem Calciumdihydrogenphosphat und wenig löslichem Calciumsulfat wird als Superphosphat bezeichnet. Polyphosphate werden technisch zur Wasserenthärtung, als Waschmittelzusatz und in der Lebensmittelindustrie verwendet.

11.6. Sauerstoffverbindungen des Arsens, Antimons und Bismuts

Die Eigenschaften der Verbindungen lassen den zunehmenden Metallcharakter der Elemente und die abnehmende Stabilität der Oxydationsstufe +5 bei Übergang zu den schwereren Elementen erkennen. So verbrennen Arsen und Antimon auch bei Sauerstoffüberschuß nur zu den Hexoxiden As_4O_6 und Sb_4O_6, die die gleiche Molekülstruktur wie die Phosphorverbindung haben. Das gelbe Bismut(III)-oxid Bi_2O_3, das sich wie ein Metalloxid verhält, wird am besten über das Hydroxid aus Bismutsalzlösungen gewonnen.

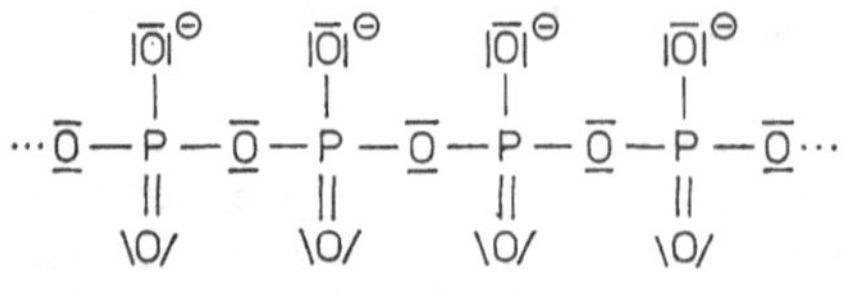

a)

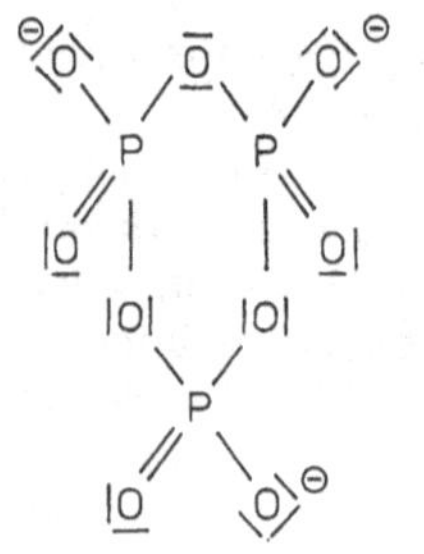

b)

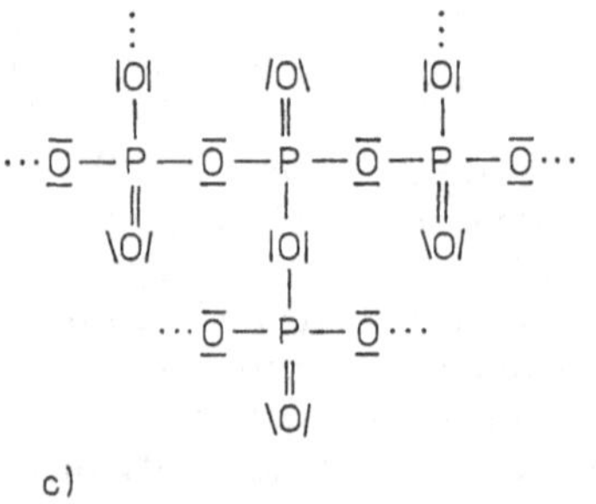

c)

Abb. 42. Strukturtypen von Polyphosphaten
a) kettenförmige Polyphosphate, b) ringförmige Polyphosphate (Cyclophosphate) c) vernetzte Polyphosphate

Arsen(III)-oxid, auch *Arsenik* genannt, entsteht beim Rösten arsenhaltiger sulfidischer Erze. Es löst sich wenig in Wasser zu einer schwach sauren Lösung, die *arsenige Säure* H_3AsO_3 enthält. Sie ist eine schwache dreiwertige Säure und bildet daher drei Reihen von Salzen. Diese *Arsenite* lassen sich aber leichter durch Auflösen von Arsenik in Laugen darstellen, z. B. $As_4O_6 + 12NaOH \rightarrow 4Na_3AsO_3 + 6H_2O$. *Antimon(III)-oxid* ist bereits amphoter, es löst sich in starken Basen zu Antimoniten: $Sb_4O_6 + 4NaOH$

$+ 6\,H_2O \rightarrow 4Na[Sb(OH)_4] \rightleftharpoons 4NaSbO_2 + 8\,H_2O$, in starken konzentrierten Säuren zu Antimon(III)-salzen: $Sb_4O_6 + 6\,H_2SO_4 \rightarrow 2\,Sb_2(SO_4)_3 + 6\,H_2O$. Bismut(III)-oxid löst sich nur in Säuren.

Arsensäure H_3AsO_4 erhält man durch Oxydation von Arsenik mit konzentrierter Salpetersäure: $3\,As_4O_6 + 8\,HNO_3 + 14\,H_2O \rightarrow 12\,H_3AsO_4 + 8\,NO$. Sie bildet farblose Kristalle vom Schmelzpunkt 36,1 °C, die sich leicht in Wasser zu einer starken dreiwertigen Säure lösen. Ihre Salze, die *Arsenate*, sind den Phosphaten sehr ähnlich. Sie wirken aber bereits als Oxydationsmittel, so oxydieren sie in saurer Lösung Iodid zu Iod: $AsO_4^{3-} + 2\,I^- + 2\,H^+ \rightarrow AsO_3^{3-} + I_2 + H_2O$. Durch Entwässern von Arsensäure erhält man das weiße kristalline *Arsen(V)-oxid:* $2\,H_3AsO_4 \rightleftharpoons As_2O_5 + 3\,H_2O$. Alle Arsenverbindungen sind stark giftig.

Antimon(V)-oxid wird am besten durch Hydrolyse von Antimonpentachlorid mit verdünnter Ammoniaklösung erhalten: $2\,SbCl_5 + 10\,NH_3 + 5\,H_2O \rightarrow Sb_2O_5 + 10\,NH_4Cl$. Es ist in Wasser wenig löslich, das Verhalten der Lösung zeigt, daß in ihr eine einwertige Säure, die *Hexahydroxoantimon(V)-säure* $H[Sb(OH)_6]$ vorliegt: $Sb_2O_5 + 7\,H_2O \rightleftharpoons 2\,H[Sb(OH)_6]$. Auch in den Salzen, wie dem Kaliumhexahydroxoantimonat(V) $K[Sb(OH)_6]$ und dem Lithiumantimonat(V) $LiSbO_3$ hat Antimon die Koordinationszahl 6, im letzteren als Ketten kantenverknüpfter SbO_6-Oktaeder (Abb. 43).

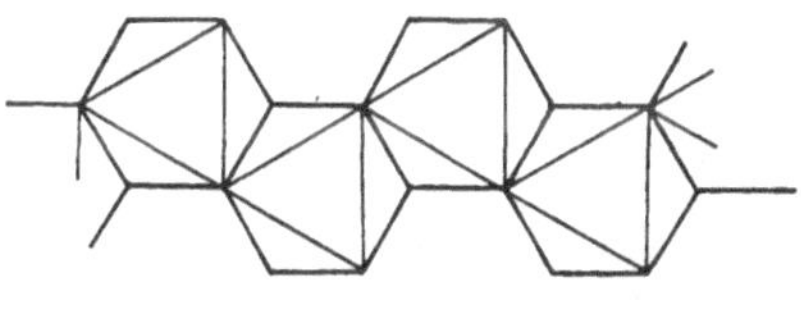

Abb. 43. Kantenverknüpfte SbO_6-Oktaeder im Lithiumantimonat(V)

Alkalibismutate(V) lassen sich aus Bismut(III)-hydroxid oder -oxid mit starken Oxydationsmitteln herstellen, z. B.: $Bi_2O_3 + 3\,Na_2O_2 \rightarrow 2\,Na_3BiO_4 + 1/2\,O_2$. Sie sind nützliche, sehr starke Oxydationsmittel für präparative und analytische Zwecke.

Aus den Sauerstoffsäuren lassen sich die wichtigsten Schwefelverbindungen darstellen. Leitet man Schwefelwasserstoff in eine salzsaure Arsenitlösung, so fällt das gelbe *Arsen(III)-sulfid* As_2S_3, das eine Schichtstruktur besitzt: $2\,H_3AsO_3 + 6\,H_2S \rightarrow As_2S_3 + 6\,H_2O$. Verwendet man eine Arsenatlösung, so bildet sich durch die reduzierende Wirkung des Schwefelwasserstoffs die gleiche Verbindung: $2\,H_3AsO_4 + 5\,H_2S \rightarrow As_2S_3 + 2\,S + 8\,H_2O$. Das Arsen(III)-sulfid löst sich in Alkali- oder Ammoniumsulfidlösung zu

Thioarsenit[1]) $As_2S_3 + 3Na_2S \rightarrow 2Na_3AsS_3$. Mit einer schwefelhaltigen Sulfidlösung (Polysulfidlösung, s. 10.2.) entsteht das Thioarsenat: $As_2S_3 + 3(NH_4)_2S + 2S \rightarrow 2(NH_4)_3AsS_4$.

Das Verhalten der Antimonverbindungen ist dem der Arsenverbindungen sehr ähnlich, das gelbrote *Antimon(III)-sulfid* Sb_2S_3 wird in gleicher Weise gebildet und zu Thioantimonit- und Thioantimonatlösung aufgelöst. Dagegen bildet sich das dunkelbraune Bismut(III)-sulfid beim Einleiten von Schwefelwasserstoff in Bismutsalzlösungen, löst sich aber nicht in Sulfidlösungen.

12. Vierte Hauptgruppe

Die Elemente der vierten Hauptgruppe des Periodensystems Kohlenstoff, Silicium, Germanium, Zinn und Blei zeigen den bereits aus der bisherigen Behandlung der Hauptgruppenelemente bekannten

Tabelle 19
Eigenschaften der Elemente der Vierten Hauptgruppe

Element	Schmelzpunkt (°C)	Siedepunkt (°C)	Dichte ($g \times cm^{-3}$)	Atomradius (pm)	Elektronegativität
Kohlenstoff	3700	3850	3,5[1]) 2,2[2])	77	2,5
Silicium	1423	2630	2,33	117	1,8
Germanium	959	2700	5,35	122	1,8
Zinn	231,8[3])	2430	6,54[3])	140	1,8
Blei	327,4	1750	11,34	175	1,9

[1]) Diamant
[2]) Graphit
[3]) metallisches γ-Zinn

Übergang zu zunehmendem Metallcharakter und abnehmender Beständigkeit der höchsten Oxydationsstufe bei Zunahme der Ordnungszahl. Einige ihrer Eigenschaften sind in Tab. 19 zusammengestellt. Die Verbindungen der beiden ersten Elemente der Gruppe haben in unserer Umwelt eine besondere Bedeutung: *Kohlenstoff-*

[1]) In *Thioverbindungen* sind Sauerstoffatome der Bezugsverbindungen durch Schwefel ersetzt.

verbindungen sind Träger des Lebens auf der Erde und in umgewandelter Form Hauptbestandteil der fossilen Energieträger Kohle, Erdöl und Erdgas; *Siliciumverbindungen* sind in einer Vielfalt von Silicatmineralen der Baustoff der Erdkruste. Die herausragende Stellung steht im Zusammenhang mit der gemeinsamen Elektronenkonfiguration ns^2p^2, die bei beiden Elementen durch die *sp^3-Hybridisierung* (s. 4.2.) die Ausbildung von vier gleichwertigen, tetraedrisch angeordneten Bindungen erlaubt. Da die Anzahl der Bindungen gleich der Anzahl der Valenzelektronen ist, liegt sowohl räumlich als auch ladungsmäßig eine hohe Symmetrie vor. Die Valenzelektronen des Kohlenstoffs besitzen eine besonders hohe Ladungsdichte in Kernnähe, wie auch aus dem kleinen Atomradius und der verhältnismäßig hohen Elektronegativität (Tab. 19) hervorgeht. Dadurch sind starke Element-Element-Bindungen möglich, deren Bindungsenergie etwa 350 kJ $\times$ mol^{-1} beträgt. Jedes Kohlenstoffatom kann so bis zu vier andere Kohlenstoffatome binden und ausgedehnte Ketten-, Ring-, Schicht- und Raumnetzstrukturen aufbauen. Darüber hinaus ist sowohl zwischen den Kohlenstoffatomen als auch mit Stickstoff- oder Sauerstoffatomen durch Überlappung einfach besetzter p-Orbitale die Ausbildung von *Mehrfachbindungen* mit Bindungsenergien von 600 bis 870 kJ $\times$ mol^{-1} möglich. Auch die Kohlenstoff-Wasserstoff-Bindung ist mit einer Bindungsenergie von etwa 420 kJ $\times$ mol^{-1} von beachtlicher Stärke, da die etwa gleiche Elektronegativität beider Elemente zu einer nahezu unpolaren Atombindung mit hoher Elektronendichte führt. Die Vielfalt der möglichen Anordnungen an C—C- und H—C-Bausteinen bestimmt vorwiegend die beträchtliche Anzahl der organischen Kohlenstoffverbindungen.

Element-Element-Bindungen treten auch beim Silicium, Germanium und Zinn auf, doch werden sie zunehmend schwächer, die Bindungsenergie beträgt beim Silicium noch etwa 220 kJ $\times$ mol^{-1}, beim Zinn nur noch etwa 120 kJ $\times$ mol^{-1}. Demgegenüber beträgt die Bindungsenergie der Si—O-Bindung etwa 370 kJ $\times$ mol^{-1}, so daß die Bausteine der natürlich vorkommenden Silicate vorwiegend SiO_4-Tetraeder mit sp^3-hybridisiertem Silicium sind. Silicium und Germanium sind Halbmetalle und Halbleiter (s. 4.3.), deren Oxide einen sauren Charakter haben, während Zinn und Blei typische Metalle sind, die amphotere Oxide besitzen. Die normale Oxydationsstufe von Kohlenstoff und Silicium ist +4. Germanium, Zinn und Blei besitzen daneben noch Verbindungen der Oxydationsstufe +2, deren Beständigkeit zum Blei hin zunimmt, bei dem sie die charakteristischen Verbindungen sind.

12.1. Die Elemente

Im elementaren *Kohlenstoff* liegen ausgedehnte Strukturen mit starken Bindungen zwischen den Atomen vor, wie der hohe Schmelz- und Siedepunkt zeigen. Der Vergleich mit dem benachbarten gasförmigen Element Stickstoff (s. 11.1.) verdeutlicht den entscheidenden Einfluß der Bindungsverhältnisse auf die Elementeigenschaften. Kohlenstoff tritt in zwei Modifikationen auf, die sich stark voneinander unterscheiden: dem farblosen, kristallinen, außerordentlich harten *Diamant* und dem grauschwarzen, schmierig-weichen *Graphit*. Im Diamant ist jedes Kohlenstoffatom mit σ-Bindungen tetraedrisch an vier weitere Atome gebunden (sp^3-Hybridisierung); im Graphit liegen ebene Schichten vor, in denen jedes Kohlenstoffatom über drei σ-Bindungen mit drei anderen Atomen verbunden ist (sp^2-Hybridisierung), während das vierte Valenzelektron jedes Kohlenstoffatoms über die gesamte Schicht delokalisiert ist. Die Schichten sind durch schwache VAN-DER-WAALS-Kräfte aneinander gebunden. Diese Strukturen, die in Abb. 44 gegenübergestellt sind, erklären nicht nur die Härte- und Dichteunterschiede, sondern auch die elektrische Leitfähigkeit des Graphits. Durch den Schichtaufbau kann Graphit Einlagerungsverbindungen bilden, indem Alkalimetallatome oder Chlor- bzw. Ammoniakmoleküle zwischen den Schichten gebunden werden. Fluor und starke sauerstoffhaltige Oxydationsmittel ergeben Graphitfluorid und Graphitoxid, bei denen unter Erhaltung der Schichtstruktur die delokalisierten Elektronen Bindungen mit Fluor bzw. Sauerstoff eingehen.

Graphit und Diamant kommen in natürlichen Lagerstätten vor. Diamant ist in der selten auftretenden reinen, gut kristallisierten

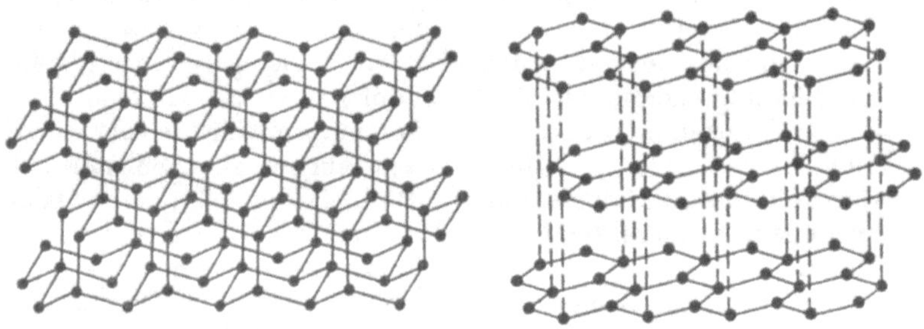

a) b)

Abb. 44. Strukturen von Diamant a) und Graphit b)

Form ein wertvoller Edelstein, kleinere und weniger reine Kristalle werden technisch auf Grund der großen Härte zum Bohren und Schleifen verwendet. Kleine künstliche Diamanten lassen sich in Hochdruckautoklaven aus Graphit bei etwa 3000 °C und 12 GPa erhalten. Graphit hat große Bedeutung als Werkstoff für Schmelztiegel und Elektroden, als Schmiermittel und in Kernreaktoren als Bremssubstanz für energiereiche Neutronen.

Kohlenstoff ist nur zu etwa 0,1 Gewichtsprozent am Aufbau der Erdkruste beteiligt. Mehr als 90% davon sind in den *Carbonaten* gebunden, die gebirgsbildend auftreten können, wie in Calciumcarbonat, das als *Kalkstein*, *Kreide* oder *Marmor* vorkommt und im *Dolomit* $CaCO_3 \times MgCO_3$. *Kohlendioxid* ist zu 0,03 Volumenprozent in der Luft und zu etwa 0,005 Gewichtsprozent in den Gewässern enthalten. Es wird bei der *Assimilation* von den grünen Pflanzen aufgenommen und in einer mehrstufigen Reduktionsreaktion unter Mitwirkung des Sonnenlichtes mit Wasser zu *Kohlehydraten*, wie Traubenzucker, Stärke und Cellulose umgesetzt. Diese Reaktion, die vereinfacht wie folgt angegeben werden kann:

$$6\,CO_2 + 6\,H_2O \rightarrow C_6H_{12}O_6 + 6\,O_2 \qquad \Delta H = +2820\ \text{kJ} \times \text{mol}^{-1},$$

liefert jährlich 1,5 bis $2{,}0 \times 10^{11}$ t Kohlehydrate, die die Nahrungsgrundlage für die Tiere und Menschen, sowie wichtige industrielle Rohstoffe darstellen und daneben noch große Mengen an Sauerstoff. Aus pflanzlichen und tierischen Stoffen sind durch Umwandlungen unter Luftabschluß im Verlaufe geologischer Zeiträume Kohle, Erdöl und Erdgas entstanden.

Durch Reaktion des Kohlenstoffs mit Elementen niederer oder etwa gleicher Elektronegativität bei hoher Temperatur entstehen die *Carbide*. Mit den elektropositivsten Metallen werden salzartige Carbide gebildet, deren Ionengitter neben den Metallkationen Carbidanionen, bevorzugt C^{4-}- und C_2^{2-}-Ionen enthalten. Von technischer Bedeutung ist die Darstellung des *Calciumcarbids* CaC_2 aus Kalk und Kohle im elektrischen Lichtbogenofen bei über 2000 °C: $CaO + 3\,C \rightarrow CaC_2 + CO$. Durch Umsetzung mit Wasser wird daraus das für organische Synthesen wichtige Ethin C_2H_2 (s. 12.2.) gewonnen: $CaC_2 + 2\,H_2O \rightarrow Ca(OH)_2 + C_2H_2$. Die Carbide mit C^{4-}-Ionen ergeben mit Wasser Methan CH_4 (12.2): $Al_4C_3 + 12\,H_2O \rightarrow 4\,Al(OH)_3 + 3\,CH_4$.

Silicium und Bor bilden die typisch kovalenten Carbide SiC und B_4C, die außerordentlich harte und reaktionsträge Festkörper mit sehr hohem Schmelzpunkt darstellen.

Viele Nebengruppenelemente ergeben Einlagerungscarbide, bei denen die kleinen Kohlenstoffatome Gitterlücken im Metallgitter besetzen. Diese Einlagerung verfestigt das Metallgitter und erhöht damit die Härte und den Schmelzpunkt, während die elektrische Leitfähigkeit erhalten bleibt.

Silicium bildet dunkelgraue, glänzende, harte und spröde Kristalle, die die Gitterstruktur des Diamants besitzen. Es ist ein wichtiger Halbleiter (s. 4.3.), im chemischen Verhalten überwiegen aber die nichtmetallischen Eigenschaften; in Säuren, außer Flußsäure, ist es unlöslich, wird aber leicht von Laugen zu Silicaten unter Wasserstoffentwicklung gelöst: $Si + 4NaOH \rightarrow Na_4SiO_4 + 2H_2$. Silicium ist mit einem Anteil von etwa 28% in der Erdkruste nach dem Sauerstoff das zweithäufigste Element und ebenso häufig wie alle übrigen Elemente zusammen. Es kommt in einer großen Anzahl unterschiedlicher *Silicate*, wie Feldspat, Ton, Glimmer u. a. (s. 12.5.) vor, aber auch als Siliciumdioxid, das hauptsächlich als *Quarz* (s. 12.5.) auftritt.

Die technische Darstellung des Siliciums erfolgt durch Reduktion von Quarz mit Kohle im elektrischen Ofen: $SiO_2 + 2C \rightarrow Si + 2CO$; als Laborverfahren auch mit Magnesium oder Aluminium: $3SiO_2 + 4Al \rightarrow 3Si + 2Al_2O_3$. Zur Herstellung von Reinstsilicium für die Halbleiterproduktion wird das technische Produkt in Siliciumtetrachlorid überführt, durch mehrfache Destillation gereinigt und mit Wasserstoff reduziert: $SiCl_4 + 2H_2 \rightarrow Si + 4HCl$. Anschließend erfolgt durch das Zonenschmelzverfahren eine Verminderung der Verunreinigungen auf weniger als 10^{-9} Atom% und die Züchtung von Einkristallen.

Germanium ist ein grauweiß glänzendes, sprödes Element, das ebenfalls große Bedeutung als Halbleiter besitzt. Im chemischen Verhalten ist es dem Silicium ähnlich, löst sich aber in Laugen nur unter Mitwirkung eines Oxydationsmittels zu Germanaten: $Ge + 2NaOH + 2H_2O_2 \rightarrow Na_2[Ge(OH)_6]$. Germanium kommt in der Natur in einigen seltenen Mineralen, wie Argyrodit $Ag_8[GeS_6]$ und Germanit $Cu_6Fe[Ge_2S_8]$, sowie in geringen Anteilen in Zinkerzen, Eisenerzen und Kohlen vor. Die Darstellung erfolgt durch Überführung in das Germaniumdioxid oder -tetrachlorid und Reduktion mit Kohlenstoff oder Wasserstoff; die Reinstdarstellung wie beim Silicium über das Tetrachlorid.

Zinn, ein schweres, silberglänzendes, weiches und dehnbares Metall, tritt in drei Modifikationen auf, dem metallischen β- und γ-Zinn und dem grauen, pulvrigen nichtmetallischen α-Zinn, die unterhalb 13,2 °C beständig ist und sich bei längerer Abkühlung des Metalls bildet (Zinnpest). Zinn löst sich in nichtoxydierenden Säuren zu Zinn(II)-salzen: $Sn + 2HCl \rightarrow SnCl_2 + H_2$, während mit oxydierenden Säuren in einer heftigen Reaktion Zinn(IV)-oxid ausfällt: $Sn + 4HNO_3 \rightarrow SnO_2 + 4NO_2 + 2H_2O$. Beim Kochen mit Alkalilaugen geht es unter Wasserstoffentwicklung als Hexahydroxostannat(IV) in Lösung: $Sn + 2NaOH + 4H_2O \rightarrow Na_2[Sn(OH)_6] + H_2$.

Das wichtigste Zinnerz ist der Zinnstein oder Kassiterit SnO_2, aus dem es durch Reduktion mit Kohle gewonnen wird:

$$SnO_2 + 2C \rightarrow Sn + 2CO.$$

Blei ist ein sehr schweres (Tab. 19), bläulichgraues, weiches und biegsames Metall, das sich an der Luft mit einer widerstandsfähigen Oxidschicht überzieht. Es ist unlöslich in Salz- und Schwefelsäure und wird auch von Salpetersäure nur zum Blei(II)-nitrat gelöst: $Pb + 2HNO_3 \rightarrow Pb(NO_3)_2 + H_2$. Sein Hauptvorkommen ist der Bleiglanz PbS. Die Gewinnung des Metalls kann daraus nach dem Röstreduktionsverfahren durch Erhitzen des Erzes an der Luft: $2PbS + 3O_2 \rightarrow PbO + 2SO_2$ und Umsetzung des Oxids mit Kohle: $2PbO + C \rightarrow 2Pb + CO_2$ erfolgen. Nach dem Röstreaktionsverfahren wird unvollständig geröstet und das Gemisch unter Luftabschluß erhitzt: $2PbO + PbS \rightarrow 3Pb + SO_2$. Bei beiden Verfahren wird das gebildete Schwefeldioxid der Schwefelsäuregewinnung (s. 10.3.) zugeführt.

12.2. *Wasserstoffverbindungen*

Die Wasserstoffverbindungen des Kohlenstoffs, die *Kohlenwasserstoffe*, besitzen aus den schon in der Einleitung dieses Kapitels genannten Gründen eine große Beständigkeit und Vielfalt möglicher Ketten- und Ringstrukturen. Die kettenförmigen Verbindungen teilt man nach den vorliegenden Bindungsverhältnissen in unterschiedliche Reihen ein. Die *Alkane* oder *Paraffinkohlenwasserstoffe* mit der allgemeinen Formel C_nH_{2n+2} und dem *Methan* CH_4 als einfachste Verbindung besitzen ausschließlich Einfachbindungen zwischen den Kohlenstoffatomen. Einige Alkane sind in Tab. 20 zusammengestellt. Ab Butan tritt die Erscheinung der *Strukturisomerie* auf, indem „geradkettige"[1]) und verzweigte Strukturen

[1]) Tatsächlich ist die Kohlenstoffkette natürlich wegen der tetraedrischen Anordnung der Orbitale im Kohlenstoffatom gewinkelt.

auftreten. Die Anzahl der möglichen Verzweigungen und damit der Isomeren steigt mit zunehmender Kettenlänge rasch an; sie beträgt beim Butan 2, Heptan 9, Pentadecan 4347 und Eicosan 366319. Die in Tab. 20 angegebenen physikalischen Eigenschaften beziehen sich auf die geradkettigen „Normalalkane", die verzweigten Alkane gleicher Kohlenstoffzahl haben niedrigere Siede- und Schmelzpunkte, z. B. das Octanisomere 2,5-Dimethylhexan einen Schmelzpunkt von $-121,2\,°C$ und einen Siedepunkt von $106,8\,°C$ (vgl. Octan in Tab. 20).

Tabelle 20

Geradkettige Alkane C_nH_{2n+2}

Name	Formel	Schmelzpunkt (°C)	Siedepunkt (°C)	Dichte ($g \times cm^{-3}$)
Methan	CH_4	−183	−161,5	
Ethan	C_2H_6	−172	−88,6	
Propan	C_3H_6	−188	−42,2	
Butan	C_4H_{10}	−135	− 0,5	
Pentan	C_5H_{12}	−130	36,1	0,626
Hexan	C_6H_{14}	−95	68,7	0,659
Heptan	C_7H_{16}	−91	98,4	0,684
Octan	C_8H_{18}	−57	125,7	0,703
Nonan	C_9H_{20}	−54	150,8	0,718
Decan	$C_{10}H_{22}$	−30	174,1	0,730
Pentadecan	$C_{15}H_{32}$	10	260,6	0,769
Eikosan	$C_{20}H_{42}$	37	342,7	0,78
Triakontan	$C_{30}H_{62}$	66	446,4	0,79

Die *Alkene* oder *Olefine* C_nH_{2n} enthalten eine Doppelbindung in der Kohlenstoffkette, der einfachste Vertreter ist das *Ethen* C_2H_4 (früher als Äthylen bezeichnet). Die *Alkine* C_nH_{2n-2} mit dem *Ethin* C_2H_2 (früher Acetylen) als Grundkörper verfügen über eine Dreifachbindung.

Methan ist der Hauptbestandteil des Erdgases, die höheren Alkane sind im Erdöl enthalten und werden im großen Umfang als Brennstoff, Kraftstoff und Chemierohstoff verwendet. Die Alkene und Alkine sind wichtige Zwischenprodukte bei der Herstellung von Plasten und anderen Erzeugnissen der chemischen Industrie.

Silicium bildet ebenfalls Wasserstoffverbindungen der allgemeinen Formel Si_nH_{2n+2}, die den Alkanen entsprechen und *Silane* genannt werden. Ihre Stabilität ist durch die schwächere Si—Si-

Bindung auf die ersten Glieder bis zum Hexasilan Si_6H_{14} begrenzt. Am beständigsten ist das Monosilan SiH_4, die übrigen sind an der Luft selbstentzündlich und verbrennen zu Siliciumdioxid und Wasser, z. B.: $Si_3H_8 + 5O_2 \rightarrow 3SiO_2 + 4H_2O$. Silane entstehen bei der Umsetzung von Siliciden, wie Magnesiumsilicid mit Säuren: $Mg_2Si + 4HCl \rightarrow SiH_4 + 2MgCl_2$. Daneben kennt man noch *Polysilen* $(SiH_2)_x$ und *Polysilin* $(SiH)_x$ als gelbliche, hochpolymere, wenig beständige Feststoffe.

Als Germaniumwasserstoffverbindungen sind sowohl die den Alkanen entsprechende Reihe der *Germane* bis zum Nonagerman Ge_9H_{20} als auch polymere unbeständige Verbindungen bekannt. Das Zinn bildet nur die beiden *Stannane* SnH_4 und Sn_2H_6; das *Plumban* PbH_4 läßt sich lediglich noch in Spuren darstellen.

12.3. Halogenverbindungen

Gemäß der besprochenen Beständigkeit der Oxydationsstufen sind bei den leichteren Elementen Kohlenstoff und Silicium die Tetrahalogenide stabil, während beim Übergang vom Germanium zum Blei die Dihalogenide zunehmend beständiger werden. So sind die *Kohlenstofftetrahalogenide* flüchtige, nicht brennbare, mit Wasser nicht mischbare Stoffe, deren chemische und thermische Beständigkeit vom Kohlenstofftetrafluorid zum Kohlenstofftetraiodid abnimmt. Die wichtigste Verbindung ist das *Kohlenstofftetrachlorid* (auch Tetrachlorkohlenstoff genannt) CCl_4, eine farblose Flüssigkeit von süßlichem Geruch mit einem Siedepunkt von 76,7 °C. Ihre Herstellung erfolgt durch die Chlorierung von Methan: $CH_4 + 4Cl_2 \rightarrow CCl_4 + 4HCl$ oder Kohlenstoffdisulfid: $CS_2 + 2Cl_2 \rightarrow CCl_4 + 2S$. Kohlenstofftetrachlorid wird als Lösungsmittel in der Industrie und bei der chemischen Reinigung sowie als Feuerlöschmittel verwendet. Die Tetrahalogenide können auch verschiedene Halogenatome enthalten, z. B.: $CFCl_3$, CF_2Cl_2, CF_3Cl. Die fluorhaltigen Verbindungen werden als Umlaufmittel in Kühlanlagen und als Treibgase in Sprühdosen (z. B. für Parfüm) eingesetzt.

Die *Siliciumtetrahalogenide* zeigen den gleichen Stabilitätsabfall vom Fluorid zum Iodid wie die Kohlenstoffverbindungen. Da die Bindungsenergie der Si—F-Bindung (570 kJ $\times$ mol^{-1}) die der Si—O-Bindung (370 kJ $\times$ mol^{-1}) wesentlich übersteigt, entsteht *Siliciumtetrafluorid* als ein sehr stabiles farbloses, stechend riechendes Gas mit einem Sublimationspunkt von −95,7 °C stets bei der Reaktion von Siliciumsauerstoffverbindungen mit Flußsäure, z. B.: $SiO_2 + 4HF \rightleftharpoons SiF_4 + 2H_2O$. Wie die Umsetzungsgleichung zeigt, wird die Siliciumtetrafluoridbildung durch ein wasserentziehendes Mittel wie konzentrierte Schwefelsäure gefördert. Leitet man dagegen das Gas in Wasser, so tritt Hydrolyse als Rückreaktion ein, die aber unvollständig ist, da die entstehende Flußsäure mit noch nicht umgesetztem Siliciumtetrafluorid die starke und beständige *Hexafluorokieselsäure* bildet: $2HF + SiF_4 \rightarrow H_2[SiF_6]$. Bildung und Hydrolyse des Siliciumtetrafluorids werden zum Siliciumnachweis verwendet.

Siliciumtetrachlorid $SiCl_4$, eine farblose, an der Luft rauchende Flüssigkeit mit einem Siedepunkt von 56,7 °C, wird durch Umsetzung der Elemente oder Erhitzen eines Gemisches von Siliciumdioxid und Kohle im Chlorstrom gewonnen: $SiO_2 + 2C + Cl_2 \rightarrow SiCl_4 + 2CO$. Durch Wasser wird es hydrolytisch in die instabile Orthokieselsäure und Chlorwasserstoff gespalten: $SiCl_4 + 4H_2O \rightarrow H_4SiO_4 + 4HCl$. Diese Reaktion zeigt die höhere Reaktionsfähigkeit von Verbindungen des Siliciums gegenüber gleichartigen des Kohlenstoffs: Kohlenstofftetrachlorid reagiert nicht mit Wasser. Siliciumtetrachlorid ist Ausgangsprodukt für Halbleitersilicium, indem es nach einer Feinreinigung durch Destillation mit Wasserstoff umgesetzt wird (s. 12.1.) sowie für sehr feinteiliges Siliciumdioxid, das durch Hydrolyse in einer Knallgasflamme hergestellt wird:

$$2H_2 + O_2 \rightarrow 2H_2O, \qquad SiCl_4 + 2H_2O \rightarrow SiO_2 + 4HCl$$

Die *Germanium(IV)-halogenide* sind den Siliciumverbindungen ähnlich, doch entsteht beim Überleiten von Germaniumtetrachloriddampf über erhitztes Germanium leicht *Germanium(II)-chlorid* als eine feste, stark riechende Verbindung: $GeCl_4 + Ge \rightleftharpoons 2GeCl_2$, die mit Salzsäure eine stark reduzierende Lösung ergibt.

Auch die *Zinn(II)-halogenide* sind gute Reduktionsmittel. *Zinn(II)-chlorid* kann durch Auflösen von Zinn in Salzsäure erhalten werden: $Sn + 2HCl \rightarrow SnCl_2 + H_2$. Beim Verdünnen der Lösung tritt Protolyse ein: $SnCl_2 + H_2O \rightleftharpoons Sn(OH)Cl + HCl$. Zinn(II)-chlorid ist für eine Vielzahl von Reduktionsreaktionen geeignet; so werden Gold, Silber und Quecksilber aus ihren Salzlösungen ausgefällt, wobei die Reduktion beim Quecksilber über das unlösliche (Quecksilber(I)-chlorid Hg_2Cl_2 abläuft: $2HgCl_2 + SnCl_2 \rightarrow Hg_2Cl_2 + SnCl_4$, $Hg_2Cl_2 + SnCl_2 \rightarrow Hg + SnCl_4$. Als weitere

Reaktionen in saurer Lösung seien die Reduktion von Eisen(III)-salzen und von Schwefeldioxid genannt: $2\,FeCl_3 + SnCl_2 \rightarrow 2\,FeCl_2 + SnCl_4$, $SO_2 + 3\,SnCl_2 + 6\,HCl \rightarrow H_2S + 3\,SnCl_4 + 2\,H_2O$. Auch der Luftsauerstoff wird langsam zu Wasser reduziert: $O_2 + 2\,SnCl_2 + 4\,HCl \rightarrow 2\,H_2O + 2\,SnCl_4$.

Zinn(IV)-chlorid $SnCl_4$ läßt sich als eine farblose, an der Luft rauchende Flüssigkeit vom Siedepunkt 113,9 °C aus den Elementen darstellen: $Sn + 2\,Cl_2 \rightarrow SnCl_4$. Mit wenig Wasser bildet es eine halbfeste kristalline Masse der Zusammensetzung $SnCl_4 \times 5\,H_2O$, die Zinnbutter genannt wird. Leitet man in eine konzentrierte Lösung Chlorwasserstoffgas ein, so kristallisiert die Hexachlorozinn(IV)-säure als Hexahydrat $H_2[SnCl_6] \times 6\,H_2O$ in farblosen Blättchen aus. Die *Blei(II)-halogenide* sind wenig wasserlöslich und fallen als weiße, bzw. im Fall des Bleiiodids goldglänzende Kristalle aus, wenn man Blei(II)-salzlösungen mit Lösungen versetzt, die die jeweiligen Halogenidionen enthalten, z. B.: $Pb(NO_3)_2 + 2\,NaCl \rightarrow PbCl_2 + 2\,NaNO_3$. Leitet man Chlor in eine Aufschlämmung von Blei(II)-chlorid in rauchender Salzsäure, so entsteht das Blei(IV)-chlorid: $PbCl_2 + Cl_2 \rightarrow PbCl_4$. Die leicht zersetzliche Verbindung kann aus der Lösung durch Zugabe von Ammoniumchlorid als gelbes *Ammoniumhexachloroplumbat(IV)* $(NH_4)_2[PbCl_6]$ gefällt werden. Durch Eintragen des Salzes in gekühlte konzentrierte Schwefelsäure erhält man das Blei(IV)-chlorid als schweres gelbes Öl: $(NH_4)_2[PbCl_6] + H_2SO_4 \rightarrow PbCl_4 + (NH_4)_2SO_4 + 2\,HCl$, das sich sehr leicht und heftig in Blei(II)-chlorid und Chlor zersetzt.

12.4. Sauerstoffverbindungen des Kohlenstoffs

Die wichtigsten Oxide des Kohlenstoffs sind das Kohlenmonoxid CO und das Kohlendioxid CO_2. Beide bilden sich nebeneinander, wenn bei der Herstellung von *Generatorgas* in Schachtöfen Kohle mit Luft umgesetzt wird. Im unteren Teil des Ofens verbrennt die Kohle mit dem Luftüberschuß zu Kohlendioxid: $C + O_2 \rightarrow CO_2$ $\Delta H = -394\ kJ \times mol^{-1}$, wobei Temperaturen von über 1000 °C entstehen. Dabei reagiert das Kohlendioxid mit dem überschüssigen Kohlenstoff zu *Kohlenmonoxid*: $CO_2 + C \rightleftharpoons 2\,CO$, $\Delta H = 173\ kJ \times mol^{-1}$. Diese endotherme Reaktion ist also mit der exothermen Rückreaktion zu einem Gleichgewicht, dem Boudouard-*Gleichgewicht*, verbunden, das bei allen technischen Verfahren zu beachten ist, bei denen Sauerstoffverbindungen mit Kohlenstoff reduziert werden. Es liegt bei Temperaturen über 1000 °C praktisch vollständig auf der Kohlenmonoxidseite, bei weniger als 400 °C auf der Kohlendioxidseite. Die Gesamtreaktion bei der Generatorgaserzeugung ist also im wesentlichen: $2C + O_2 \rightarrow 2CO \quad \Delta H = -221\ kJ \times mol^{-1}$ und die Zusammensetzung des Gases beträgt etwa 25% Kohlenmonoxid, 4% Kohlendioxid, 70% Stickstoff. Im Laboratorium kann Kohlenmonoxid durch Eintropfen von Ameisensäure HCOOH (Methansäure) in konzentrierte Schwefelsäure hergestellt werden: $HCOOH + H_2SO_4 \rightarrow CO + H_3O^+ + HSO_4^-$. Es ist ein farb- und geruchloses brennbares Gas mit einem Siedepunkt von −191 °C. Unter Normalbedingungen ist es unbegrenzt haltbar und zerfällt erst bei höheren Temperaturen nach dem BOUDOUARD-Gleichgewicht. Diese für eine Kohlenstoffverbindung der Oxydationsstufe +2 ungewöhnliche Stabilität wird durch die in Abschnitt 4.2 besprochenen Bindungsverhältnisse verständlich, die denen des Stickstoffmoleküls entsprechen und durch die Valenzstrichformel $|\overset{\ominus}{C}\equiv\overset{\oplus}{O}|$ wiedergegeben werden können. Auch die physikalischen Eigenschaften beider Gase sind sehr ähnlich.

Kohlenmonoxid verbrennt mit charakteristischer hellblauer Flamme zu Kohlendioxid: $CO + 1/2\,O_2 \rightarrow CO_2 \quad \Delta H = -284\ kJ \times mol^{-1}$. Bei der Umsetzung mit Wasserstoff entstehen je nach Reaktionsbedingungen und Art des Katalysators unterschiedliche Produkte: Methanol CH_3OH, höhere Alkohole oder Kohlenwasserstoffe (FISCHER-TROPSCH-Synthese). Während mit Wasser keine Rückreaktion vom Kohlenmonoxid zur Ameisensäure stattfindet, wird mit Natriumhydroxid bei 210 °C und einem Druck von 0,6 bis 0,8 MPa ihr Natriumsalz, das Natriumformiat gebildet: $CO + NaOH \rightarrow HCOONa$, aus dem durch Umsetzung mit starken Säuren die freie Ameisensäure gewonnen werden kann.

Als Reduktionsmittel hat Kohlenmonoxid technische Bedeutung bei der Metallgewinnung aus den Oxiden, im größten Umfang bei der Eisengewinnung im Hochofen (s. 16.5.), die sich stark vereinfacht wie folgt wiedergeben läßt: $Fe_2O_3 + 3CO \rightarrow 2Fe + 3CO_2$.

In einer weiterführenden Reaktion können aus den Metallen der fünften bis achten Nebengruppe oder ihren Verbindungen mit Kohlenmonoxid *Metallcarbonyle* entstehen, z. B.: $Ni + 4CO \rightarrow Ni(CO)_4$, $Re_2O_7 + 17CO \rightarrow Re_2(CO)_{10} + 7CO_2$, $2CoBr_2 + 8CO + 2Zn \rightarrow CO_2(CO)_8 + 2ZnBr_2$; $RuI_3 + 5CO + 3Ag \rightarrow Ru(CO)_5 + 3AgI$. Die einkernigen Carbonyle sind flüchtige Verbindungen, unlöslich in Wasser, aber löslich in organischen Lösungsmitteln, meist stark giftig. Die mehrkernigen Carbonyle sind oft thermisch leicht zersetzlich. Die Zusammensetzung der einkernigen Carbonyle läßt sich meist dadurch erklären, daß durch den Einbau je eines Elektronenpaares jedes Kohlenmonoxidmoleküls in die Elektronenhülle des Metalls eine Edelgaskonfiguration erreicht wird. Bei den mehrkernigen Carbonylen sind zusätzlich noch Metall-Metall-Bindungen zu berücksichtigen. Zur Erklärung der starken Metall-

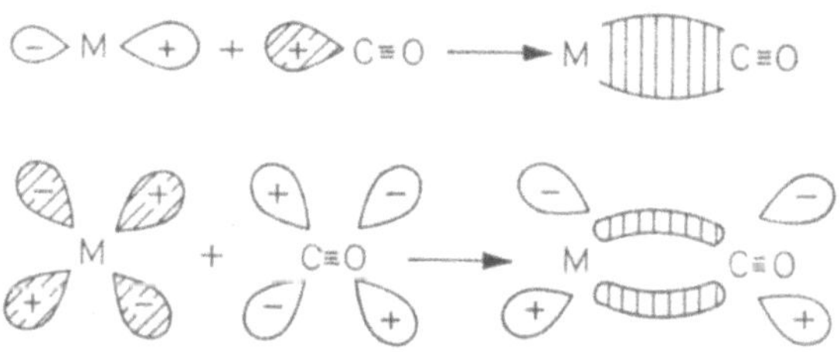

Abb. 45. Schematische Darstellung der Rückgabebindung bei Metallcarbonylen

Kohlenstoff-Bindung in den Carbonylen reicht aber die schwache σ-Bindung nicht aus, die das freie Elektronenpaar am Kohlenstoff mit einem unbesetzten Atomorbital des Metalls bilden kann. Man nimmt daher die Bildung einer zusätzlichen π-Bindung durch die Überlappung eines besetzten d-Atomorbitals des Metalls mit einem unbesetzten antibindenden Molekülorbital des Kohlenstoffs (s. 4.2.) an, wie es Abb. 45 schematisch wiedergibt. Durch die *Rückgabebindung* tritt eine Bindungsverstärkung ein. Kohlenmonoxid ist sehr giftig, weil es beim Einatmen an den roten Blutfarbstoff Hämoglobin, einen Eisenkomplex, fest gebunden wird, so daß dieser keinen Sauerstoff mehr aufnehmen kann und innere Erstickung eintritt. Technisch werden die Metallcarbonyle als Zwischenprodukte bei der Reindarstellung von Metallen wie Nickel und Eisen sowie als Katalysatoren bei vielen chemischen Synthesen genutzt.

Das *Kohlendioxid* CO_2 ist — wie bereits oben erwähnt — das Endprodukt der Kohlenstoffverbrennung und damit eine sehr stabile Verbindung, deren Bindungsverhältnisse am besten nach dem VB-Verfahren (4.2) beschrieben werden: $|\overset{\oplus}{O}\equiv C-\overset{\ominus}{\underline{O}}| \leftrightarrow \langle O=C=O \rangle \leftrightarrow |\overset{\ominus}{\underline{O}}-C\equiv\overset{\oplus}{O}|$. Der kurze C—O-Abstand von 116 pm deutet auf eine Elektronendelokalisierung hin. Kohlendioxid ist ein farb- und geruchloses Gas, das mit einem Litergewicht von 1,98 etwa eineinhalb Mal schwerer ist als Luft. Es läßt sich unter Druck leicht verflüssigen und erstarrt beim Entspannen zu einem eisähnlichen festen Stoff (Trockeneis), der einen Sublimationspunkt von −78 °C hat und als Kühlmittel dient.

Kohlendioxid kommt zu 0,03 Vol.% in der Luft vor, wird von den Pflanzen bei der Assimilation (Kap. 7) aufgenommen und zu Kohlehydraten $C_6H_{12}O_6$ umgesetzt. Beim tierischen und menschlichen Stoffwechsel wird es in der Gegenreaktion $C_6H_{12}O_6 + 6\,O_2 \rightarrow 6\,CO_2 + 6\,H_2O$, $\Delta H = -2830\ \text{kJ} \times \text{mol}^{-1}$ rückgebildet, die die Energie für die Lebensvorgänge liefert. Kohlendioxid ist in Mineralquellen (Sauerbrunnen) enthalten und strömt, vor allem in vulkanischen Gegenden, aus Erdspalten. Die Bildung erfolgt dabei wie beim Kalkbrennen durch eine thermische Carbonatzersetzung $CaCO_3 \rightarrow CaO + CO_2$. Im Laboratorium erhält man es am besten im KIPPschen Apparat (s. Abb. 46) aus Marmor und Säure: $CaCO_3 + 2\,HCl \rightarrow CaCl_2 + CO_2 + H_2O$. In Wasser löst sich Kohlendioxid unter Normaldruck zu gleichen Volumenanteilen. Nach den folgenden Gleichgewichten liegt es dabei vorwiegend in hydratisierter Form vor, reagiert aber auch teilweise weiter, so daß eine schwach saure Lösung entsteht: $CO_2 + H_2O \rightleftharpoons CO_{2aq}$ $H_3O^+ + HCO_3^-$. Daneben tritt in der Lösung zu etwa 0,1% die *Kohlensäure* H_2CO_3 auf. Bei der Umsetzung von Kohlendioxid mit Laugen lassen sich zwei Reihen von Salzen erhalten, die *Hydrogencarbonate*, wie Natriumhydrogencarbonat $NaHCO_3$ und die *Carbonate* wie Natriumcarbonat Na_2CO_3 (Soda) oder Kaliumcarbonat (Pottasche). Kohlendioxid wird daher technisch zur Herstellung dieser Salze, sowie als milde Säure in Getränken (Selters, Sekt) und als Feuerlöschmittel verwendet.

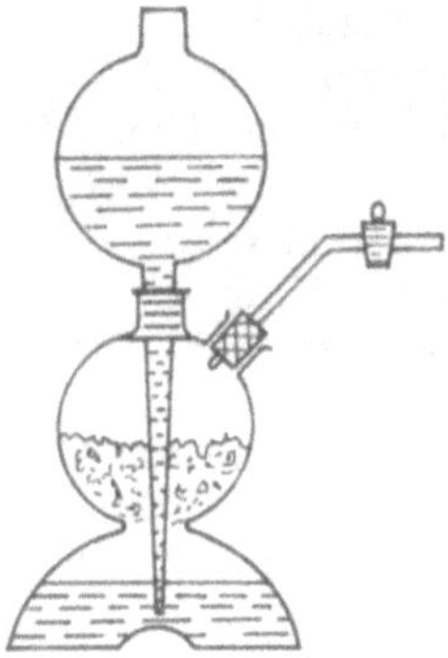

Abb. 46. KIPPscher Apparat

12.5. Sauerstoffverbindungen des Siliciums

Siliciumdioxid ist im auffälligen Gegensatz zum gasförmigen Kohlendioxid ein harter Festkörper mit dem sehr hohen Schmelzpunkt von 1705 °C. Die Ursache liegt darin, daß keine Si—O-Doppelbindungen und damit SiO_2-Moleküle vorliegen, sondern das Silicium über sp^3-Hybridorbitale (s. 4.2.) durch starke polare Atombindungen vier Sauerstoffatome bindet, wobei die gebildeten SiO_4-Tetraeder über gemeinsame Ecken zu einem dreidimensionalen Gitter verbunden sind.

Siliciumdioxid kommt in der Natur vor allem als *Quarz*, in geringerem Umfang in den metastabilen Hochtemperaturformen[1]) *Tridymit* und *Cristobalit* vor. Gut ausgebildete farblose Quarzkristalle, die als Bergkristall bezeichnet werden, sowie die durch natürliche Beimengungen gefärbten Abarten, wie der violette *Amethyst*, der braune *Rauchquarz* oder der rötliche *Rosenquarz* finden Verwendung als Schmucksteine. Quarz wird allgemein wegen seiner hohen chemischen und thermischen Widerstandsfähigkeit und seines hohen Schmelzpunktes für die Herstellung von Laborgeräten (Quarzglas, Quarzgut), wegen seiner Durchlässigkeit für ultraviolette Strahlung für optische Geräte sowie als Steuerquarz in der Elektronik verwendet.

Auf Grund seiner festen Gitterstruktur wird Siliciumdioxid von Säuren — außer Flußsäure (s. 12.3.) — nicht angegriffen und auch von Basen nur langsam bei erhöhter Temperatur gelöst. Beim Schmelzen mit Alkalihydroxiden oder -carbonaten bilden sich Gemische von Silicaten, z. B.: $SiO_2 + 2NaOH \rightarrow Na_2SiO_3 + H_2O$, $2SiO_2 + 3Na_2CO_3 \rightarrow Na_6Si_2O_7 + 3CO_2$. Ihre wäßrigen Lösungen sind als *Wasserglas* bekannt und dienen zum Kitten von Porzellan und Glas, zum Leimen von Papier sowie als Flammenschutzmittel für Holz und Gewebe. Beim Ansäuern sehr verdünnter Silicatlösungen entsteht die *Orthokieselsäure* H_4SiO_4, eine sehr schwache Säure, die leicht Kondensationsreaktionen eingeht, wobei sich unter Wasserabspaltung als erstes Reaktionsprodukt die Orthodikieselsäure $H_6Si_2O_7$ bildet: $2H_4SiO_4 \rightarrow H_6Si_2O_7 + H_2O$. Weitere Kondensationsreaktionen führen zu einer Vielfalt von Strukturtypen, wie sie in der riesigen Anzahl mineralisch vorkommender

[1]) *Metastabile Zustände* gehen oft nur mit außerordentlich geringen Reaktionsgeschwindigkeiten in die unter den jeweiligen Bedingungen stabilen Zustände über, so daß sie praktisch beständig sind.

Silicate auftreten. Die wichtigsten sind in Abb. 47 dargestellt und mit Beispielen belegt. Sie enthalten als allen gemeinsames Strukturelement das SiO_4-Tetraeder, das über gemeinsame Sauerstoffatome mit einer unterschiedlichen Anzahl weiterer Tetraeder verbunden sein kann. Die *Monosilicate* (Inselstrukturen) enthalten unverbundene SiO_4^{4-}-Anionen. Bei den *Disilicaten* sind in den $Si_2O_7^{6-}$-Anionen zwei Tetraeder über ein gemeinsames Sauerstoffatom verbunden. Die weitere Kondensation führt zu den *Kettensilicaten* mit polymeren $(SiO_3^{2-})_n$-Anionen, die sich formal von der tatsächlich nicht existierenden *Metakieselsäure* H_2SiO_3 ableiten. Zwei miteinander verbundene Ketten ergeben *Bandsilicate*, deren Vertreter häufig auch in fasrigen Formen auftreten. Die *Ringsilicate* (Cyclosilicate) bestehen aus Ringstrukturen unterschiedlicher Größe, in denen die SiO_4-Tetraeder über zwei Sauerstoffatome verbunden sind. Ihre weitere Kondensation führt zu den *Schicht*- oder *Blattsilicaten* (Phyllosilicaten), in denen ausgedehnte Schichten von Tetraedern vorliegen, die über drei Ecken verbunden sind. Die Vernetzung über die noch verbleibende Tetraederecke führt schließlich zur Raumstruktur des Siliciumdioxids. Ein Teil der Siliciumatome kann durch Aluminiumatome ersetzt werden, die eine positive Kernladung weniger besitzen. Dann müssen zusätzliche Kationen eingebaut werden, um die Elektroneutralität zu erreichen und es werden die *Alumosilicate* gebildet, als deren Vertreter vor allem die *Feldspate* wie Orthoklas (Kalifeldspat) $K[AlSi_3O_8]$ und Anorthit (Kalkfeldspat) $Ca[Al_2Si_2O_8]$ sehr verbreitet sind. In den Silicaten können sich im allgemeinen Kationen ähnlicher Größe im Gitter leicht ersetzen, sie haben dadurch eine Kationenzusammensetzung, die eine gewisse Schwankungsbreite aufweist. Besonders ausgeprägt ist das Austauschvermögen bei den Alumosilicaten vom Typ des *Permutits* $Na[AlSiO_4] \times H_2O$ und *Zeoliths* $Na[AlSi_2O_6] \times H_2O$, die ihre Natriumionen leicht gegen Calcium- und Magnesiumionen austauschen und deshalb zur Wasserenthärtung (s. 14.2.) verwendet werden, z. B.: $2 Na[AlSiO_4] \times H_2O + CaSO_4 \rightleftharpoons Ca[AlSiO_4]_2 \times H_2O + Na_2SO_4$. Durch Behandeln mit einer konzentrierten Natriumchloridlösung läßt sich im Sinne der Rückreaktion die Austauschfähigkeit der Verbindungen wieder herstellen.

Bei der Verwitterung silicatischer Minerale — vor allem der Feldspate — entstehen die *Tone*, die heterogene Stoffe mit *Kaolinit* (Porzellanerde) $[Al_4(OH)_8][Si_4O_{10}]$ und *Montmorillonit* $[Al_2(OH)_2][Si_4O_{10}]$ als Hauptbestandteile darstellen. Sie gehören, wie ihre Formeln zeigen (Abb. 47), zur Gruppe der Schichtsilicate und enthalten eine Schichtenfolge von eckenverknüpften SiO_4-Tetraedern

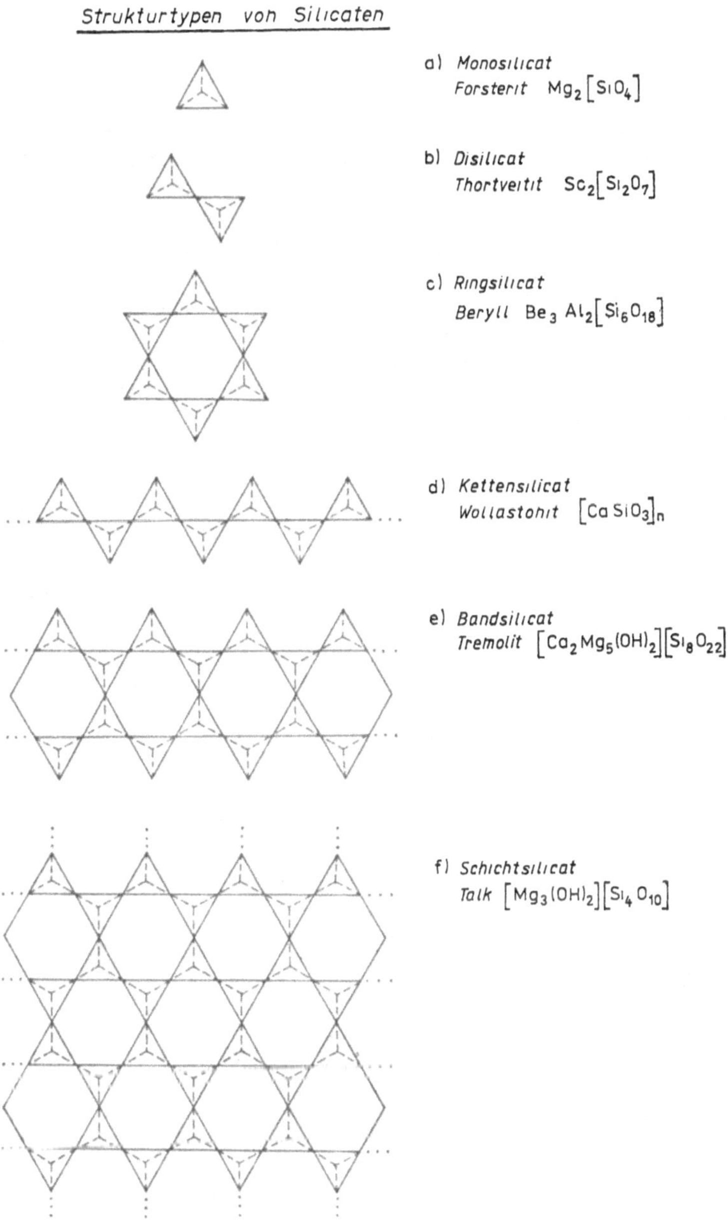

Abb. 47. Strukturtypen von Silicatanionen

und über gemeinsame Hydroxidgruppen verbundene AlO_6-Oktaeder. Zwischen den Schichten kann Wasser eingelagert werden; die Tone sind damit quellfähig und leicht zu Gebrauchsgegenständen verformbar. Tone mit beigemengtem Eisenoxid und Sand werden als *Lehm*, mit Calciumcarbonat als *Mergel* bezeichnet.

Zur Herstellung von *Porzellan* und *Tonwaren* werden dem Ton Feldspat und Quarz als Magerungs- und Flußmittel zugesetzt. Beim Erhitzen auf 800 bis 1600 °C („Brennen“) wird zuerst Wasser abgegeben und anschließend werden in silicatchemischen Reaktionen glasige Anteile und nadelförmiger *Mullit* $3Al_2O_3 \times 2SiO_2$ gebildet, vereinfacht etwa: $3[Al_4(OH)_8][Si_4O_{10}] \rightarrow 6Al_2O_3 \times 4SiO_2 + 8SiO_2 + 12H_2O$. Porzellan, das aus reinen Rohstoffen bei hohen Temperaturen hergestellt wird, besteht aus einer dichten, durchscheinenden Grundmasse von Quarzglas, die von verfilzten Mullitkristallen und ungelösten Quarzkörnern durchsetzt ist.

Schmilzt man Quarzsand mit Soda und Kalkstein, so erhält man wasserunlösliches *Silicatglas*, z. B. das Normalglas: $6SiO_2 + Na_2CO_3 + CaCO_3 \rightarrow Na_2O \times CaO \times 6SiO_2 + 2CO_2$. Dieses Glas enthält unregelmäßige Anordnungen eckenverknüpfter SiO_4-Tetraeder mit eingelagerten Natrium- und Calciumionen. Durch die Veränderung der Zusammensetzung kann man die Eigenschaften der Gläser ihren vielfältigen Anwendungsgebieten anpassen, z. B. führt der Einbau von Aluminiumionen zur Erhöhung der chemischen Beständigkeit, von Bleiionen zur Verstärkung der Lichtbrechung und von Kaliumionen zur Härtung und Erhöhung des Schmelzpunktes. *Gläser* sind homogene Stoffe, die amorph, d. h. ohne kristalline Ordnung aus einer Schmelze erstarren. Sie besitzen keinen scharfen Schmelzpunkt, sondern gehen innerhalb eines bestimmten Temperaturbereiches vom festen über den zähflüssigen in den leichtflüssigen Zustand über. Die Silicatgläser sind am weitesten verbreitet, aber die Neigung zur Glasbildung ist auch bei den Phosphaten und Boraten stark ausgeprägt.

Wird fein gemahlener tonhaltiger Kalkstein bzw. ein Gemisch von Ton und Kalkstein bei etwa 1450 °C gebrannt, so entsteht *Zement*, der hauptsächlich aus Tricalciumsilicat $3CaO \times SiO_2$, Dicalciumsilicat $2CaO \times SiO_2$ und Tricalciumaluminat $3CaO \times Al_2O_3$ besteht. Zement reagiert mit Wasser in noch nicht genau bekannten Reaktionen, bei denen ein feines Gefüge verfilzter Kristalle entsteht und die auch unter Wasser zu einer steinartigen Erhärtung führen. *Beton* ist ein Gemisch von Zement und Zuschlagstoffen, vor allem Kies und Sand.

12.6. Sauerstoff- und Schwefelverbindungen des Germaniums, Zinns und Bleis

Die Abstufungen der Elementeigenschaften der 4. Hauptgruppe (s. Einleitung zu diesem Kap.) zeigen sich auch deutlich an den jeweiligen Sauerstoffverbindungen. *Germaniumdioxid* GeO_2, ein weißes Pulver vom Schmelzpunkt 1115 °C, löst sich leicht in Laugen zu *Germanaten*: $GeO_2 + 4\,NaOH \rightarrow Na_4GeO_4 + H_2O$, die den Silicaten ähnlich sind, aber auch oktaedrische Baugruppen ent-

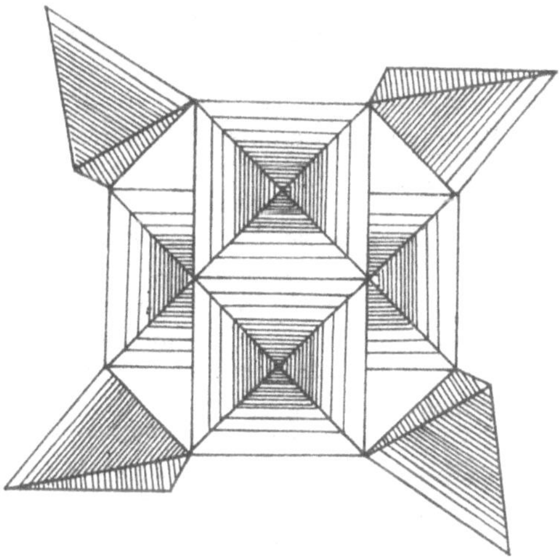

Abb. 48. Struktur des Polygermanations $[Ge_8O_{16}(OH)_3(H_2O)_5]^{3-}$

halten können, wie Abb. 48 dokumentiert. *Zinndioxid* SnO_2, ein weißes Pulver, das oberhalb 1800 °C sublimiert, ist schwerlöslich in Säuren und Laugen, wird aber von Alkalihydroxiden in der Schmelze zu *Stannat* gelöst: $SnO_2 + 2\,NaOH \rightarrow Na_2SnO_3$, das aus wäßriger Lösung als Hydroxostannat(IV) $Na_2[Sn(OH)_6]$ auskristallisiert. Im *Freiberger Aufschluß* erhält man durch Schmelzen mit Soda und Schwefel wasserlösliches *Thiostannat*: $2\,SnO_2 + 2\,Na_2CO_3 + 9\,S \rightarrow 2\,Na_2SnS_3 + 3\,SO_2 + 2\,CO_2$. Das chemisch und thermisch sehr beständige Zinndioxid dient zur Herstellung weißer Glasuren und Emails sowie als Trübungsmittel. *Bleidioxid*

PbO_2, eine schwarzbraune kristalline Verbindung, die bereits beim Erwärmen Sauerstoff abspaltet, ist amphoter mit überwiegend saurem Verhalten. Es läßt sich aus Blei(II)-salzen nur durch starke Oxydationsmittel herstellen, z. B. aus Bleiacetat und Chlorkalk: $Pb(CH_3COO)_2 + CaCl(OCl) + H_2O \rightarrow PbO_2 + 2CH_3COOH + CaCl_2$. Bleidioxid ist daher selbst ein wirksames Oxydationsmittel, z. B. entsteht beim Erhitzen mit konzentrierter Salzsäure Chlor: $PbO_2 + 4HCl \rightarrow PbCl_2 + Cl_2 + 2H_2O$. Mit basischen Oxiden entstehen die *Orthoplumbate(IV)*: $PbO_2 + 2CaO \rightarrow Ca_2PbO_4$. Die rote *Mennige* Pb_3O_4 ist ein Blei(II)-orthoplumbat-(IV) Pb_2PbO_4. Sie entsteht beim Erhitzen von feinverteiltem Blei-(II)-oxid bei 500 °C im Luftstrom: $3PbO + 1/2O_2 \rightarrow Pb_3O_4$ und wird in Anstrichen als Rostschutzmittel, für Akkumulatorplatten, Kitte und als Pigment verwendet.

Der *Bleiakkumulator* ist das gebräuchlichste Gerät zum Speichern elektrischer Energie. Er besteht aus mehreren Zellen von je zwei Bleiplatten, die in 20 bis 30%ige Schwefelsäure eintauchen (Abb. 49). Im geladenen Zustand ist die Kathode mit einer porösen Schicht von Bleischwamm, die Anode mit Bleidioxid bedeckt. Beim Entladungsvorgang erfolgt eine Komproportionierung zum Blei-(II)-sulfat, wobei die an der Kathode freiwerdenden Elektronen über den äußeren Teil des Stromkreises an die Anode gelangen und dort das Bleidioxid reduzieren. Beim Laden wird durch eine angelegte Spannung die Rückreaktion erzwungen. Die Gesamtreaktion läßt sich wie folgt schreiben: $Pb + PbO_2 + 2H_2SO_4 \rightleftharpoons 2PbSO_4 + 2H_2O$. Da beim Entladen Schwefelsäure verbraucht wird, kann der Ladungszustand des Akkus durch die Messung der Säurekonzentration über die Dichte geprüft werden.

Die Monoxide werden beim Übergang vom Germanium zum Blei zunehmend beständiger. Während das Germanium- und Zinnmonoxid nur mit Hilfe von Reduktionsmitteln aus den Verbindungen der höheren Oxydationsstufe erhalten werden können, entsteht das gelbe Blei(II)-oxid (*Bleiglätte*) bei Überleiten von Luft aus geschmolzenem Blei. Zinn(II)-oxid löst sich in Alkalilauge zu Tri- und Tetrahydroxostannat(II) $[Sn(OH)_3]^-$ bzw. $[Sn(OH)_4]^{2-}$. Blei-(II)-oxid ist überwiegend basisch; an der Luft bildet es in Gegenwart von Kohlendioxid ein basisches Bleicarbonat $Pb(OH)_2 \times PbCO_3$, das technisch als *Bleiweiß* hergestellt wird und wegen seiner guten Farbeigenschaften als Pigmentfarbe Verwendung findet, obwohl alle Bleiverbindungen giftig sind. Bleidioxid wird außerdem zur Herstellung von Bleiglas, Glasuren und Porzellanfarben eingesetzt.

Die *Schwefelverbindungen* lassen sich als schwerlösliche Niederschläge aus sauren wäßrigen Lösungen durch Einleiten von Schwefelwasserstoff ausfällen. Dabei entstehen das weiße Germanium(IV)-sulfid GeS_2 (nur aus stark saurer Lösung), das gelbe Zinn(IV)-sulfid, das braune Zinn(II)-sulfid und das schwarze Blei(II)-sulfid. Die Germanium- und Zinnverbindungen lösen sich

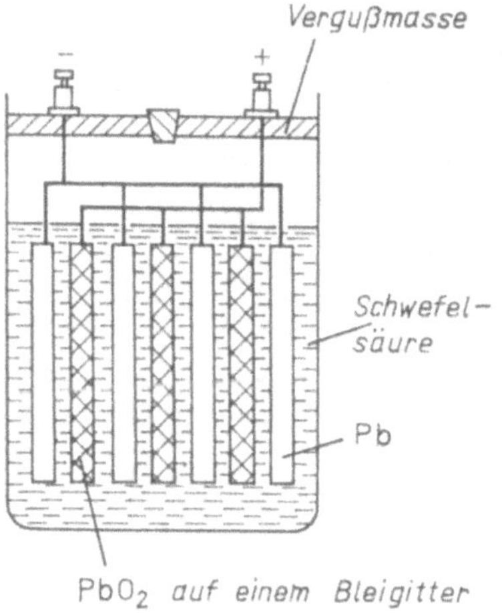

Abb. 49. Bleiakkumulator

in Ammoniumsulfidlösung zu den Thiosalzen (s. 11.6.): $GeS_2 + (NH_4)_2S \rightarrow (NH_4)_2GeS_3$, $SnS_2 + (NH_4)_2S \rightarrow (NH_4)_2SnS_3$. Zinn(II)-sulfid löst sich nur in gelber Polysulfidlösung, wobei es zum Thiostannat(IV) oxydiert wird: $SnS + (NH_4)_2S_2 \rightarrow (NH_4)_2SnS_3$. Die Fällungs- und Auflösungsreaktionen werden zum analytischen Nachweis der drei Elemente verwendet.

13. Dritte Hauptgruppe

Von den Elementen der dritten Hauptgruppe Bor, Aluminium, Gallium, Indium und Thallium (Tab. 21) sind Aluminium und die höheren Homologen typische Metalle, die entsprechend der allgemeinen Valenzelektronenkonfiguration ns^2p dreifach positiv geladene Kationen bilden. Die Beständigkeit der Oxydationsstufe +1 nimmt zum Thallium zu und ist dort die vorherrschende. Bor ist nicht in der Lage, Kationen zu bilden, da die dafür notwendige Ionisierungsenergie so hoch ist, daß sie nicht durch die Gitterenergie ionischer Verbindungen oder die Solvatationsenergie der gelösten Ionen ausgeglichen werden kann. Bor ist ein Halbleiter

Tabelle 21
Eigenschaften der Elemente der Dritten Hauptgruppe

Element	Schmelzpunkt (°C)	Siedepunkt (°C)	Dichte ($g \times cm^{-3}$)	Atomradius (pm)	Elektronegativität
Bor	2400	2550	2,34	80	2,0
Aluminium	660,2	2270	2,70	125	1,5
Gallium	29,78	2344	5,904[1])	125	1,6
Indium	156,4	2000	7,31	150	1,7
Thallium	305,6	1457	11,83	155	1,8

[1]) flüssig: 6,095

und ähnelt in seinen Eigenschaften, wie denen seiner Verbindungen, dem Silicium. Diese *Schrägbeziehung* im Periodensystem zeigt sich hier darin, daß beide Elemente harte Festkörper mit Halbleitereigenschaften sind, ihre Oxide farblose, harte Festkörper mit Raumnetzstruktur darstellen, von denen sich schwache Säuren mit einer starken Neigung zu Kondensationsreaktionen ableiten und ihre Wasserstoffverbindungen luft- und feuchtigkeitsempfindliche Molekülverbindungen sind. Da Bor allerdings nur über drei Valenzelektronen verfügt, setzt die Vierbindigkeit eine Elektronenaufnahme voraus oder erfordert die Annahme von Mehrzentrenbindungen (s. 13.2.). Verbindungen, wie die der Elemente der dritten Hauptgruppe, die weniger Valenzelektronen als verfügbare Orbitale besitzen, nennt man *Elektronenmangelverbindungen.*

13.1. Die Elemente

Kristallines *Bor* ist ein schwarzgrauer, sehr harter, schwer schmelzbarer und reaktionsträger Festkörper. Es tritt in mehreren Modifikationen auf, die alle B_{12}-Ikosaeder (Zwanzigflächner, Abb. 50) als charakteristische Struktureinheiten enthalten. Bor kommt in der Natur vor allem als Natriumtetraborat mit unterschiedlichem Kristallwassergehalt in den Mineralen *Borax* $Na_2B_4O_7 \times 10\,H_2O$ und *Kernit* $Na_2B_4O_7 \times 4\,H_2O$ vor. Zur Bordarstellung werden diese mit Salz- oder Schwefelsäure in Borsäure überführt: $Na_2B_4O_7 + H_2SO_4 + 5\,H_2O \rightarrow 4\,H_3BO_3 + Na_2SO_4$, durch Glühen Bor-

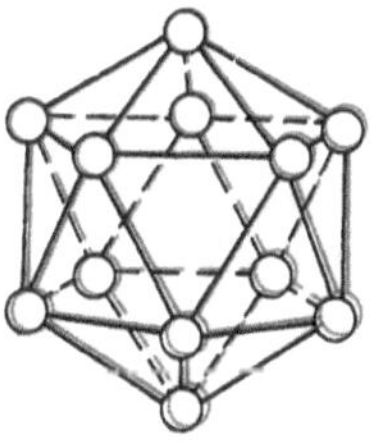

Abb. 50. Ikosaeder

trioxid hergestellt: $2\,H_3BO_3 \rightarrow B_2O_3 + 3\,H_2O$ und dieses in einer Salzschmelze elektrolysiert, wobei sich an der Kathode kristallines Bor abscheidet. Ähnlich dem Kohlenstoff (s. 12.1.) reagiert Bor bei hoher Temperatur mit Metallen und bildet *Boride* unterschiedlicher Bindungsverhältnisse. Besondere Bedeutung besitzen die Boride der Nebengruppenelemente, die im allgemeinen harte, schwer schmelzbare und reaktionsträge Verbindungen mit oft ungewöhnlichen Eigenschaften darstellen. So besitzen das Zirkoniumborid ZrB_2 und das Titaniumborid TiB_2 eine elektrische und thermische Leitfähigkeit, die zehnmal höher ist, als die der Metalle und Schmelzpunkte, die etwa 1000 °C über denen der Metalle liegen. Die Nebengruppenmetallboride werden als hochtemperaturbeständige Werkstoffe, z. B. für Strahltriebwerke, Hochleistungsschneidlegierungen, Schmelztiegel und als Schleifmittel verwendet.

Aluminium ist ein silberweißes, leichtes, gut verformbares Metall, das an der Luft eine dünne, festhaftende Oxidschicht ausbildet, die das darunter liegende Metall vor weiterem chemischen Angriff schützt. Nichtoxydierende Säuren, wie Salzsäure, lösen zuerst die Oxidschicht und dann das Metall unter Wasserstoffentwicklung: $Al + 3\,HCl \rightarrow AlCl_3 + 3/2\,H_2$, während oxydierende Säuren, wie konzentrierte Salpetersäure, die Oxidschicht verstärken. Die Schutzwirkung kann noch gesteigert werden, wenn Aluminium als Anode in ein Elektrolysebad eingebracht wird; bei diesem *Eloxalverfahren* entstehen Oxidschichten von 10 bis 30 μm Dicke, die sich auch gut anfärben lassen.

Fein verteiltes Aluminium verbrennt allerdings beim Erhitzen mit grellweißem Licht und großer Wärmeentwicklung zu Aluminiumoxid: $2\,Al + 3/2\,O_2 \rightarrow Al_2O_3$, $\Delta H = -1590\ kJ \times mol^{-1}$. Diese Reaktion ist Grundlage der Elementdarstellung durch *Aluminothermie* und des Schweißens nach dem *Thermit-Verfahren.* Das Oxid des zu gewinnenden Elements (Chromium, Mangan, Silicium, Bor, Titanium, Vanadium, Cobalt) wird mit Aluminiumgruß gemischt und das Gemisch gezündet. Bei der Reaktionstemperatur von über 2000 °C scheidet sich das Element unter der Schlacke ab, die es vor der Rückreaktion durch den Luftsauerstoff schützt, z. B. $Cr_2O_3 + 2\,Al \rightarrow 2\,Cr + Al_2O_3$. Beim Thermit-Verfahren wird Eisenoxid eingesetzt und das flüssige Eisen zum Schweißen verwendet: $3\,Fe_3O_4 + Al \rightarrow 9\,Fe + 4\,Al_2O_3$. Aluminium ist mit einem Anteil von etwa 7% das häufigste Metall und dritthäufigste Element der Erdkruste. Die wichtigsten Vorkommen sind Feldspate, Glimmer, Tone (s. 12.5.) und für die technische Gewinnung der *Bauxit*, ein Gemenge von Aluminiumhydroxid und -oxidhydroxidmineralen, das durch Eisenoxid und wenig Silicium- und Titaniumdioxid verunreinigt ist. Die Verarbeitung erfolgt vorwiegend durch das Bayer-*Verfahren*, indem mit etwa 40%iger Natronlauge in Druckbehältern bei etwa 160···180 °C das Aluminium als Natriumaluminat herausgelöst wird: $AlOOH + NaOH + H_2O \rightarrow Na[Al(OH)_4]$, während die Verunreinigungen weitgehend als Rückstand (Rotschlamm) anfallen. Aus der filtrierten Aluminatlauge wird durch Verdünnen („Ausrühren") reines Aluminiumhydroxid ausgefällt: $Na[Al(OH)_4] \rightleftharpoons Al(OH)_3 + NaOH$, wobei die Abscheidung durch Zugabe von kristallinem Aluminiumhydroxid beschleunigt wird. Durch Glühen bei 1200 °C erfolgt dann die Entwässerung zu beständigem Aluminiumoxid Al_2O_3, technisch Tonerde genannt. Aus diesem wird das Aluminium durch Schmelzflußelektrolyse gewonnen. Da Aluminiumoxid den sehr hohen Schmelzpunkt von 2046 °C besitzt, löst man es zu Anteilen von 15 bis 20% in *Kryolith* $Na_3[AlF_6]$ und kann damit die Elektrolyse bei 950 °C durchführen. Die Elektrolysezellen bestehen aus Stahlwannen, die mit Kohleblöcken ausgelegt sind. Der Kohleboden bildet die Kathode, auf dem sich unter der Schmelze das flüssige Aluminium abscheidet. Die Anoden sind meist als Kohlestampfelektroden ausgebildet; mit ihnen reagiert der dort entwickelte Sauerstoff zu Kohlenmonoxid, so daß folgende Gesamtreaktion abläuft: $Al_2O_3 + 3\,C \rightarrow 2\,Al + 3\,CO$ $\Delta H = 1260\ kJ \times mol^{-1}$. Das verbrauchte Aluminiumoxid wird ständig ergänzt.

Aluminium wird wegen seiner guten elektrischen Leitfähigkeit, geringen Dichte, chemischen Widerstandsfähigkeit und günstigen Verarbeitungseigenschaften in der Elektrotechnik für Kabel, Drähte u. a., im chemischen Gerätebau und für Haushaltsgeräte, im Fahrzeug-, Schiffs- und Maschinenbau sowie als Aluminiumfolie für Verpackungszwecke verwendet. Außerdem ist es Bestandteil einer großen Anzahl verschiedenartiger Legierungen.

Gallium, *Indium* und *Thallium* sind weißglänzende, weiche und dehnbare Metalle, die zu geringen Anteilen vor allem in Zink- und Kupfererzen vorkommen. Ihre Gewinnung erfolgt gewöhnlich nach einer Anreicherung durch Elektrolyse aus wäßriger Lösung. Gallium und Indium finden Anwendung in der Halbleiterindustrie, Gallium wegen seines ausgedehnten Flüssigkeitsbereiches (Tab. 21) zur Füllung von Thermometern, Indium und Thallium auch als Legierungsbestandteile.

13.2. Wasserstoffverbindungen

Die Borwasserstoffverbindungen, die *Borane*, zeigen eine Vielfalt ungewöhnlicher Strukturen und Bindungsverhältnisse. Die einfachste Verbindung, die u. a. bei der Umsetzung von Bortribromid mit Wasserstoff in einer elektrischen Glimmentladung entsteht, tritt nicht als *Monoboran* BH_3, sondern als *Diboran* B_2H_6 auf, wie die Bestimmung der molaren Masse zeigt: $2\,BBr_3 + 6\,H_2 \rightarrow B_2H_6 + 6\,HBr$. Diboran ist ein farbloses, übelriechendes, luft- und feuchtigkeitsempfindliches Gas, dessen räumlichen Bau Abb. 51a) zeigt. Die beiden Boratome und die vier endständigen Wasserstoffatome liegen in einer Ebene, während die beiden Wasserstoffatome der B—H—B-Brücken oberhalb und unterhalb dieser Ebene angeordnet sind. Die Struktur entspricht damit zwei Tetraedern, die über eine gemeinsame Kante verbunden sind. Die endständigen Wasserstoffatome sind durch s—p—σ-Bindungen gebunden; dadurch stehen für die Bindungen in den B—H—B-Brücken nur noch ein Elektron vom Bor und ein Elektron vom Wasserstoff zur Verfügung, die eine Zweielektron-Dreizentren-Bindung ausbilden. Diese wird meist als bogenförmiges dreizentrisches Molekülorbital wie in Abb. 51b) wiedergegeben.

Die höheren Borane, die in den Reihen B_nH_{n+4} und B_nH_{n+6} auftreten, sind farblose, widerlich riechende, luft- und wasserempfindliche Flüssigkeiten oder Festkörper. Die Strukturen zweier Vertreter sind in Abb. 52 dargestellt. Man erkennt das Auftreten von

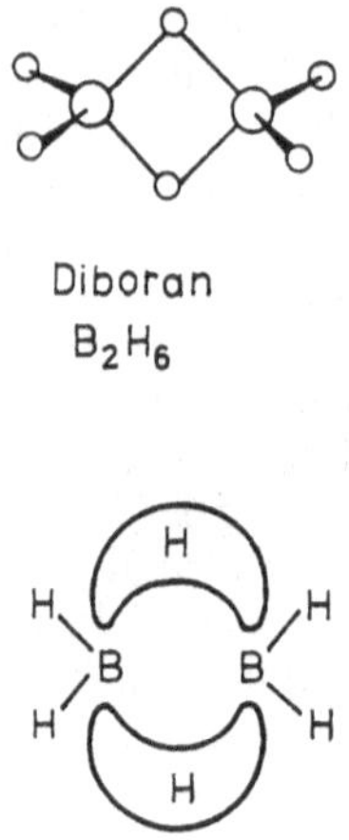

Abb. 51. Struktur und Bindungsverhältnisse des Diborans

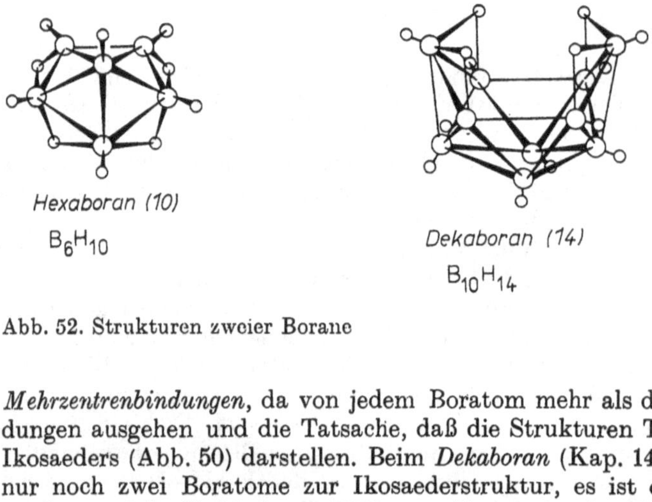

Abb. 52. Strukturen zweier Borane

Mehrzentrenbindungen, da von jedem Boratom mehr als drei Bindungen ausgehen und die Tatsache, daß die Strukturen Teile des Ikosaeders (Abb. 50) darstellen. Beim *Dekaboran* (Kap. 14) fehlen nur noch zwei Boratome zur Ikosaederstruktur, es ist eine besonders stabile Verbindung. Völlig geschlossen ist das Ikosaeder im Anion des Natriumboranats $Na_2B_{12}H_{12}$, das man durch Umsetzung von Diboran mit Natriumborhydrid erhält: $5\,B_2H_6 + 2\,NaBH_4 \rightarrow Na_2[B_{12}H_{12}] + 13\,H_2$. Durch Abwandlung dieser Reaktion lassen sich weitere polyedrische[1]) Ionen der allgemeinen

[1]) Polyedrisch bedeutet vielflächig, hier handelt es sich um räumliche Strukturen mit Dreiecken als Seitenflächen.

Zusammensetzung $B_nH_n^{2-}$ (z. B. $B_{10}H_{10}^{2-}$, $B_6H_6^{2-}$) herstellen, die delokalisierte Elektronensysteme besitzen und sich daher ähnlich den aromatischen Kohlenwasserstoffen verhalten. Schließt man die Ikosaederstruktur im Dekaboran (Kap. 14) durch eine C_2-Verbindung wie Ethin, wobei jedes Kohlenstoffatom ein Elektron mehr einbringt als ein Boratom, so bilden sich die ungeladenen *Carborane*, z. B.: $B_{10}H_{14} + C_2H_2 \rightarrow C_2B_{10}H_{12} + 2H_2$. Ersetzt man im Ikosaedergerüst weitere BH-Gruppen durch Metallionen, wie Eisen-, Cobalt- oder Manganionen, so erhält man die ebenfalls recht beständigen *Metallcarborane*.

Die Dreizentrenbindungen des Diborans lassen sich durch Elektronenübertragungsreaktionen aufspalten. So entstehen bei der Reduktion durch Alkali- oder Erdalkalimetalle ionische *Diboranate* mit B–B-Atombindung, z. B.: $B_2H_6 + 2K \rightarrow K_2[B_2H_6]$. Mit Verbindungen, die freie Elektronenpaare aufweisen, bilden sich vierfach koordinierte Anlagerungsverbindungen wie das *Trimethylaminboran*, indem die freien Elektronenpaare das leere p-Orbital am Bor besetzen: $B_2H_6 + 2N(CH_3)_3 \rightarrow 2H_3\overset{\ominus}{B} - \overset{\oplus}{N}(CH_3)_3$.

Beim Erhitzen von Bortrioxid mit Natriumhydrid bildet sich *Natriumboranat* $NaBH_4$: $2B_2O_3 + 4NaH \rightarrow NaBH_4 + 3NaBO_2$, das technisch aus Borax, Natrium und Wasserstoff hergestellt wird. Es ist, wie das entsprechende *Lithiumboranat* $LiBH_4$, ein weißer, kristalliner Feststoff, der vorwiegend als Reduktionsmittel, zur Herstellung von Diboran aus Borhalogeniden, z. B.: $4BF_3 + 3NaBH_4 \rightarrow 2B_2H_6 + 3NaBF_4$, sowie zur Darstellung anderer Metallborwasserstoffe verwendet wird.

Der Aluminiumwasserstoff, das *Alan* AlH_3, verhält sich dem Boran sehr ähnlich, tritt aber nicht dimer, sondern wegen der Verfügbarkeit von d-Orbitalen mit sechsfach koordiniertem Aluminium als hochpolymerer, leicht zersetzlicher Feststoff auf. Anlagerungsverbindungen wie Trimethylaminalan $H_3\overset{\ominus}{Al}-\overset{\oplus}{N}(CH_3)_3$ sowie Metallalanate werden wie im Falle des Bors gebildet. Von besonderer Bedeutung ist das *Lithiumalanat* $LiAlH_4$, ein weißer Feststoff, der aus Aluminiumchlorid und Lithiumhydrid hergestellt wird: $AlCl_3 + 4LiH \rightarrow LiAlH_4 + 3LiCl$. Es findet eine vielseitige Anwendung für Hydrierungen in der organischen Chemie und ist für die Herstellung vieler Wasserstoffverbindungen aus den Halogeniden gut geeignet, z. B. von Monosilan: $SiCl_4 + LiAlH_4 \rightarrow SiH_4 + LiAlCl_4$.

Die Wasserstoffverbindungen des Galliums und Indiums sind denen des Aluminiums ähnlich, aber weniger beständig.

13.3. Halogenverbindungen

Auch bei den Halogenverbindungen der Elemente der dritten Hauptgruppe tritt die Eigenheit als Elektronenmangelverbindungen und die steigende Beständigkeit der Oxydationsstufe +1 beim Übergang zu den schwereren Elementen deutlich hervor.

Borfluorid BF_3, ein farbloses, stechend riechendes Gas vom Siedepunkt −101 °C kann durch Erhitzen von Bortrioxid mit Flußspat und Schwefelsäure hergestellt werden: $B_2O_3 + 3\,CaF_2 + 3\,H_2SO_4 \rightarrow 2\,BF_3 + 3\,CaSO_4 + 3\,H_2O$. Mit Wasser reagiert es zur starken Tetrafluoroborsäure und Borsäure (s. 13.4.): $4\,BF_3 + 3\,H_2O \rightarrow 3\,HBF_4 + H_3BO_3$. Ähnlich dem Boran bildet es Anlagerungsverbindungen mit Stoffen, die über freie Elektronenpaare verfügen, z. B. wasserfreiem Ammoniak: $BF_3 + NH_3 \rightarrow F_3\overset{\ominus}{B}-\overset{\oplus}{N}H_3$. Borfluorid wird als Katalysator für eine Vielzahl von Reaktionen in der organischen Chemie sowie zur Fluorierung verwendet.

Borchlorid BCl_3 läßt sich als eine farblose Flüssigkeit mit einem Siedepunkt von 12,5 °C durch Erhitzen eines Gemisches von Bortrioxid und Kohle im Chlorstrom herstellen: $B_2O_3 + 3\,C + 3\,Cl_2 \rightarrow 2\,BCl_3 + 3\,CO$. Es wird durch Wasser zur Borsäure hydrolysiert, gibt mit Alkoholen aber durch Alkoholyse Borsäureester: $BCl_3 + 3\,C_2H_5OH \rightarrow B(OC_2H_5)_3 + 3\,HCl$ und bildet Anlagerungsverbindungen wie Borfluorid.

Aluminiumfluorid AlF_3, ein weißes Pulver, das bei 127,5 °C sublimiert und in Wasser, verdünnten Säuren und Alkalilaugen unlöslich ist, kann durch Überleiten von Fluorwasserstoff über Aluminium oder Aluminiumoxid bei Rotglut erhalten werden: $Al + 3\,HF \rightarrow AlF_3 + 3/2\,H_2$, $Al_2O_3 + 6\,HF \rightarrow 2\,AlF_3 + 3\,H_2O$. Es besitzt technische Bedeutung als Zusatz bei der Aluminiumherstellung durch Schmelzflußelektrolyse (s. 13.1.), wie auch der bekannteste Vertreter der Fluoroaluminate, der Kryolith $Na_3[AlF_6]$.

Aluminiumchlorid $AlCl_3$ erhält man in wasserfreier Form durch Umsetzung der Elemente: $2\,Al + 3\,Cl_2 \rightarrow 2\,AlCl_3$ oder durch Reduktion von Aluminiumoxid bei erhöhter Temperatur in Gegenwart von Chlor, z. B. $Al_2O_3 + 3\,C + 3\,Cl_2 \rightarrow 2\,AlCl_3 + 3\,CO$. Es ist ein farbloser[1]), kristalliner Feststoff, der bei 183 °C sublimiert.

In der Nähe der Sublimationstemperatur liegt das gasförmige Aluminiumchlorid als dimeres Molekül vor, das die Struktur eines über Chlorbrücken kantenverknüpften Doppeltetraeders hat. Mit steigender Temperatur nimmt der Anteil der monomeren trigonal-planaren Moleküle (Abb. 24) zu. Aluminiumchlorid ist stark hygroskopisch (d. h. wasseranziehend) und löst sich leicht in Wasser. Dabei entsteht eine Lösung, aus der sich beim Einengen farblose Kristalle von Hexaquoaluminiumchlorid $[Al(H_2O)_6]Cl_3$ abscheiden, die häufig auch als Aluminiumchloridhexahydrat $AlCl_3 \times 6\,H_2O$ geschrieben werden. Aluminiumsalzlösungen reagieren durch Protolyse (s. Kap. 8) sauer: $[Al(H_2O)_6]^{3+} + H_2O \rightleftharpoons [Al(OH)(H_2O)_5]^{2+} + H_3O^+$. Wasserfreies Aluminiumchlorid bildet viele Anlagerungsverbindungen mit elektronenliefernden Verbindungen, darunter auch Tetrachloroaluminate, wie $NaAlCl_4$ und $AgAlCl_4$. Diese Fähigkeit liegt auch seiner Verwendung als Halogenüberträger und Katalysator für verschiedenartige Reaktionen zugrunde, z. B. für Spaltungen und Dehydrierungen in der Kohlenwasserstoffverarbeitung.

Während Aluminiumchlorid in einem Ionengitter mit sechsfach koordinierten Aluminiumionen kristallisiert, zeigt sich der Übergang zur stärker kovalenten Bindung beim *Aluminiumbromid* darin, daß es in einem Molekülgitter auftritt, das Al_2Br_6-Moleküle enthält. *Aluminiumiodid* AlI_3, das aus den Elementen hergestellt werden kann, reagiert sehr heftig mit Wasser und zersetzt sich beim Erhitzen an der Luft in Aluminiumoxid und Iod.

Die *Galliumhalogenide* sind denen des Aluminiums ähnlich, ergeben aber durch Umsetzung mit metallischem Gallium bereits leicht Gallium(I, III)-verbindungen, wie das farblose Gallium(I)-tetrachlorogallat(III) vom Schmelzpunkt 170,5 °C: $4\,GaCl_3 + 2\,Ga \rightleftharpoons 3\,Ga[GaCl_4]$. Die Verbindung wurde früher als Galliumdichlorid $GaCl_2$ angesehen.

Die *Indium(I)-halogenide* können bereits aus den Elementen hergestellt werden, Indium(I)-chlorid zerfällt aber in wäßriger Lösung in Indium und Indium(III)-chlorid: $3\,InCl \rightarrow 2\,In + InCl_3$. Die *Thallium(I)-halogenide* sind die normalen Verbindungen und ähneln in ihrem Verhalten den Silber(I)-halogeniden. Thallium(III)-halogenide lassen sich durch die Anwendung von Halogenierungsmitteln aus den Thallium(I)-verbindungen erhalten.

---

[1]) Häufig durch Eisenchlorid als Verunreinigung gelblich gefärbt.

13.4. Sauerstoffverbindungen

Wie bereits betont, hat Bor nichtmetallische Eigenschaften (s. Einleitung Kap. 13) und das aus Borax darstellbare Bortrioxid B_2O_3 (s. 13.1.) ist das Anhydrid der Borsäure H_3BO_3, die es mit Wasser unter starker Wärmeentwicklung bildet: $B_2O_3 + 3\,H_2O \rightarrow 2\,H_3BO_3$. Bortrioxid hat eine ausgeprägte Neigung zur Ausbildung glasartiger Zustände, es ist nur schwer in der bei 450 °C schmelzenden kristallinen Form zu erhalten, meist tritt es als glasige hygroskopische Masse auf, die bei etwa 570 °C zu erweichen beginnt. Die *Borsäure* bildet schuppige, durchscheinende Blättchen, da sie in einem Schichtengitter auftritt, in dem die trigonal-planaren Borsäuremoleküle (Abb. 24) über Wasserstoffbrücken untereinander verbunden sind. Sie ist in Wasser nur wenig löslich und eine schwache Säure, deren Säurewirkung nicht auf einer Protonenabspaltung, sondern auf der Anlagerung eines Hydroxidions aus einem Wassermolekül beruht, worauf sich das freiwerdende Proton dann hydratisiert: $H_3BO_3 + H_2O \rightleftharpoons [B(OH)_4]^- + H^+_{aq}$. Durch Kondensationsreaktionen des Tetrahydroxoboratanions mit undissoziierten Borsäuremolekülen ist eine Vielzahl ketten- und ringförmiger *Boratanionen* möglich, von denen Abb. 53 einige Beispiele

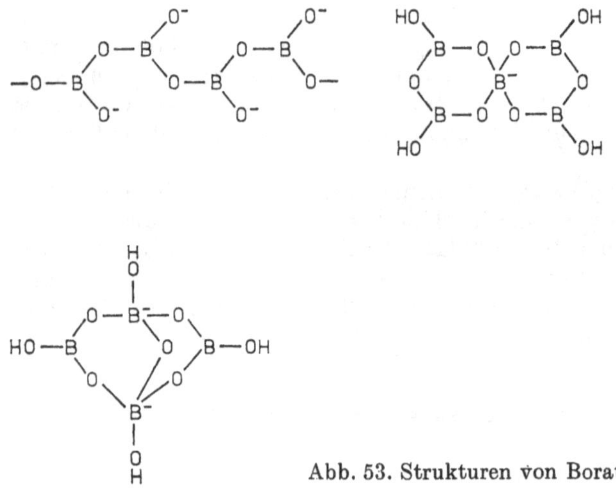

Abb. 53. Strukturen von Boratanionen

zeigt. Sie weisen eine gewisse Verwandtschaft zu den Silicatanionen auf („Schrägbeziehung“, s. Einleitung Kap. 13), allerdings sind bei ihnen sowohl trigonale als auch tetraedrische Einheiten möglich, wobei die tetraedrischen Einheiten je eine negative Ladung tragen. Berücksichtigt man beispielsweise den Bau des Tetraboratanions im *Borax* $Na_2B_4O_7 \times 10\,H_2O$, so ist seine Zusammensetzung als $[Na(H_2O)_4]_2[B_4O_5(OH)_4]$, (Abb. 53) zu schreiben. Zum Nachweis der Borsäure und Borate kann die Reaktion mit Methanol und konzentrierter Schwefelsäure als wasserentziehendem Mittel dienen, bei der sich der flüchtige *Borsäuremethylester* $B(OCH_3)_3$ bildet, der mit grüner Flamme brennt: $H_3BO_3 + 3\,CH_3OH \rightarrow B(OCH_3)_3 + 3\,H_2O$.

Borsäure und Borate werden in der Glas- und Emailleindustrie, für Glasuren in der Keramikindustrie, Borsäure auch zum Konservieren und zum Imprägnieren von Holz und Textilien eingesetzt. Borate sind außerdem Ausgangsprodukte für die „*Perborate*“, Anlagerungsverbindungen von Wasserstoffperoxid an Borate, die als Bestandteile von Wasch-, Bleich- und Desinfektionsmitteln verwendet werden.

Eine Besonderheit der Sauerstoffverbindungen des Aluminiums ist es, daß sie trotz einfacher stöchiometrischer Verhältnisse in mehreren Modifikationen vorkommen.

Aluminiumoxid Al_2O_3, technisch *Tonerde* genannt, ist Zwischenprodukt bei der industriellen Gewinnung von metallischem Aluminium (s. 13.1.). Es tritt in zwei Modifikationen mit unterschiedlicher Reaktionsfähigkeit auf. Das *α-Aluminiumoxid*, das in der Natur als Korund vorkommt, ist ein sehr harter, in Säuren und Laugen unlöslicher weißer Feststoff mit einem Schmelzpunkt von etwa 2055 °C. Es besteht aus einer hexagonal dichten Kugelpackung von Oxidionen, in deren Tetraederlücken (s. 4.3.) die Aluminiumionen sitzen. Auf Grund seiner großen Härte und Hitzebeständigkeit wird es als Schleif- und Poliermittel sowie zur Herstellung hochfeuerfester Massen verwendet. Durch Verschmelzen von α-Aluminiumoxid mit geringen Mengen anderer Metalloxide in der Knallgasflamme (Temperatur bis 3100 °C) lassen sich künstliche Edelsteine herstellen; mit etwa 0,3% Chromiumoxid entstehen rot gefärbte Rubine, mit etwa 0,2% Titaniumoxid und einer Spur Eisenoxid blau gefärbte Saphire. Beim Schmelzen mit der gleichen Molzahl an Magnesiumoxid entsteht der *Spinell* $MgAl_2O_4$, ein harter Feststoff mit einem Schmelzpunkt von 2135 °C, der rein farblos ist, durch Beimengungen aber rot, grün, blau oder violett gefärbt sein kann. Im Spinell bilden die Oxidionen eine kubisch dichte Kugelpackung, in deren Oktaederlücken im Normalfall Aluminiumionen und in deren Tetraederlücken Magnesiumionen eingelagert sind. Da auf jedes Oxidion zwei Tetraederlücken und eine Oktaederlücke kommen, ist in den Spinellen ein Achtel der Tetraeder- und die Hälfte der Oktaederlücken besetzt. Der Strukturtyp des Spinells bleibt erhalten, wenn die Aluminium- und Magnesiumionen durch bestimmte andere Ionen gleicher Ladung ersetzt werden. Besonders geeignet für den Austausch sind Eisen(III)-, Chromium(III)-, Mangan(III)- sowie Zink(II)-, Mangan(II)- und Eisen(II)-ionen. Beispiele dafür sind der Zinkspinell $ZnAl_2O_4$ (Gahnit), Chromspinell $FeCr_2O_4$ (Chromit), Magnetit Fe_3O_4 und Hausmannit Mn_3O_4.

Das γ-Aluminiumoxid[1]) ist hygroskopisch und löslich in Säuren und Laugen; es besitzt eine stark gestörte Spinellstruktur mit zahlreichen Leerstellen, bei der die Aluminiumionen teils in Oktaederlücken, teils in Tetraederlücken eingelagert sind. Es wird als Adsorptionsmittel, Katalysator und Katalysatorträger verwendet.

Aluminiumhydroxid $Al(OH)_3$ bildet drei Modifikationen, die allerdings keine grundsätzlichen Strukturunterschiede, sondern nur eine verschiedenartige Stapelung der Bausteine aufweisen:

Hydrargillit, das ein wichtiges Aluminiummineral ist und durch Einleiten von Kohlendioxid in Natriumaluminatlösung bei 80 °C hergestellt werden kann: $2\,Na[Al(OH)_4] + CO_2 \rightarrow 2\,Al(OH)_3 + Na_2CO_3$; *Bayerit*, der auf die gleiche Weise bei 20 °C entsteht und *Nordstrandit*, der sich bei der Alterung von stark wasserhaltigem Aluminiumhydroxid in Gegenwart stickstoffhaltiger Verbindungen bildet. Aluminiumhydroxid ist amphoter und löst sich deshalb in Säuren zu Aluminiumsalzlösungen, z. B.: $Al(OH)_3 + 3\,HCl + 3\,H_2O \rightarrow [Al(H_2O)_6]Cl_3$ und in Laugen zu Aluminatlösungen: $Al(OH)_3 + NaOH \rightarrow Na[Al(OH)_4]$. *Aluminiumoxidhydroxid* AlO(OH) tritt in den beiden Modifikationen *Böhmit* und *Diaspor* auf, die sich bei der Fällung aus Aluminiumsalzlösungen bei Temperaturen über 100 °C unter Druck bilden. Während Diaspor beim Erhitzen bei 420 °C in α-Aluminiumoxid übergeht, tritt diese Reaktion beim Böhmit erst bei etwa 1000 °C ein.

Unter den Aluminiumsalzen ist das *Aluminiumsulfat* $Al_2(SO_4)_3 \times 18\,H_2O$ die am häufigsten verwendete Verbindung. Es wird meist durch Auflösen von Aluminiumhydroxid in heißer konzentrierter

---

[1]) Die früher als β-Aluminiumoxid bezeichnete Form hat sich als Doppeloxid der Zusammensetzung $Na_2O \times 6\,Al_2O_3$ erwiesen.

Schwefelsäure dargestellt: $2\,Al(OH)_3 + 3\,H_2SO_4 \rightarrow Al_2(SO_4)_3 + 6\,H_2O$. Beim Eindampfen erhält man das Hydrat $Al_2(SO_4)_3 \times 16\,H_2O$ in rhombischen Prismen, bei gewöhnlicher Temperatur entsteht das Hydrat $Al_2(SO_4)_3 \times 18\,H_2O$ als farblose Nadeln. Beim Erhitzen der Hydrate auf Temperaturen über 340 °C bildet sich das wasserfreie Salz als weißes Pulver mit einem Schmelzpunkt von 770 °C. Aluminiumsulfat ist in Wasser gut löslich, die Lösung reagiert durch Protolyse sauer (s. 13.3.). Mischt man heiße konzentrierte Lösungen von Aluminiumsulfat und Kaliumsulfat, so kristallisiert beim Abkühlen das Doppelsalz *Alaun* (Kaliumaluminiumalaun) $KAl(SO_4)_2 \times 12\,H_2O$ in Oktaedern oder Würfeln von oft beträchtlicher Größe aus. Wie die Spinelle bilden die Alaune eine Verbindungsklasse mit austauschfähigen Kationen. Als einfach geladene Ionen können sie neben Kalium- auch Natrium-, Rubidium-, Caesium-, Ammonium- und Thalliumionen enthalten, als dreifach geladene Ionen neben Aluminium- auch Scandium-, Vanadium-, Chromium-, Titanium-, Mangan-, Eisen-, Cobalt-, Rhodium-, Gallium- oder Indiumionen. Die Alaune sind echte Doppelsalze, in verdünnter wäßriger Lösung liegen alle beteiligten Ionen (Me^+, Me^{3+}, SO_4^{2-}) nebeneinander vor und können somit chemisch nachgewiesen werden. Wegen ihrer leichten Gewinnbarkeit gehören die Alaune meist zu den praktisch wichtigsten Verbindungen ihrer Elemente. Unterwirft man eine Kaliumaluminiumalaunlösung durch Erhitzen über den Siedepunkt in einem Druckgefäß einer hydrothermalen Protolyse, so entsteht ein festes basisches Doppelsulfat, der *Alunit* $KAl_3(OH)_6(SO_4)_2$, der als Alaunstein auch mineralisch vorkommt. In einer Aluminiumsulfatlösung entsteht unter gleichen Bedingungen der *Oxoniumalunit* $(H_3O)Al_3(OH)_6(SO_4)_2$, in dem der Gitterplatz des Kaliumions durch das Oxoniumion (s. Kap. 8) eingenommen wird.

Kaliumsulfat wie Kaliumaluminiumalaun werden zum Gerben von Häuten, als Beizmittel in der Zeugfärberei, bei der Herstellung von Farblacken, zum Leimen von Papier und zur Wasserreinigung verwendet. Außerdem sind sie Ausgangsverbindungen zur Herstellung anderer Aluminiumsalze. So bildet sich bei der Umsetzung mit Bariumacetatlösung neben ausfallendem Bariumsulfat eine Aluminiumacetatlösung, die „*essigsaure Tonerde*" genannt wird: $Al_2(SO_4)_3 + 3\,Ba(CH_3COO)_2 \rightarrow 3\,BaSO_4 + 2\,Al(CH_3COO)_3$. In der Lösung wird durch Protolyse freie Essigsäure gebildet: $[Al(H_2O)_6]^{3+} + 3\,CH_3COO^- \rightleftharpoons [Al(OH)(H_2O)_5]^{2+} + CH_3COOH + 2\,CH_3COO^-$, so daß sie medizinisch als entzündungshemmendes und blutstillendes Mittel verwendet wird.

Das *Gallium(III)-oxid* und *-hydroxid* sind den entsprechenden Aluminiumverbindungen ähnlich, doch kann man bei hoher Temperatur durch die Reaktion von Gallium(III)-oxid mit metallischem Gallium das rote pulverförmige *Gallium(I)-oxid* darstellen: $Ga_2O_3 + 4\,Ca \rightarrow 3\,Gd_2O$; es ist an trockener Luft beständig und läßt sich im Hochvakuum unzersetzt sublimieren. Das hellgelbe *Indium(III)-oxid* zerfällt beim Erhitzen auf 700°C im Vakuum in das gelbbraune *Indium(I)-oxid* und Sauerstoff: $In_2O_3 \rightarrow In_2O + O_2$. Beim schwarzbraunen *Thallium(III)-oxid* läuft diese Reaktion schon bei 100°C ab. Das dabei entstehende schwarze, stark hygroskopische *Thallium(I)-oxid* bildet mit Wasser das gelbe *Thallium(I)-hydroxid*, eine starke Base, die leicht Kohlendioxid aufnimmt und in das wasserlösliche farblose *Thallium(I)-carbonat* übergeht, das einzige wasserlösliche Schwermetallcarbonat. Die Thallium(I)-sauerstoffverbindungen ähneln in ihren Eigenschaften den Alkaliverbindungen, sind aber stark giftig.

14. Zweite Hauptgruppe

Die Elemente der zweiten Hauptgruppe des Periodensystems Beryllium, Magnesium, Calcium, Strontium, Bariu n und Radium (Tab. 22) zeigen – mit Ausnahme des leichtesten Elements Beryllium – eine starke Ähnlichkeit der physikalischen und chemischen Eigenschaften. Sie sind – abgesehen vom radioaktiven Radium – Leichtmetalle und treten auf Grund der allgemeinen Valenzelektronenkonfiguration ns^2 in stabilen Verbindungen nur in der Oxydationsstufe +2 auf. Beryllium unterscheidet sich

Tabelle 22
Eigenschaften der Elemente der Zweiten Hauptgruppe

Element	Schmelzpunkt (°C)	Siedepunkt (°C)	Dichte ($g \times cm^{-3}$)	Atomradius (pm)	Elektronegativität
Beryllium	1285	2970	1,86	89	1,5
Magnesium	650	1100	1,74	136	1,2
Calcium	845	1439	1,55	174	1,0
Strontium	757	1366	2,6	191	1,0
Barium	717	1696	3,75	198	0,9
Radium	~700	1140	~6	–	0,9

stärker von den anderen Elementen der zweiten Hauptgruppe als diese untereinander. Eine wesentliche Ursache dafür sind der kleine Atom- und Ionenradius, der in den Verbindungen einen starken kovalenten Bindungsanteil zur Folge hat. Da die Ladungsdichten der Beryllium- und Aluminiumionen etwa gleich sind, verhalten sie sich ähnlich (Schrägbeziehung, s. Einleitung Kap. 13), z. B. sind beide Hydroxide amphoter und die Oxide harte, schwer schmelzbare Festkörper. Bei den Berylliumverbindungen tritt am stärksten der Elektronenmangelcharakter (s. Einleitung Kap. 13) auf. Das Magnesium nimmt eine Zwischenstellung zu den folgenden Erdalkalimetallen Calcium bis Radium ein, die fast ausschließlich ionische Verbindungen bilden. Während Beryllium und Magnesium eine schützende Oxidschicht ausbilden, reagieren die Erdalkalimetalle mit Wasser zu den Hydroxiden, deren Basenstärke zum Radium hin zunimmt.

14.1. Die Elemente

Beryllium ist ein stahlgraues, ziemlich hartes und sprödes Metall, das – ähnlich dem Aluminium (s. 13.1.) – oberflächlich eine schützende Oxidschicht ausbildet, so daß es erst ab 600 °C von Sauerstoff angegriffen wird. Wichtigste natürliche Vorkommen sind der *Beryll* $Be_3Al_2[Si_6O_{18}]$, ein Ringsilikat (Abb. 47) und der *Chrysoberyll* $BeAl_2O_4$, ein Spinell (s. 13.4.). Die Darstellung erfolgt fast immer aus Beryll, das mit Natriumhexafluorosilicat und Soda bei 770 °C aufgeschlossen wird: $Be_3Al_2[Si_6O_{18}] + 2Na_2[SiF_6] + Na_2CO_3 \rightarrow 3Na_2[BeF_4] + Al_2O_3 + 8SiO_2 + CO_2$. Das Natriumtetrafluoroberyllat wird aus dem Reaktionsprodukt mit Wasser herausgelöst und mit Natronlauge Berylliumhydroxid gefällt: $Na_2[BeF_4] + 2NaOH \rightarrow Be(OH)_2 + 4NaF$. Das Berylliumhydroxid wird zur Abtrennung von Eisenverunreinigungen zum Natriumberyllat gelöst, wobei festes Eisenhydroxid zurückbleibt und nach der Filtration unter Druck in der Siedehitze wieder ausgefällt: $Be(OH)_2 + 2NaOH \rightleftharpoons Na_2[Be(OH)_4]$. Zur Berylliumgewinnung durch Schmelzflußelektrolyse wird das Berylliumhydroxid durch Glühen in das Oxid überführt: $Be(OH)_2 \rightarrow BeO + H_2O$, das dann mit Kohle und Chlor bei etwa 600 °C zum Berylliumchlorid umgesetzt wird: $BeO + C + Cl_2 \rightarrow BeCl_2 + CO$. Zur Verbesserung der elektrischen Leitfähigkeit wird das Chlorid für die Elektrolyse mit etwa der gleichen Menge Natriumchlorid gemischt.

Beryllium hat als einziges Leichtmetall mit hohem Schmelzpunkt (Tab. 22) und günstigen Festigkeits- und Dehnungseigenschaften große Bedeutung für Flugzeug- und Raketenbau sowie die Raumfahrt. Beryllium ist ein wichtiger qualitätsverbessernder Legierungspartner für Cobalt, Nickel, Eisen, Kupfer, Silber, Aluminium und Magnesium. Reinstberyllium dient in Kernreaktoren zur Abbremsung und Rückstreuung der Neutronen. Gemische von Berylliumpulver und α-strahlenden Stoffen werden als Neutronenquellen (s. 2.1.) verwendet. Berylliummetall und Lithiumberyllatglas (LINDEMANN-Glas), die besonders durchlässig für Röntgenstrahlen sind, finden Anwendung in der Röntgentechnik.

.*Magnesium* ist ein silberweiß glänzendes, dehnbares Leichtmetall, das an der Luft schnell eine dünne mattweiße Oxidschicht ausbildet. Es ist ein starkes Reduktionsmittel, das mit den Halogenen und bei erhöhter Temperatur auch mit vielen Oxiden heftig reagiert: $SiO_2 + 2Mg \rightarrow 2MgO + Si$. An der Luft entzündet es sich schon oberhalb 500 °C und verbrennt mit blendend weißer Flamme zu Magnesiumoxid: $2Mg + O_2 \rightarrow MgO$ $\Delta H = -1220$ kJ $\times$ mol^{-1}. Magnesium ist Bestandteil vieler Silicate, wie der Schichtsilicate *Talk* $[Mg_3(OH)_2][Si_4O_{10}]$ und Serpentin $[Mg_6(OH)_8][Si_4O_{10}]$, (s. 12.5.), des *Olivins* $(Mg, Fe)_2SiO_4$[1]) sowie der Carbonate *Magnesit* und des gebirgsbildenden *Dolomits* $MgCO_3 \times CaCO_3$. Das Meerwasser enthält 0,3% Magnesiumchlorid und 0,2% Magnesiumsulfat, die seinen bitteren Geschmack verursachen. Magnesiumsalze finden sich daher auch in den Salzlagerstätten, die durch das Eindunsten abgeschnittener Meeresbecken in früheren Erdepochen entstanden sind. Vor allem sind das *Bischofit* $MgCl_2 \times 6H_2O$, *Kieserit* $MgSO_4 \times H_2O$ und *Carnallit* $KCl \times MgCl_2 \times 6H_2O$. Magnesiumkomplexe sind außerdem wirksame Bestandteile des Blattgrüns.

Die technische Darstellung des Magnesiums erfolgt überwiegend durch die Schmelzflußelektrolyse des wasserfreien Magnesiumchlorids, wobei Magnesit, Dolomit und magnesiumchloridhaltige Lösungen der Kaliindustrie als Ausgangsstoffe verwendet werden. Die Carbonate überführt man durch Brennen (s. 14.2.) in die Oxide. Während aus Magnesit reines Magnesiumoxid entsteht, ergibt Dolomit ein Gemisch von Calcium- und Magnesiumoxid, das

---

[1]) Die Angabe der Elemente in der Klammer bringt zum Ausdruck, daß sie sich in der Verbindung in wechselnder Menge gegenseitig vertreten können.

durch Magnesiumchloridlösung zu einer Magnesiumhydroxidfällung und einer Calciumchloridlösung umgesetzt wird: $MgO + CaO + MgCl_2 + 2\,H_2O \rightarrow Mg(OH)_2 + CaCl_2$. Das Magnesiumhydroxid wird nach dem Abfiltrieren zum Oxid entwässert: $Mg(OH)_2 \rightarrow MgO + H_2O$, das dann durch eine reduzierende Chlorierung mit Kohle und Chlor in Magnesiumchlorid überführt wird: $MgO + C + Cl_2 \rightarrow MgCl_2 + CO$; $\Delta H = -138\ kJ \times mol^{-1}$. Das erforderliche Chlor stammt aus der sich anschließenden Elektrolyse. Dem Magnesiumchlorid wird zur Erniedrigung des Schmelzpunktes ein Gemisch aus Calciumfluorid, Alkali- und Erdalkalichloriden zugesetzt und bei Temperaturen um 700 °C unter Schutzgas elektrolysiert: $MgCl_2 \rightarrow Mg + Cl_2$, $\Delta H = 642\ kJ \times mol^{-1}$. Das Magnesium schwimmt auf der Schmelze und wird abgeschöpft.

Magnesium wird vor allem als Legierungsbestandteil verwendet. Besonders Magnesium-Aluminium-Legierungen mit mehr als 90% Magnesium finden wegen ihrer niedrigen Dichte und verhältnismäßig guten chemischen Beständigkeit im großen Umfang Anwendung im Flugzeug-, Fahrzeug- und Maschinenbau. In der Metallurgie wird Magnesium als Reduktionsmittel eingesetzt.

Die *Erdalkalimetalle* Calcium, Strontium, Barium und Radium sind silberweiß glänzende unedle Metalle, deren Reaktionsfähigkeit zum Radium hin zunimmt. Da die Erdalkalimetalle leicht anregbare Elektronen besitzen, geben ihre flüchtigen Verbindungen (besonders Chloride) charakteristische *Flammenfärbungen*: Calcium gelbrot, Strontium karminrot, Barium gelbgrün, Radium tiefrot.

Calcium gehört mit einem Anteil von 3,4% an der Erdrinde zu den häufigsten Elementen und kommt als Carbonat $CaCO_3$ in den mineralischen Formen *Kalkstein*, *Kreide*, *Marmor*, *Calcit* und *Aragonit*, sowie als *Dolomit* $CaCO_3 \times MgCO_3$ vor. Weitere Vorkommen sind *Gips* $CaSO_4 \times 2\,H_2O$ und *Anhydrit* $CaSO_4$, *Apatit* $Ca_5(PO_4)_3(OH, F, Cl)$[1]) und *Phosphorit* $Ca_3(PO_4)_2$, *Flußspat* Fluorit CaF_2 sowie die Silicate *Kalkfeldspat* (*Anorthit*) $Ca[Al_2Si_2O_8]$, *Wollastonit* $Ca_3[Si_3O_9]$ und *Diopsid* $(CaMg)[Si_2O_6]$[1]). *Strontium* und *Barium* sind mit einem Anteil von 0,04% an der Erdrinde weitaus seltener; sie kommen mineralisch ebenfalls als Carbonate *Strontianit* $SrCO_3$ und *Witherit* $BaCO_3$ sowie als Sulfate *Cölestin* $SrSO_4$ und *Schwerspat* (Baryt) $BaSO_4$ vor. *Radium* kommt als Isotop ^{226}Ra, einem α-

[1]) S. Fußnote S. 166

und γ-Strahler mit 1620 Jahren Halbwertszeit, der Glied der Uranium-238-Umwandlungsreihe (s. 2.1.) ist, in Spuren in Uraniumerzen vor.

Die Darstellung der Elemente erfolgt beim Calcium und Strontium durch die Schmelzflußelektrolyse der Chloride, beim Barium durch die Reduktion des Oxids mit Aluminium oder Silicium: $3\,BaO + 2\,Al \rightarrow 3\,Ba + Al_2O_3$, $3\,BaO + Si \rightarrow 2\,Ba + BaSiO_3$. Radium wird bei der Aufarbeitung von Uraniumerzen gemeinsam mit Barium. ausgefällt, durch fraktionierte Kristallisation geeigneter Salze wieder von ihm getrennt, elektrolytisch an einer Quecksilberkathode abgeschieden und durch das Vertreiben des Quecksilbers in einer Schutzatmosphäre gewonnen.

Calcium wird vor allem als Reduktionsmittel in der Metallurgie verwendet, z. B. bei der Herstellung von Titanium, Zirkonium, Chromium und Uranium; Strontium wegen seiner roten Flammenfärbung in der Feuerwerkerei, Barium als Bestandteil einiger Legierungen. Radium diente früher als Strahlenquelle, besonders zur Geschwulstbekämpfung, ist jetzt aber weitgehend durch stärkere Anlagen mit künstlichen Radionukliden und Beschleunigern verdrängt.

14.2. Wichtige Verbindungen

Die mineralisch vorkommenden Carbonate des Magnesiums und der Erdalkalimetalle sind von beträchtlicher praktischer Bedeutung. Ihre Verarbeitung erfolgt vorwiegend durch ihre thermische Zersetzung, das „*Brennen*" zum Oxid und Kohlendioxid. Den größten Umfang hat diese Reaktion beim *Kalkbrennen*: $CaCO_3 \rightarrow CaO + CO_2$ $\Delta H = 181\ kJ \times mol^{-1}$. Die notwendigen Temperaturen hängen von der Basenstärke der Oxide ab, nehmen also zu den schwereren Elementen hin zu, wie Abb. 54 zeigt. Der Dissoziationsdruck von 0,1 MPa entspricht dem äußeren Luftdruck und damit der vollständigen Umsetzung. Die reinen Carbonate erhält man aus den entsprechenden Salzlösungen durch Zugabe von Sodalösung als weiße, schwerlösliche Verbindungen, z. B.: $CaCl_2 + Na_2CO_3 \rightarrow CaCO_3 + 2\,NaCl$. Aus Magnesiumsalzlösungen fällt allerdings ein basisches Carbonat der Zusammensetzung $4\,MgCO_3 \times Mg(OH)_2 \times 4\,H_2O$ als lockeres weißes Pulver, *Magnesiaweiß* oder *Magnesia alba* genannt, das als Füllstoff für Kautschuk und Papier, als Farbpigment, sowie zur Herstellung von Pudern und Putzpulvern verwendet wird. *Magnesiumcarbonat*, wie auch *Cal-*

ciumcarbonat und Eisen(II)carbonat, lösen sich in kohlendioxidhaltigem Wasser zu Hydrogencarbonaten: $MgCO_3 + CO_2 + H_2O \rightleftharpoons Mg(HCO_3)_2$. Beim Kochen der Lösung fallen die Carbonate wieder aus; die Hydrogencarbonate führen damit zu einem Teil der *Wasserhärte*, der *vorübergehenden* oder *temporären Härte*. In Dampfkesseln bilden die ausfallenden Carbonate den *Kesselstein*, der den Wärmedurchgang erschwert und zu örtlichen Überhitzungen führen kann.

Die Hauptmenge des Calciumcarbonats wird zum Kalkbrennen verwendet, außerdem wird es als Kalkstein in der Glas- und Keramikindustrie, als Flußmittel in der Metallurgie, als Dungemittel sowie in Form der Kreide als Anstrichfarbe und als Marmor in der Baukunst und Bildhauerkunst angewandt.

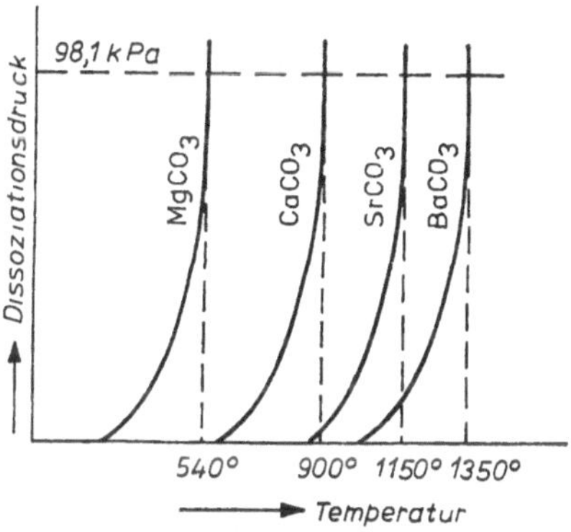

Abb. 54. Zersetzungskurven der Carbonate der zweiten Hauptgruppe

Calciumoxid CaO, auch als *gebrannter Kalk* oder *Ätzkalk* bezeichnet, wird – wie besprochen – großtechnisch durch das Kalkbrennen hergestellt. Es ist eine weiche weiße Masse vom Schmelzpunkt 2576 °C, die durch starkes Glühen zur Kristallisation gebracht werden kann. Gebrannter Kalk reagiert mit Wasser unter Wärmeentwicklung zum *gelöschten Kalk*, dem *Calciumhydroxid*: $CaO + H_2O \rightarrow Ca(OH)_2 \quad \Delta H = -67 \text{ kJ} \times \text{mol}^{-1}$. Es ist in Wasser wenig löslich ($0{,}16 \text{ g} \times l^{-1}$), die klare Lösung, das *Kalkwasser*, ist eine starke Base. Die Suspension von Calciumhydroxids in Kalkwasser, die *Kalkmilch*, wird u. a. als weiße Anstrichfarbe verwendet. Aus der Hauptmenge des gelöschten Kalkes wird *Kalkmörtel* hergestellt, eine breiartige Mischung von gelöschtem Kalk, Sand als Magerungsmittel und Wasser. Beim Abbinden, dem Festwerden des Mörtels, wird das überschüssige Wasser abgegeben, dann geht allmählich das Calciumhydroxid mit dem Kohlendioxid der Luft in Calciumcarbonat über $Ca(OH)_2 + CO_2 \rightarrow CaCO_3$, wodurch der Mörtel unter weiterer Wasserabgabe zu einer festen Masse erhärtet. Calciumoxid bzw. -hydroxid finden auch auf anderen Gebieten als billigste anorganische Base eine vielseitige Anwendung. Sie werden im großen Umfang bei der Herstellung von Ammoniak, Soda und Chlorkalk sowie als basische Zuschläge in der Metallurgie eingesetzt. Calciumoxid ist außerdem Ausgangsstoff für die Carbidgewinnung (s. 12.1.) und wird als Düngemittel verwendet. Ein weiteres Düngemittel, das dem Boden sowohl Calcium als auch Stickstoff zuführt, ist das *Calciumcyanamid* $CaCN_2$, auch *Kalkstickstoff* genannt, das technisch durch Überleiten von Stickstoff über Calciumcarbid bei 1100 °C hergestellt wird: $CaC_2 + N_2 \rightarrow CaCN_2 + C$ $\Delta H = -302$ kJ $\times$ mol^{-1}. Durch den beigemengten Kohlenstoff fällt es als ein graues Pulver an, das im Erdboden zu Ammoniak und Calciumcarbonat hydrolysiert wird: $CaCN_2 + 3H_2O \rightarrow CaCO_3 + 2NH_3$. Die Stabilität des Cyanamidions CN_2^{2-} wird durch die Valenzstrichformel $[\langle\overset{\ominus}{N}=C=\overset{\ominus}{N}\rangle]^{2-}$ verständlich, die der des Kohlendioxidmoleküls entspricht.

Magnesiumoxid MgO, das ebenfalls durch thermische Zersetzung des Carbonats gewonnen wird (s. 14.1.), ist ein weißes Pulver mit einem Schmelzpunkt von etwa 2800 °C. Seine Eigenschaften hängen von der Herstellungstemperatur ab. Ein bei 800 bis 900 °C gewonnenes Produkt bindet wie gebrannter Kalk mit Wasser ab und ist daher als Mörtel geeignet. Mischungen mit konzentrierter Magnesiumchloridlösung erstarren zu einer harten Masse von basischen Magnesiumchloriden, dem sogenannten *Magnesiazement* (Sorelzement). Erfolgt die Herstellung bei 1600 bis 1700 °C, so sintert das Magnesiumoxid zu einem Produkt zusammen, daß sich mit Wasser nicht umsetzt und als *Sintermagnesia* zu hochfeuerfesten Laborgeräten und Magnesiasteinen verarbeitet wird.

Berylliumoxid BeO, ein lockeres weißes Pulver vom Schmelzpunkt 2530 °C, das auf die gleiche Weise hergestellt wird, besitzt ein außergewöhnliches Wärmeleitvermögen. Es wird als Tiegelmaterial, für Ofenausmauerungen und in Kernreaktoren zur Abbremsung schneller Neutronen eingesetzt.

Calciumsulfat $CaSO_4$, das in Wasser nur wenig löslich ist (etwa 2 g $\times$ l^{-1}), kristallisiert aus der Lösung in den beiden in der Natur vorkommenden Formen: unterhalb 66 °C als *Gips* $CaSO_4 \times 2H_2O$, oberhalb 66 °C als *Anhydrit* $CaSO_4$. Bei etwa 120 °C entsteht aus dem Dihydrat das Halbhydrat, der *gebrannte Gips*, ein weißes

Pulver, das beim Anrühren mit Wasser das Dihydrat zurückbildet, wobei dessen nadelförmige Kristalle zu einer festen Masse zusammenwachsen: $CaSO_4 \times 2\,H_2O \rightleftharpoons CaSO_4 \times 1/2\,H_2O + 3/2\,H_2O$. Wird Gips bei etwa 1000 °C gebrannt, so entsteht eine stabile Anhydritstruktur, die kein Wasser mehr aufnimmt (*„totgebrannter Gips“*). Bei Temperaturen über 1200 °C wird Calciumsulfat thermisch gespalten: $CaSO_4 \rightarrow CaO + SO_2 + 1/2\,O_2$, das entstehende Schwefeldioxid kann zur Schwefelsäureherstellung (10.3.) verwendet werden (*Gipsschwefelsäure*).

Da Calciumsulfat in der Natur weit verbreitet ist, trägt es trotz seiner geringen Wasserlöslichkeit zur *Wasserhärte* bei. Zusammen mit anderen Calcium- und Magnesiumsalzen, die beim Kochen nicht ausfallen, bildet es die *bleibende oder permanente Härte*. Bei der Wasserenthärtung entfernt man die Härtebildner durch Ionenaustausch (s. Permutite, Abschn. 12.5.), Komplexbildung (vor allem mit Polyphosphaten, s. 11.5.) oder Ausfällung, wie im *Kalk-Soda-Verfahren*, bei dem die vorübergehende Härte durch Calciumhydroxid: $Ca(HCO_3) + Ca(OH)_2 \rightarrow 2\,CaCO_3 + 2\,H_2O$, die bleibende Härte durch Natriumcarbonat: $CaSO_4 + Na_2CO_3 \rightarrow CaCO_3 + Na_2SO_4$ in unlösliche Carbonate überführt wird.

Bariumsulfat $BaSO_4$, das in der Natur als Schwerspat vorkommt, wird als Füllstoff in der Papier-, Gummi- und Plastindustrie verwendet. Wegen seines hohen Absorptionsvermögens für Röntgen- und γ-Strahlen ist es für Strahlenschutzzwecke und als Kontrastmittel bei Magen- und Darmuntersuchungen geeignet.

Bariumsulfat kann mit Kohlenstoff bei etwa 700 °C zu *Bariumsulfid* BaS reduziert werden: $BaSO_4 + 2\,C \rightarrow BaS + 2\,CO_2$. Setzt man Bariumsulfidlösung mit Zinksulfatlösung um, so fällt ein Gemisch der weißen, wasserunlöslichen Verbindungen Bariumsulfat und Zinksulfid aus: $BaS + ZnSO_4 \rightarrow BaSO_4 + ZnS$, das zur *Lithopone*, einer weißen Pigmentfarbe mit hoher Deckkraft verarbeitet wird. Aus Bariumsulfid können leicht weitere Bariumverbindungen hergestellt werden, z. B. durch Umsetzung mit Salzsäure das Bariumchlorid $BaCl_2$: $BaS + 2\,HCl \rightarrow BaCl_2 + H_2S$, das in der chemischen Analyse zum Nachweis und der Bestimmung von Sulfationen verwendet wird, mit denen es den sehr schwerlöslichen Bariumsulfatniederschlag bildet.

Eine weitere wichtige Calciumverbindung ist das *Calciumfluorid* CaF_2, das mineralisch als Flußspat vorkommt. Es ist eine farblose kristalline Verbindung vom Schmelzpunkt 1403 °C, die sich in Wasser wenig löst und deshalb zum Nachweis von Calcium- und von Fluoridionen verwendet wird. Mit konzentrierter Schwefelsäure entwickelt es Fluorwasserstoff (s. 9.2.), der die Ausgangsverbindung für elementares Fluor (s. 9.1.) und andere Fluorverbindungen darstellt. Außerdem wird Calciumfluorid als Flußmittel in der Metallurgie, als Trübungsmittel in der Emailleindustrie und als Material für Linsen und Prismen in der optischen Industrie eingesetzt.

15. Erste Hauptgruppe

Die Elemente der ersten Hauptgruppe des Periodensystems, die *Alkalimetalle* Lithium, Natrium, Kalium, Rubidium, Caesium und Francium besitzen unter sich eine größere Ähnlichkeit als die Elemente irgendeiner anderen Gruppe. Sie sind weiche, reaktionsfähige Metalle mit niedrigen Schmelz- und Siedepunkten und geringen Dichten (Tab. 23), da sie auf Grund der allgemeinen Valenz-

Tabelle 23

Eigenschaften der Elemente der Ersten Hauptgruppe

Element	Schmelzpunkt (°C)	Siedepunkt (°C)	Dichte ($g \times cm^{-3}$)	Atomradius (pm)	Elektronegativität
Lithium	179	1336	0,535	133	1,0
Natrium	97,7	883	0,971	157	0,9
Kalium	63,5	760	0,86	203	0,8
Rubidium	39,0	696	1,52	216	0,8
Caesium	28,45	708	1,87	235	0,7
Francium[1])	20	617	2,2	–	0,7

[1]) extrapolierte Werte

elektronenkonfiguration ns^1 große Atomradien besitzen (Abb. 13) und jedes Atom nur ein Elektron zur metallischen Bindung beiträgt. Sie kristallisieren unter Normalbedingungen in kubisch-raumzentrierten Gittern (s. 4.3.). In den Verbindungen treten fast nur einfach positiv geladene Ionen auf, besonders die Halogenide sind überwiegend schwerflüchtige stabile Salze. Der Abfall der Ionisierungsenergie mit zunehmender Ordnungszahl (Abb. 12) erhöht die Reaktionsfähigkeit, so daß z. B. die Reaktion mit Wasser beim Lithium ruhig abläuft, während sie beim Caesium explosionsartig erfolgt. Die bei dieser Reaktion entstehenden Hydroxide sind starke Basen. Das Lithium nimmt als leichtestes Element eine gewisse Sonderstellung ein; es ist wesentlich leichter und etwas härter als die anderen Alkalimetalle und bildet im Gegensatz zu ihnen ein schwerlösliches Fluorid, Carbonat und Phosphat. Lithium entspricht in seinen Reaktionen weitgehend dem Magnesium (Schrägbeziehung, s. Einleitung Kap. 13). Die flüchtigen Verbindungen der Alkalimetalle geben charakteristische *Flammenfärbungen* (s. Einleitung Kap. 14): Lithium karminrot, Natrium gelb, Kalium, Rubidium, Caesium violett. Die letztgenannten Elemente lassen sich durch die Beobachtung bestimmter Nachweislinien im Spektroskop unterscheiden.

15.1. Die Elemente

Lithium ist ein silberweißes weiches Metall. Es reagiert bereits bei Raumtemperatur langsam mit molekularem Stickstoff zu Lithiumnitrid Li_3N, mit Kohlenstoff zu Lithiumcarbid Li_2C_2, sowie mit allen Halogenen. Geschmolzenes Lithium greift Siliciumdioxid und Silicate an und wirkt daher zerstörend auf Glas und Porzellan.

Lithium kommt vor allem zu geringen Anteilen in natrium- und kaliumhaltigen Silicaten vor, eigene Minerale wie *Spodumen* $Li[AlSi_2O_6]$ und *Lepidolith* $[KLi_2Al(OH, F)_2]$ $[Si_4O_{10}]$ sind selten. Aus ihnen wird durch Aufschluß Lithiumchlorid hergestellt und daraus durch Schmelzflußelektrolyse das Metall gewonnen. Lithium wird als Legierungsbestandteil verwendet, es verbessert die Festigkeitseigenschaften und die Korrosionsbeständigkeit von Aluminium-, Magnesium- und Bleilegierungen. Lithiumorganische Verbindungen finden eine vielseitige Anwendung bei chemischen Synthesen. Auch die Lithiumisotope, die sich verhältnismäßig leicht trennen lassen, finden einzeln Verwendung. Die natürlichen Lithiumvorkommen enthalten zu 92,7% das Isotop ^7Li, zu 7,3% das Isotop ^6Li. Lithium-7 besitzt einen sehr geringen Einfangquerschnitt für thermische Neutronen und wird daher für Wärmeaustauscher in Kernkraftwerken verwendet. Lithium-6 reagiert mit Neutronen unter Tritiumbildung: $^6Li(n, \alpha)^3H$ (s. 2.1.), es wird zur Herstellung dieses Wasserstoffisotops und als Lithium-6-deuterid ^6LiD für Kernwaffen eingesetzt.

Natrium ist ein sehr weiches, silberweißes, reaktionsfähiges Metall, das sich mit Sauerstoff und der Luftfeuchtigkeit sofort umsetzt und deshalb unter Petroleum aufbewahrt wird. Es reagiert mit Wasser heftiger als Lithium zu Natronlauge und Wasserstoff: $2Na + 2H_2O \rightarrow 2NaOH + H_2$, mit halogenhaltigen Verbindungen explosionsartig, mit Kohlenstoff aber erst bei erhöhter Temperatur zum Carbid Na_2C_2.

Natrium ist mit einem Anteil von etwa 2,8% in der Erdkruste eines der häufigsten Metalle. Es kommt sehr verbreitet in Silicaten wie *Albit* (Natronfeldspat) $Na[AlSi_3O_8]$ vor und ist als Natriumchlorid zu durchschnittlich 2,7% im Meerwasser enthalten. Durch Eindunsten abgeschnittener Meeresteile sind die Salzlagerstätten entstanden, in denen damit neben anderen Salzen das *Steinsalz* NaCl vorkommt, die wichtigste Ausgangsverbindung zur Herstellung des Metalls und anderer Verbindungen. Weitere in der Natur vorkommende Natriumverbindungen sind *Thenardit* Na_2SO_4, *Soda* $Na_2CO_3 \times 10\,H_2O$, *Chilesalpeter* $NaNO_3$ und Borax $Na_2B_4O_7 \times 10\,H_2O$. Die Darstellung des Metalls erfolgt vorwiegend durch Schmelzflußelektrolyse des Natriumchlorids, wobei der Schmelzpunkt von 800 °C durch Zugabe von Calciumchlorid auf etwa 600 °C gesenkt wird. Das flüssige Natrium sammelt sich über der Schmelze und wird durch ein Steigrohr entnommen, das gasförmige Chlor abgesaugt. Natrium ist Ausgangsstoff für technisch wichtige Verbindungen, wie Natriumperoxid Na_2O_2 (s. Kap. 7), Natriumamid $NaNH_2$, Natriumhydrid NaH (s. Kap. 5), Natriumcyanid NaCN. Weiter dient es als Katalysator für Polymerisationen (z. B. Butadien zu synthetischem Kautschuk), in der Beleuchtungstechnik für Natriumdampfentladungslampen, zum Trocknen organischer (halogenfreier!) Lösungsmittel und in Form von Natriumamalgam als wirksames Reduktionsmittel.

Kalium ist in seinen physikalischen und chemischen Eigenschaften dem Natrium ähnlich, zeigt aber eine erhöhte Reaktionsfähigkeit. So zersetzt es Wasser sehr heftig, wobei sich der gebildete Wasserstoff entzündet. Mit Brom reagiert es bereits bei Zimmertemperatur explosionsartig, ebenso mit Iod beim Erwärmen. Kalium und seine Verbindungen sind schwach radioaktiv, da sie zu 0,01% das Isotop ^{40}K enthalten, das sich mit einer Halbwertszeit von $1{,}47 \times 10^9$ Jahren zu 88% unter β-Strahlung in ^{40}Ca, zu 12% unter K-Einfang[1]) in ^{40}Ar umwandelt. Kalium ist an der Erdkruste mit einem Anteil von etwa 2,6% beteiligt, gehört also ebenfalls zu den häufigen Metallen. Es tritt in vielen Silicatmineralen wie *Orthoklas* (Kalifeldspat) $K[AlSi_3O_8]$ und *Muskovit* (Kaliglimmer) $[KAl_2(OH, F)_2][AlSi_3O_{10}]$ auf. Kaliumchlorid ist im Meerwasser nur zu etwa 0,06% enthalten, da die Kaliumverbindungen

[1]) Beim K-Einfang wird ein Elektron der Atomhülle vom Kern aufgenommen und γ-Strahlung ausgesandt.

durch den Boden stärker festgehalten werden als die Natriumverbindungen. In den Salzlagerstätten findet sich Kaliumchlorid als *Sylvin* und in Doppelsalzen wie *Sylvinit* $NaCl \times KCl$, *Carnallit* $KCl \times MgCl_2 \times 6\,H_2O$ und *Kainit* $KCl \times MgSO_4 \times 3\,H_2O$. Kalium kann durch Schmelzflußelektrolyse aus Kaliumchlorid oder Kaliumhydroxid gewonnen werden, technisch günstiger ist aber die Umsetzung von Kaliumfluorid mit Calciumcarbid bei etwa 1000 °C: $2\,KF + CaC_2 \rightarrow 2\,K + CaF_2 + 2\,C$. Der entweichende Kaliumdampf wird unter Schutzgas kondensiert. Kalium wird in geringerem Umfang als das billigere und leichter zu handhabende Natrium für organische Synthesen sowie als Trockenmittel und Polymerisationskatalysator verwendet. Kalium-Natrium-Legierungen mit 77% Kalium, die bis −12 °C flüssig sind, werden als Wärmeüberträger und Kühlmittel in Kernreaktoren eingesetzt.

Rubidium ist von weißglänzender, *Caesium* von goldgelber Farbe; beide sind wachsweiche Metalle, die in Gegenwart von Sauerstoff selbstentzündlich sind. Sie kommen in geringen Mengen in den Mineralen der anderen Alkalimetalle vor, lediglich der *Pollucit* $Cs[AlSi_2O_6] \times 1/2\,H_2O$ hat als selbständiges Caesiummineral Bedeutung. Ihre Darstellung erfolgt durch Reduktion der Hydroxide mit Magnesium im Wasserstoffstrom: $2\,RbOH + Mg \rightarrow 2\,Rb + MgO + H_2O$ oder durch Umsetzung der Dichromate mit Zirkonium bei 500 °C im Vakuum: $Cs_2Cr_2O_7 + 2\,Zr \rightarrow 2\,Cs + 2\,ZrO_2 + Cr_2O_3$. Beide Elemente werden wegen ihrer niedrigen Ionisierungsenergien (Abb. 12) zur Herstellung von Photozellen verwendet, Caesium auch für Metalldampflampen als Ultrarotstrahler.

Francium ist ein radioaktives Element, das in der Uranium-235-Umwandlungsreihe auftritt. Das langlebigste Isotop ^{223}Fr geht mit einer Halbwertszeit von 21 Minuten unter β-Strahlung in Radium-223 über.

15.2. Wichtige Verbindungen

Die technisch wichtigste Verbindung der Alkalimetalle ist das *Steinsalz* NaCl. Es wird in den Lagerstätten bergmännisch abgebaut oder unter Tage zur *Sole* gelöst und ebenso wie aus Salzquellen austretende natürliche Sole weiterverarbeitet. Es ist Ausgangsprodukt zur Herstellung von Natrium und allen wichtigen Natriumverbindungen, vor allem Natriumhydroxid und -carbonat. Als *Koch-* und *Viehsalz* ist es außerdem für die menschliche und tierische Ernährung unentbehrlich, dient zum Haltbarmachen von Lebensmitteln und wird in vielen weiteren Industriezweigen verwendet.

Die *Alkalichloridelektrolyse* ist das wichtigste großtechnische Verfahren zur Herstellung von Alkalilaugen – besonders Natronlauge –, Chlor und Wasserstoff. Bei der Elektrolyse einer konzentrierten Natriumchloridlösung erfolgt nach der Gesamtgleichung: $2NaCl + 2H_2O \rightarrow 2NaOH + H_2 + Cl_2$ im Kathodenraum die Bildung von *Natronlauge* und Wasserstoff an der Anode die Chloridbildung. Bei der Elektrolyse von Kaliumchloridlösung entsteht in sonst gleicher Weise *Kalilauge* anstelle von Natronlauge. Um eine möglichst chloridfreie Lauge zu erhalten und die Reaktion des Chlors mit der Lauge zu Hypochlorit und Chlorid (s. 9.3.): $Cl_2 + 2NaOH \rightarrow NaClO + NaCl + H_2O$ zu verhindern, müssen Kathoden- und Anodenprodukte voneinander getrennt werden. Das geschieht beim *Diaphragmaverfahren* durch eine poröse Wand, die das Vermischen der Kathoden- und Anodenflüssigkeit verhindert, die Ionenwanderung aber nicht wesentlich stört. Im Membranverfahren wird dafür eine Ionenaustauschermembran (s. Permutite, Abschn. 12.5.) eingesetzt, durch die man eine besonders reine Lauge erhält. Beim *Quecksilber-* oder *Amalgamverfahren* wird flüssiges Quecksilber als Kathode verwendet, an dem die Natriumionen entladen und zum Amalgam[1]) gelöst werden. In getrennten Zersetzerzellen wird das Amalgam mit Wasser zu Lauge und Wasserstoff umgesetzt: $Hg/Na + H_2O \rightarrow NaOH + 1/2\,H_2 + Hg$ und das Quecksilber in die Elektrolysezellen zurückgeführt. Durch Eindampfen der Natronlauge erhält man das *Natriumhydroxid* NaOH als eine weiße, strahlig-kristalline, stark hygroskopische Verbindung, die bei 322 °C schmilzt. Es löst sich leicht unter Erwärmung in Wasser zu stark alkalisch reagierenden, ätzenden Natronlauge und nimmt aus der Luft Kohlendioxid zum Natriumcarbonat auf: $2NaOH + CO_2 \rightarrow Na_2CO_3 + H_2O$. Natriumhydroxid bzw. Natronlauge wird in gr ßen Mengen zum Bauxitaufschluß (s. 13.1.), für die Herstellung von Seife, Natriumhypochlorit (s. 9.3.) und technischen Phosphaten, in der Farbenindustrie, zur Bereitung von Alkalischmelzen, bei der Gewinnung von Cellulose für die Papier-, Zellstoff- und Kunstseidenindustrie sowie für die Reinigung von Erdölprodukten und Fetten benötigt.

---

[1]) S. Fußnote S. 125

Ein weiteres wichtiges Produkt der anorganischen Großindustrie, das aus Steinsalz gewonnen wird, ist *Natriumcarbonat* Na_2CO_3, technisch *Soda* genannt. Aus wäßriger Lösung kristallisiert sie unterhalb 32 °C in großen, durchsichtigen Kristallen als Dekahydrat $Na_2CO_3 \times 10\,H_2O$ (*Kristallsoda*), in dem $[Na_2(H_2O)_{10}]^{2+}$ Ionen vorliegen, deren Struktur Abb. 55 zeigt. Bei Temperaturerhöhung entsteht oberhalb 34,5 °C das Monohydrat, oberhalb 107 °C die wasserfreie „*calcinierte Soda*", ein weißes Pulver, das bei 853 °C schmilzt.

Die Soda wird technisch vorwiegend nach dem *Ammoniak-Soda-Verfahren* hergestellt, indem gereinigte Steinsalzsole mit Ammo-

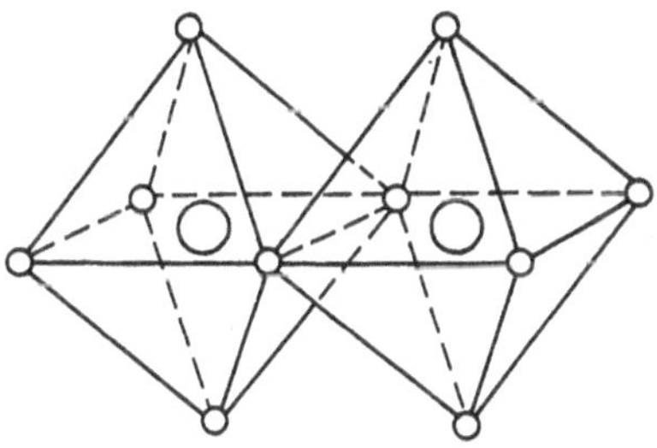

Abb. 55. Struktur des $[Na_2(H_2O)_{10}]^{2+}$-Ions

niak und Kohlendioxid versetzt wird, wobei Natriumhydrogencarbonat $NaHCO_3$ ausfällt: $NaCl + H_2O + NH_3 + CO_2 \rightarrow NaHCO_3 + NH_4Cl$. Der Niederschlag wird abfiltriert und durch Erhitzen in calcinierte Soda überführt: $2\,NaHCO_3 \rightarrow Na_2CO_3 + CO_2 + H_2O$. Das freiwerdende Kohlendioxid wird in die erste Verfahrensstufe zurückgeführt und auch aus der dort entstehenden Ammoniumchloridlösung durch Zugabe von Kalkmilch das Ammoniak zurückgewonnen: $2\,NH_4Cl + Ca(OH)_2 \rightarrow 2\,NH_3 + CaCl_2 + 2\,H_2O$. Aus Sodalösung und gebranntem Kalk kann durch die „*Kaustifizierung*"[1]) der Soda Natronlauge hergestellt werden: $Na_2CO_3 + CaO + H_2O \rightarrow 2\,NaOH + CaCO_3$, da das unlösliche Calciumcarbonat ausfällt. Die Soda selbst ist eine milde Base, ihre wäßrige Lösung reagiert alkalisch, durch Protonenübertragung auf das Carbonation werden Hydroxidionen freigesetzt: $CO_3^{2-} + H_2O \rightleftharpoons HCO_3^- + OH^-$. Starke Säuren zersetzen Soda unter Kohlendioxidentwicklung: $Na_2CO_3 + 2\,HCl \rightarrow NaCl + CO_2 + H_2O$.

Die Soda wird in großen Mengen bei der Glas- und Emailleherstellung, der Textilveredlung, in der Seifen- und Waschmittel-

[1]) Kaustisch = ätzend, brennend, scharf

industrie, der Zellstoff- und Papierindustrie, in der Metallurgie, zur Wasserenthärtung (s. 14.2.) und in der chemischen Industrie zur Herstellung einer Vielzahl von Erzeugnissen eingesetzt. *Kaliumcarbonat* K_2CO_3, technisch *Pottasche* genannt, eine weiße, hygroskopische Verbindung, die bei 894 °C schmilzt, kann nicht entsprechend dem Ammoniak-Soda-Verfahren hergestellt werden, da Kaliumhydrogencarbonat gut wasserlöslich ist. Man gewinnt sie vorwiegend durch Carbonierung von Kalilauge: $2KOH + CO_2 \rightarrow K_2CO_3 + H_2O$. Das *Formiat-Pottasche-Verfahren* geht von einer Kaliumsulfatlösung aus, der zunächst Kalkmilch und dann unter Druck Kohlenmonoxid zugeführt wird. Dabei fällt Calciumsulfat aus und es entsteht eine Lösung von Kaliumformiat HCOOK (s. 12.4.): $K_2SO_4 + Ca(OH)_2 + 2CO \rightarrow CaSO_4 + 2HCOOK$. Nach der Filtration und dem Eindampfen der Lösung wird das Formiat durch Glühen in das Carbonat überführt: $2HCOOK + O_2 \rightarrow K_2CO_3 + CO_2 + H_2O$. Kaliumcarbonat wird bei der Seifen- und Glasherstellung, sowie zur Erzeugung anderer Kaliumverbindungen benötigt.

Kaliumhydroxid KOH, eine weiße, harte, sehr hygroskopische Verbindung vom Schmelzpunkt 360 °C, die begierig Kohlendioxid aus der Luft anzieht, wird wie Natriumhydroxid entweder durch die Alkalichloridelektrolyse oder die Kaustifizierung des Carbonats hergestellt. Sie findet Anwendung bei der Seifenherstellung, für Alkalischmelzen und als Adsorptionsmittel für Kohlendioxid.

Kaliumchlorid KCl, ein farbloses Salz, das würfelförmige Kristalle bildet, die bei 730 °C schmelzen, ist in den mineralisch vorkommenden Kalisalzen (s. 15.1.) nur in Anteilen bis 30% enthalten. Da es in großen Mengen als Düngemittel gebraucht wird und die Ausgangsverbindung für die meisten anderen Kaliumverbindungen darstellt, wird es aus den Kalirohsalzen durch Löse- und Kristallisationsverfahren oder Flotation[1]) gewonnen. Für die unterschiedlich zusammengesetzten Rohsalze wird eine größere Anzahl von Verarbeitungsverfahren eingesetzt.

Kaliumsulfat K_2SO_4 kristallisiert in wasserfreien farblosen Kristallen, die bei 1096 °C schmelzen. Es bildet leicht Doppelsalze und ist ebenfalls ein gutes Düngemittel. Zur technischen Darstellung wird in eine Magnesiumsulfatlösung Kaliumchlorid ein-

[1]) Flotation ist ein Verfahren zur Stoffanreicherung in Wasser, bei dem die Benetzbarkeit von Stoffen in einem Gemenge durch Zusätze beeinflußt wird und der zu gewinnende Stoff nach dem Einblasen von Luft als Schaum ausgetragen wird.

gerührt, wobei ein Doppelsalz ausfällt: $2\,MgSO_4 + 2\,KCl + 6\,H_2O \rightarrow K_2SO_4 \times MgSO_4 \times 6\,H_2O + MgCl_2$. Dieses wird abfiltriert, in Wasser gelöst und die Lösung erneut mit Kaliumchlorid versetzt, worauf sich das Kaliumsulfat abscheidet: $K_2SO_4 \times MgSO_4 \times 6\,H_2O + 2\,KCl \rightarrow 2\,K_2SO_4 + MgCl_2 + 6\,H_2O$. Durch die Abtrennung des Zwischenproduktes werden die Lösungsgleichgewichte zum Kaliumsulfat verschoben. Eine andere Herstellungsmöglichkeit ist die Umsetzung von Kaliumchlorid mit Schwefelsäure: $2\,KCl + H_2SO_4 \rightarrow K_2SO_4 + 2\,HCl$.

Kaliumnitrat KNO_3, auch *Kalisalpeter* genannt, ist ein farbloses Salz, das bei 339 °C schmilzt und oberhalb dieser Temperatur in Kaliumnitrat und Sauerstoff zerfällt: $2\,KNO_3 \rightarrow 2\,KNO_2 + O_2$. Da es im Gegensatz zum Natriumnitrat nicht hygroskopisch ist, wird es in der Pyrotechnik verwendet. Außerdem ist es ein Düngemittel mit einem sehr hohen Nährstoffgehalt. Die Herstellung erfolgt aus dem mineralisch vorkommenden Chilesalpeter (s. 15.1.) nach dem *Konversionsverfahren*. Natriumnitrat und Kaliumchlorid werden in heißem Wasser gelöst, wobei Natriumchlorid ausfällt; nach dem Filtrieren wird die Lösung abgekühlt und das Kaliumnitrat kristallisiert aus: $NaNO_3 + KCl \rightleftharpoons NaCl + KNO_3$. Die vier Salze bilden *reziproke Salzpaare*, aus denen sich der Bestandteil abscheidet, der unter den jeweiligen Bedingungen die geringste Löslichkeit besitzt.

Bei der Reaktion der Alkalimetalle mit Sauerstoff entstehen, wie bereits erwähnt (s. Einleitung Kap. 9), unterschiedliche Sauerstoffverbindungen. Lithium bildet das *Lithiumoxid* Li_2O: $4\,Li + O_2 \rightarrow 2\,Li_2O$, eine weiße poröse Masse, die sich mit Wasser langsam zum Hydroxid umsetzt: $Li_2O + H_2O \rightarrow 2\,LiOH$. Lithiumoxid wird bei der Herstellung von Glasuren verwendet. Natrium ergibt das *Natriumperoxid* Na_2O_2: $2\,Na + O_2 \rightarrow Na_2O_2$, ein gelbliches Pulver, das sich in Wasser unter Wärmeentwicklung und Sauerstoffabspaltung löst: $Na_2O_2 + H_2O \rightarrow 2\,NaOH + 1/2\,O_2$. Natriumperoxid ist ein starkes Oxydationsmittel, das zum Bleichen und als Aufschlußmittel eingesetzt wird. Kalium, Rubidium und Caesium reagieren zum Hyperoxid, z. B.: $K + O_2 \rightarrow KO_2$. *Kaliumhyperoxid* KO_2, ein bräunlichgelbes Pulver, schmilzt bei 380 °C und bildet mit Wasser Kalilauge, Wasserstoffperoxid und Sauerstoff: $2\,KO_2 + 2\,H_2O \rightarrow 2\,KOH + H_2O_2 + O_2$. Das Hyperoxidion ist ein Radikalanion $\left[\overset{\ominus}{|\underline{\overline{O}}}-\underline{\overline{O}}\cdot\right]^-$.

16. Nebengruppenelemente

Wie bei der Besprechung des Atombaues (s. 2.2.) und Periodensystems (s. 3.1.) erläutert, treten bei der Elektronenbesetzung von Mehrelektronensystemen Verschiebungen der Energieniveaus auf, die sich im Aufbau des Periodensystems widerspiegeln. Besonders die aus dem Energieniveaudiagramm der Elemente abgeleitete Darstellung (Abb. 10) zeigt zwei Elementblöcke, die *Hauptgruppenelemente*, bei denen *s*- und *p*-Orbitale besetzt werden und die *Nebengruppenelemente*, bei denen die hinzukommenden Elektronen in d-Orbitale eingeordnet werden. Innerhalb der Nebengruppenelemente treten die beiden Reihen der *Lanthanoide* und *Actinoide* auf, bei denen bei nur einfach besetztem *d*-Orbital die folgenden Elektronen in *f*-Orbitale der nächstniedrigen Hauptquantenzahl eintreten. Durch die geringen Energieunterschiede zwischen den Einzelniveaus kommen allerdings bei den Nebengruppenelementen häufig Abweichungen von der regelmäßigen Besetzungsfolge von, besonders die Ausbildung halb- oder vollbesetzter Elektronenzustände (s. 3.1.). Nach einer anderen Betrachtungsweise bezeichnet man die Elemente, die unvollständig besetzte *d*- oder *f*-Orbitale besitzen oder die Kationen mit einer unvollständigen Besetzung dieser Orbitale bilden können, als *Übergangselemente*. Die Besonderheiten dieser Elemente innerhalb der Nebengruppenelemente zeigen sich vor allem in ihrem komplexchemischen Verhalten und ihren Legierungseigenschaften.

Die Übergangsmetalle besitzen eine ausgeprägte Neigung zur Bildung von *Komplex*- oder *Koordinationsverbindungen*, d. h. Verbindungen, die aus einem *Zentralatom* bzw. *-ion* und mehreren mehr oder weniger fest gebundenen Ionen oder Molekülen, den *Liganden*, bestehen. Je nach der Anzahl der von einem Liganden ausgebildeten Bindungen unterscheidet man einzähnige oder mehrzähnige Liganden. Komplexe mit mehrzähnigen Liganden, die *Chelatkomplexe*, sind gewöhnlich sehr stabil. Die Bindungsverhältnisse in den Komplexen lassen sich oft dadurch erklären, daß man annimmt, daß von jedem Liganden ein Elektronenpaar in das Orbitalsystem des Zentralatoms oder -ions eingebracht wird. Besonders beständige Komplexverbindungen entstehen, wenn dabei eine Edelgaskonfiguration (s. 4.1.) erreicht wird. Die bindenden Orbitale werden durch Hybridisierung (s. 4.2.) gleichwertig; aus der Art der Hybridisierung läßt sich der räumliche Bau der Komplexe ableiten. Besonders häufig sind die d^2sp^3-Hybridisierung, wie im Hexacyanoferrat(II)-komplex $[Fe(CN)_6]^{4-}$, die zu einer oktaedrischen Struktur, sowie die *dsp*²-Hybridisierung, wie im Tetracyanonickelat(II)-komplex $[Ni(CN)_4]^{2-}$, die zu einer quadratischen Struktur führt (s. 4.2.).

16.1. Allgemeine Eigenschaften

Alle Nebengruppenelemente sind Metalle, viele sind wichtige Werkstoffe, wie Eisen, Kupfer, Zink, Nickel und Molybdän. Sie haben niedrige Ionisierungsenergien, so daß sie leicht positive Ionen bilden. Während bei den Elementen die *d*-Orbitale energiereicher sind als die *s*-Orbitale der nächsthöheren Quantenzahl, werden bei der Bildung der Ionen zuerst die *s*-Elektronen abgegeben, so daß sich die ersten Ionisierungsenergien der Nebengruppenelemente einer Periode nur wenig unterscheiden. Eine Zusammenstellung der *Oxydationszahlen*, wie sie Abb. 56 zeigt, läßt die Vielfalt der Möglichkeiten, aber auch eine bestimmte Regelmäßigkeit erkennen. Die höchstmöglichen Oxydationsstufen entsprechen — abgesehen von der ersten Nebengruppe — der Gruppennummer. Sie werden aber in der achten Nebengruppe nur beim Ruthenium und Osmium mit Elementen hoher Elektronegativität wie bei den Tetroxiden RuO_4 und OsO_4 erreicht. Innerhalb einer Nebengruppe nimmt die Stabilität der höheren Oxydationsstufen beim Übergang zu den Elementen höherer Ordnungszahl zu. Die Ursache ist wahrscheinlich die bessere Verfügbarkeit der *d*-Orbitale der größeren Atome, da sie aus geometrischen Gründen leichter zugänglich sind. Die Beständigkeit bestimmter Oxydationsstufen hängt aber stets von den äußeren Bedingungen ab, so sind niedrige Oxydationsstufen häufig nur im festen Zustand stabil, z. B. ist Titanium(II)-chlorid $TiCl_2$ als Feststoff bis 470 °C beständig, zerfällt aber in wäßriger Lösung sofort unter Wasserstoffentwicklung.

Die *Atomradien* der Nebengruppenelemente sollten innerhalb einer Reihe gleichmäßig abnehmen, da die Aufnahme der Elektronen in das gleiche Energieniveau bei zunehmender Kernladung erfolgt. Das ist aber nur teilweise der Fall, wie Abb. 57 zeigt. Während die Atomradien in der 3*d*-Reihe ab Mangan (d^5-Besetzung) etwa gleich bleiben, nehmen sie in den 4*d*- und 5*d*-Reihen ab Rhodium und Iridium (d^7-Besetzung) wieder deutlich zu. Dieses Verhalten hängt wahrscheinlich wie bei den Atomradien der Hauptgruppenelemente (s. 3.2.3., Abb. 13) mit einer Elektronen-

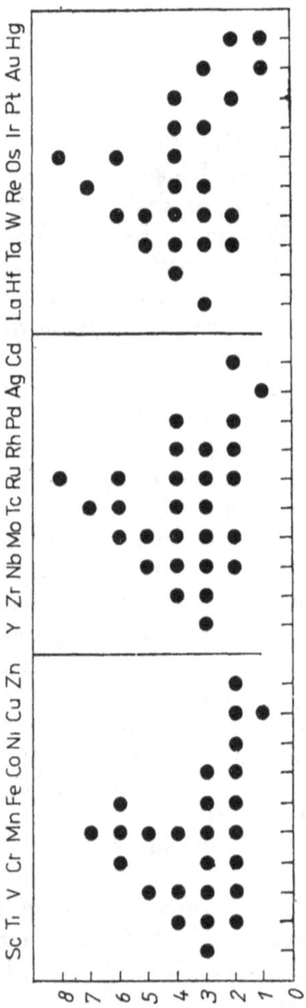

Abb. 56. Oxydationszahlen der Nebengruppenelemente

abstoßung in stark besetzten Energieniveaus zusammen. Wie Abb. 57 weiter erkennen läßt, beträgt der Unterschied der Atomradien zwischen der 3*d*- und der 4*d*-Reihe mehr als 10 pm, während er zwischen der 4*d*- und der 5*d*-Reihe nur etwa 2 pm beträgt. Das ist eine Folge der „*Lanthanoidenkontraktion*", d. h. der Abnahme

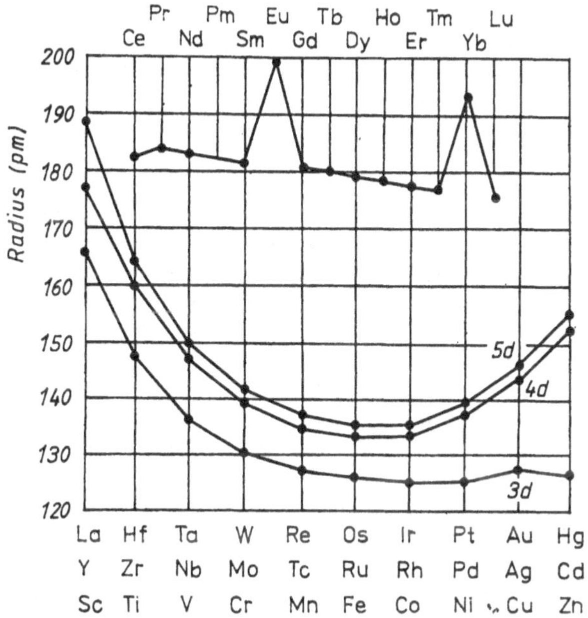

Abb. 57. Atomradien der Nebengruppenelemente der 3*d*-, 4*d*- und 5*d*-Reihe sowie der Lanthanoide

der Atomradien bei den Lanthanoiden, die zwischen diesen Reihen liegen (Abb. 57).

Die auffallenden Maxima der Atomradien beim Europium und Ytterbium erklären sich aus ihren Elektronenkonfigurationen $4f^7 6s^2$ bzw. $4f^{14} 6s^2$, d. h. besetztem 6*s*-Niveau über der Einfach- bzw. Doppelbesetzung aller sieben 4*f*-Niveaus.

Durch die fast gleichen Atomradien tritt eine starke chemische Ähnlichkeit bei den Elementen der 4*d*- und 5*d*-Reihe auf, die sich nicht in den Oxydationsstufen unterscheiden. Besonders ist das der Fall bei Zirkonium und Hafnium, sowie Niobium und Tantal, in geringerem Umfang auch bei Molybdän und Wolfram, Ruthenium und Osmium sowie Rhodium und Iridium.

16.2. Scandiumgruppe, Lanthanoide und Actinoide

Die Elemente der Scandiumgruppe *Scandium, Yttrium, Lanthan* und *Actinium* sind typische, reaktionsfähige Metalle, die entsprechend ihrer Elektronenkonfiguration $ns^2(n-1)d^1$ fast ausnahmslos Verbindungen der Oxydationsstufe +3 bilden. Die Ionen besitzen eine Edelgaskonfiguration und sind daher farblos und diamagnetisch, von den Verbindungen sind die Hydroxide, Phosphate und Carbonate in Wasser schwerlöslich. Die chemischen Eigenschaften des Scandiums sind denen des Aluminiums sehr ähnlich, allerdings ist das Hydroxid nur unvollständig in Laugen zu Hydroxoscandiaten löslich. Während Scandium und Yttrium eigene mineralische Vorkommen wie *Thortveitit* $Sc_2Si_2O_7$ und *Ytterbit* $Be_2Y_2FeSi_2O_{10}$ besitzen, wird Lanthan in der Natur nur zusammen mit den Lanthanoiden gefunden. Actinium ist radioaktiv, das längstlebige Isotop ^{227}Ac, ein β^--Strahler mit einer Halbwertszeit von 21,7 Jahren ein Glied der ^{235}U-Umwandlungsreihe. Wägbare Mengen konnten erst durch die Kernreaktion $^{226}Ra(n, \gamma)$ $^{227}Ra \xrightarrow{\beta^-} {}^{227}Ac$ gewonnen werden. Die Darstellung der Metalle folgt durch Reduktion ihrer Fluoride mit Calcium oder Lithium, bzw. durch Schmelzflußelektrolyse der Halogenide oder Oxide. Ihre Hauptanwendungsgebiete liegen in der Kerntechnik (Scandium- und Yttriumlegierungen, flüssiges Lanthan als Extraktionsmittel für Plutonium) und der Elektronik (Yttrium für Fernsehröhren, Scandium für Magnetspeicher).

Unter dem Namen *Lanthanoide* werden die vierzehn auf das Lanthan folgenden Elemente Cerium bis Lutetium zusammengefaßt, bei denen schrittweise die 4*f*-Orbitale mit Elektronen besetzt werden, während die Valenzelektronenkonfiguration $5d^16s^2$ bei allen gleich ist (s. 3.1.). Zusammen mit Scandium, Yttrium und Lanthan wurden sie früher als „*Seltenerdmetalle*" bezeichnet. Die Lanthanoide sind aber zu durchschnittlich etwa $170\,g \times t^{-1}$ in der Erdkruste enthalten, Cerium und Neodymium als die häufigsten sind verbreiteter als Kupfer und Blei. Allerdings findet man in Übereinstimmung mit der HARKINS*schen Regel* — die besagt, daß Elemente mit ungerader Ordnungszahl weniger häufig als solche mit gerader vorkommen – Europium, Terbium, Holmium, Thulium und Lutetium nur in Anteilen kleiner als $1\,g \times t^{-1}$ und das radioaktive Promethium nur in Spuren. Auch das nach dem Promethium seltenste Lanthanoid Thulium ist noch häufiger als Silber. Die Lanthanoide sind in der Natur auf Grund ihrer Ähnlichkeit stets vergesellschaftet und kommen nur in wenigen Mineralgruppen angereichert vor. Das sind die *Ceriterden*, in denen im *Cerit* Silicate, im *Monazit* Phosphate und im *Bastnäsit* Fluoridcarbonate der Elemente Cerium bis Samarium und des Lanthans auftreten, sowie die *Yttererden*, in denen im *Gadolinit* Silicate, im *Xenotim* Phosphate und im *Euxenit* Titanate der Elemente Europium bis Lutetium und daneben des Yttriums und Scandiums vorkommen. Die Gewinnungsverfahren der Lanthanoide richten sich nach den in den Rohstoffen vorhandenen Bestandteilen und können sehr verschiedenartig sein. Sie schließen gewöhnlich einen sauren oder alkalischen Aufschluß, Fällungsschritte sowie Extraktions- und Ionenaustauschverfahren ein. Die Metalle werden aus den Halogeniden durch Schmelzflußelektrolyse oder Reduktion mit Natrium, Calcium oder Barium gewonnen. *Promethium* wird vor allem als Isotop ^{147}Pm durch Neutronenbestrahlung von Neodymium in Kernreaktoren hergestellt: $^{146}Nd(n, \gamma)^{147}Nd \xrightarrow{\beta^-} {}^{147}Pm$. Es hat eine Halbwertszeit von 2,64 Jahren und wird wegen seiner weichen β-Strahlung zur berührungslosen Dickenmessung und für Strahlungsbatterien verwendet. Die Lanthanoide sind silberglänzende, weiche und sehr reaktionsfähige Metalle. Sie laufen an der Luft an, geben mit Wasser unter zum Teil heftigen Reaktionen Wasserstoff und reagieren mit den meisten Nichtmetallen bei erhöhter Temperatur. Entsprechend der Valenzelektronenkonfiguration überwiegt bei den Verbindungen die Oxydationsstufe +3. Andere Oxydationsstufen treten auf, wenn dadurch die Xenonkonfiguration $d^0(Ce^{4+})$ oder die Halbbesetzung $f^7(Eu^{2+}, Tb^{4+})$ bzw. Vollbesetzung $f^{14}(Yb^{2+})$ des $4f$-Niveaus erreicht wird. Die Basizität der Hydroxide und Oxide nimmt von den Cerium(III)- zu den Lutetium(III)-verbindungen durch die Verminderung der Ionenradien ab, während die Stabilität der Komplexverbindungen in der gleichen Reihenfolge zunimmt. Cerium(IV)-sulfatlösungen werden in der Maßanalyse als wirksame Oxydationsmittel zur Bestimmung von Antimon, Vanadium, Tantal, Uranium, Arsen u. a. eingesetzt (*Cerimetrie*). Die Hauptanwendung der Lanthanoide erfolgte bisher als *Cer-Mischmetall*, das aus etwa 50% Cerium, 25% Lanthan, 15% Neodymium sowie weiteren

Lanthanoiden, Yttrium und Eisen besteht. Es ist in feinverteiltem Zustand pyrophor und wird daher zur Herstellung von Zündsteinen verwendet. Außerdem wird es als eigenschaftsverbessernder Zusatz bei der Stahlherstellung, für Metalle wie Chromium, Molybdän, Nickel, Niobium, Wolfram u. a., sowie bei Leichtmetalllegierungen für den Flugzeug-, Raketen- und Fahrzeugbau eingesetzt. Durch die in letzter Zeit vergrößerten Möglichkeiten zur Trennung und Reindarstellung der Lanthanoide hat die Anwendung von Einzelmetallen in der Kerntechnik, Elektrotechnik und Optik stark zugenommen.

Die auf das Actinium folgenden vierzehn Elemente Thorium bis Lawrencium werden als *Actinoide* bezeichnet. Bei ihnen erfolgt die schrittweise Besetzung der 5*f*-Orbitale mit Elektronen, nachdem bereits beim Radium das 7*s*-Orbital doppelt besetzt wurde und ein Elektron in ein 6*d*-Orbital eingebracht worden ist (s. 3.1.). Die Energieunterschiede zwischen den Orbitalen sind allerdings gering, so daß die leichteren Actinoide in ihren Verbindungen eine Vielzahl von Oxydationsstufen aufweisen (Tab. 24). Erst ab Americium erweist sich die Oxydationsstufe +3 mit der begründeten Aus-

Tabelle 24

Oxydationsstufen der Actinoide[1])

Th	Pa	U	Np	Pu	Am	Cm	Bk	Cf	Es	Fm	Md	No	Lr
					2		2				2	*2*	
3	3	3	3	3	*3*	*3*	*3*	*3*	*3*	*3*	*3*	3	*3*
4	4	4	4	*4*	4	4	4						
	5	5	*5*	5	5								
		6	6	6									
			7	7									

[1]) Die kursiv gedruckten Zahlen bezeichnen die stabilste Oxydationsstufe

nahme des Nobeliums (Elektronenkonfiguration $[Rn]5f^{14}7s^2$) als beständigste. Die Actinoide sind durchweg radioaktiv, und nur Thorium und Uranium besitzen so langlebige Nuklide, daß sie in der Erdkruste noch in bergmännisch abbauwürdigen Vorkommen enthalten sind. Kurzlebige Isotope dieser beiden Elemente treten neben denen des Protactiniums in den radioaktiven Umwandlungsreihen auf (s. 2.1.). Neptunium und Plutonium sind als Produkte von Kernreaktionen in Uraniummineralen nachweisbar und fallen in größeren Mengen in den Kernkraftwerken an (s. 2.1.). Bestimmte Isotope der höheren Actinoiden können durch mehrfachen Neutroneneinfang von Plutonium-239 in Kernreaktoren hoher Neutronenflußdichte erhalten werden, andere bilden sich durch geeignete Kernreaktionen von Plutonium-, Americium- oder Curiumisotopen mit beschleunigten Ionen des Bors, Kohlenstoffs, Stickstoffs, Sauerstoffs oder Neons, z. B.: $^{239}Pu(^{12}C, 4n)^{247}Fm$, $^{243}Am(^{16}O, 4n)^{255}Lr$, $^{248}Cm(^{15}N, 3n)^{260}Lr$. Dabei treten stets Nebenreaktionen auf, bei den höheren Actinoiden vor allem Kernspaltungen unter Bildung von Lanthanoiden. Die Trennung der Reaktionsprodukte erfolgt vorwiegend durch Ionenaustausch und Lösungsmittelextraktion, häufig nach Überführung in unterschiedliche Oxydationsstufen. Von den Elementen oberhalb des Fermiums sind nur kurzlebige Isotope bekannt, so daß von ihnen nur kleinste Mengen hergestellt werden können und der Umgang mit ihnen besondere Arbeitstechniken erfordert.

Die Transactinoidenelemente Unnilquadium bis Unnilseptium schließen sich nach Herstellung und Radioaktivität an die höheren Actinoide an.

Die Darstellung der in wägbaren Mengen gewinnbaren Actinoide erfolgt meist durch Elektrolyse der geschmolzenen Salze oder Reduktion der Fluoride mit Lithium, Calcium oder Barium, z. B.: $CmF_3 + 3\,Li \rightarrow Cm + 3\,LiF$. Man erhält silberglänzende, spröde Metalle von hoher Dichte, die gewöhnlich in mehreren Modifikationen auftreten. Sie lösen sich leicht in verdünnten Säuren, reagieren schnell mit Sauerstoff zu Oxiden und bei 200 bis 300 °C mit Wasserstoff zu Hydriden, werden aber nur langsam von Stickstoff angegriffen.

Thorium kommt mit Yttrium, Lanthan und den Lanthanoiden im Monazit vor, besitzt aber auch eigene Vorkommen wie *Thorit* $ThSiO_4$ und *Thorianit* ThO_2. Die Gewinnung erfolgt vorwiegend aus Monazit durch sauren oder alkalischen Aufschluß, Trennung der Bestandteile durch Extraktion und Herstellung des Thoriumdioxids ThO_2, aus dem das Metall durch Reduktion mit Calcium gewonnen werden kann. Thorium ist Ausgangselement der Thoriumumwandlungsreihe (s. 2.1.). Da die überwiegende Oxydationsstufe +4 ist, ähnelt die Chemie des Thoriums der des Zirconiums und Hafniums (s. 16.3.). In Wasser schwerlösliche Verbindungen sind das Hydroxid, das beim Glühen in das Dioxid ThO_2 übergeht, das Fluorid ThF_4, das Phosphat $Th_3(PO_4)_4$, das Iodat $Th(IO_3)_4$ und das Oxalat $Th(C_2O_4)_2$. Thoriumdioxid wird zur Herstellung von Schmelztiegeln für Temperaturen bis 2200 °C und wie Thoriummetall als Katalysator verwendet. Thorium ist außerdem Ausgangsstoff für die Gewinnung des spaltbaren Uraniumisotops ^{233}U nach der Brutreaktion (s. 2.1.): $^{232}Th(n, \gamma)^{233}Th \xrightarrow{\beta^-} {}^{233}Pa \xrightarrow{\beta} {}^{233}U$.

Wichtigste Vorkommen des *Uraniums* sind die *Pechblende*, ein Uranium(IV, VI)-oxid U_3O_8 und der *Carnotit* $K_2(UO_2)_2(VO_4)_2 \times 3\,H_2O$. Die Verarbeitung der Erze erfolgt je nach Zusammensetzung durch saure oder alkalische Löseverfahren, wobei Uranylsalzlösungen, z. B.: $U_3O_8 + 3\,H_2SO_4 + 1/2\,O_2 \rightarrow 3\,UO_2SO_4 + 3\,H_2O$ oder Lösungen des Tricarbonatouranylkomplexes entstehen: $U_3O_8 + 3\,Na_2CO_3 + 6\,NaHCO_3 + 1/2\,O_2 \rightarrow 3\,Na_4[UO_2(CO_3)_3] + 3\,H_2O$. Die weitere Umsetzung kann über das Ammoniumdiuranat $(NH_4)_2U_2O_7$ und Uraniumdioxid UO_2 zum Uraniumtetrafluorid UF_4 geführt werden, das mit Calcium oder Magnesium zum Metall reduziert wird. Wie die angeführten Verbindungen zeigen, sind die Hauptoxydationsstufen des Uraniums +6 und +4. Ammoniumdiuranat ergibt beim vorsichtigen Erhitzen das rotgelbe amphotere *Uraniumtrioxid* UO_3, das mit Säuren Uranylsalze, mit Basen Uranate bildet. Beim Erhitzen auf etwa 900 °C geht es in das grünschwarze *Triuraniumoctoxid* U_3O_8 über, das als Pechblende vorkommt. Beide Oxide ergeben beim Erhitzen im Wasserstoffstrom das dunkelbraune *Uraniumdioxid* UO_2. Die Uraniumoxide treten allerdings kaum formelrein auf, sondern haben eine beträchtliche Schwankungsbreite der Zusammensetzung. Bei der Einwirkung von Fluorwasserstoff auf Uraniumdioxid bei 300 bis 600 °C erhält man *Uraniumtetrafluorid* UF_4 als ein grünes Pulver vom Schmelzpunkt 1000 °C. Die weitere Umsetzung mit Fluor oberhalb 250 °C ergibt das farblose *Uraniumhexafluorid* UF_6, das einen Sublimationspunkt von 56,2 °C besitzt und wegen seiner Flüchtigkeit zur Trennung der Uraniumisotope (s. 2.1.) durch Gasdiffusion oder -zentrifugation geeignet ist. Uranium wird gegenwärtig fast ausschließlich in der Kerntechnik verwendet, das bei der Anreicherung des spaltbaren Isotops ^{235}U anfallende ^{238}U wegen der hohen Dichte auch als Abschirmmaterial für Strahlenquellen.

16.3. Titanium- und Vanadiumgruppe

Die Elemente der Titaniumgruppe Titanium, Zirconium, Hafnium und das Transactinoidenelement Unnilquadium besitzen die Elektronenkonfiguration $ns^2(n-1)d^2$ und damit die bevorzugte Oxydationsstufe +4. *Titanium* ist in seinen Reaktionen dem Germanium und Zinn ähnlich, tritt aber auch in den Oxydationsstufen +3 und +2 auf, die beim Zirconium und Hafnium kaum Bedeutung haben (s. 16.1.). Die wichtigsten Titaniumminerale sind *Ilmenit* $FeTiO_3$, *Perowskit* $CaTiO_3$ sowie *Anatas* und *Rutil*, zwei kristalline Formen des Titaniumdioxids TiO_2. Titanium kann nicht, wie die meisten Metalle, aus dem Oxid durch Reduktion mit Kohlenstoff, Wasserstoff oder unedlen Metallen hergestellt werden, da es dabei ein stabiles Carbid bzw. niedere Oxide bildet. Die technische Darstellung erfolgt über das *Titaniumtetrachlorid* $TiCl_4$, eine farblose Flüssigkeit, die bei 136 °C siedet und meist durch Umsetzung des Dioxids mit Kohlenstoff und Chlor bei 900 bis 1000 °C gewonnen wird: $TiO_2 + 2C + 2Cl_2 \rightarrow TiCl_4 + 2CO$. Nach der Reinigung, u. a. durch Destillation wird es nach dem *Kroll-Verfahren* bei 800 °C in einer Argonatmosphäre mit geschmolzenem Magnesium umgesetzt: $TiCl_4 + 2Mg \rightarrow Ti + 2MgCl_2$ und das schwammartig anfallende Titanium unter Argon zusammengeschmolzen. Es ist ein silberweißes, gut verformbares Metall mit der geringen Dichte von 4,5 g $\times$ cm^{-3} und dem hohen Schmelzpunkt von 1677 °C, das eine hohe Festigkeit und gute Korrosionsbeständigkeit aufweist, da es oberflächlich eine dünne Oxidschicht ausbildet. Wegen dieser Verbindung günstiger Eigenschaften wird Titanium im chemischen Apparatebau sowie der Luft- und Raumfahrttechnik in großem Umfang angewandt.

Die wichtigste Titaniumverbindung ist das *Titanium(IV)-oxid* TiO_2, ein weißes Pulver, das thermisch bis zum Schmelzpunkt bei 1855 °C stabil und auch chemisch recht widerstandsfähig ist. Es kann aus Ilmenit durch Aufschluß mit Schwefelsäure gewonnen werden, wobei Eisensulfat und *Titanylsulfat* $TiOSO_4$ entsteht. Das letztere, das eine Kettenstruktur mit Ti—O—Ti-Bindungen besitzt, wird mit Wasser in der Hitze zu einem wasserhaltigen Titaniumdioxid umgesetzt: $TiOSO_4 + H_2O \rightarrow TiO_2 \times aq + H_2SO_4$, aus dem das Wasser durch Erhitzen entfernt wird. Mit Zusätzen von Bariumsulfat $BaSO_4$ und mitunter Zinkoxid ZnO ist Titaniumdioxid als *Titanweiß* ein Weißpigment von hohem Färbevermögen, guter Deckfähigkeit, großer Lichtechtheit und chemischer Beständigkeit, das für Anstrichzwecke sowie in der Papier-, Keramik- und Plastindustrie verwendet wird. Schmilzt man Titaniumdioxid mit basischen Verbindungen, so erhält man *Titanate* unterschiedlicher Struktur, vor allem Metatitanate: $TiO_2 + Na_2CO_3 \rightarrow Na_2TiO_3 + CO_2$ und Orthotitanate: $TiO_2 + 2BaO \rightarrow Ba_2TiO_4$. Glüht man Titaniumdioxid im Wasserstoffstrom bei 1000 °C, so erhält man amethystfarbenes *Titanium(III)-oxid* Ti_2O_3: $2TiO_2 + H_2 \rightarrow Ti_2O_3 + H_2O$, eine stabile Verbindung, die Korundstruktur (s. 13.4.) besitzt. Die Reduktion mit metallischem Titanium bei Temperaturen um 1600 °C ergibt goldgelbes *Titanium(II)-oxid* TiO: $TiO_2 + Ti \rightarrow 2TiO$. Reduziert man saure Titanium(IV)-salzlösungen elektrolytisch oder durch starke Reduktionsmittel wie Zink, so entstehen violette Titanium(III)-salzlösungen, die schnell wirkende Reduktionsmittel sind und in der *Titanometrie* zur maßanalytischen Bestimmung von Eisensalzen, Chromaten, Nitraten, Perchloraten, Peroxoverbindungen u. a. verwendet werden. Eine gute Nachweismöglichkeit sowohl für Titanium als auch für Wasserstoffperoxid ist die intensive orangegelbe Färbung eines *Peroxotitaniumkomplexes,* der bei der Zugabe von Wasserstoffperoxid zu einer sauren Titanium(IV)-salzlösung entsteht.

Zirconium und *Hafnium* besitzen durch die Lanthanoidenkontraktion (s. 16.1.) fast gleiche Atomradien und damit eine außerordentliche Ähnlichkeit des chemischen Verhaltens. Die wichtigsten Zirconiumminerale sind das *Zirkon* $ZrSiO_4$ und das *Baddeleyit* ZrO_2; Hafnium bildet keine eigenen Minerale, es ist zu 0,1 bis 3% in den Zirconiummineralen enthalten. Die Darstellung der Elemente erfolgt entsprechend dem Krollverfahren beim Titanium. Zirconium wird als Legierungsbestandteil, im Apparatebau und wegen seiner hohen Neutronendurchlässigkeit als Hüllenmaterial für die Brennelemente von Kernreaktoren verwendet. Dieses Reaktorzirconium muß weitgehend hafniumfrei sein, da Hafnium einen fast 600mal höheren Neutroneneinfangquerschnitt besitzt. Trennungsmöglichkeiten für beide Elemente bestehen durch Unterschiede im Extraktionsverhalten sowie Siedepunkts- und Löslichkeitsunterschiede von Komplexverbindungen. *Zirconium(IV)-oxid* ZrO_2, ein hartes, weißes Pulver mit einem Schmelzpunkt von etwa 2700 °C, hat Bedeutung zur Herstellung von Schmelztiegeln und als Hochtemperaturisolierstoff.

Die *Vanadiumgruppe* umfaßt die Elemente Vanadium, Niobium, Tantal und das Transactinoidenelement Unnilpentium, deren chemisches Verhalten durch die allgemeine Elektronenkonfiguration $ns^2(n-1)d^3$ bestimmt wird. Während aber *Vanadium* eine Vielzahl von Verbindungen aller Oxydationsstufen von +5 bis +2 ausbildet, geht die Bedeutung der niedrigeren Oxydationsstufen beim Niobium und Tantal wesentlich zurück. Vanadium tritt häufig in geringen Anteilen in Eisenerzen auf, bildet aber auch eigene mineralische Vorkommen wie das Polysulfid *Patronit* $V_2S_5 \times nS$ oder den *Vanadinit* $3Pb_3(VO_4)_2 \times PbCl_2$. Die

Herstellung des Elements erfolgt meist aus den vanadiumhaltigen Eisenerzen, bei deren Verarbeitung sich das Vanadium in der Schlacke anreichert. Schmilzt man diese mit Soda, so entsteht Natriumvanadat Na_3VO_4, das mit Wasser ausgelaugt wird und beim Ansäuern Vanadium(V)-oxid V_2O_5 ergibt. Durch Reduktion mit Calcium kann aus ihm das Metall dargestellt werden: $V_2O_5 + 5Ca \rightarrow 2V + 5CaO$. Vanadium ist stahlgrau, gut verformbar, kristallisiert in einem kubisch-raumzentrierten Gitter und schmilzt bei 1890 °C. Es wird vor allem als Stahlzusatz verwendet, dessen Zähigkeit und Dehnbarkeit es erhöht. Vanadium(V)-oxid und einige Vanadate werden als Katalysatoren, besonders für Oxydationsreaktionen eingesetzt.

Vanadium(V)-oxid V_2O_5 bildet sich beim Verbrennen des fein verteilten Metalls in Sauerstoff als gelbes bis braunrotes Pulver, das bei 650 °C schmilzt. Es löst sich in Natronlauge zum farblosen *Natriumorthovanadat* Na_3VO_4: $V_2O_5 + 6NaOH \rightarrow 2Na_3VO_4 + 3H_2O$. Beim Ansäuern der Lösung entstehen Hydrogenvanadationen HVO_4^{2-}, die Kondensationsreaktionen ähnlich denen der Silicate (s. 12.5.) eingehen. Dabei bildet sich eine Reihe löslicher *Isopolyanionen*, z. B. gelbe Tetravanadationen $V_4O_{10}^{4-}$ und orangegelbe Dekavanadationen $H_2V_{10}O_{28}^{4-}$ und schließlich fällt Vanadium(V)-oxid aus, das bei weiterer Säurezugabe zu Dioxovanadium(V)-ionen VO_2^+ gelöst wird. Reduziert man diese Lösung mit Schwefeldioxid, so erhält man blaue Oxovanadium(IV)-ionen VO^{2+}. Beim Erhitzen von Vanadium(V)-oxid im Wasserstoffstrom entsteht zuerst das schwarze *Vanadium(III)-oxid* V_2O_3, das Korundstruktur (s. 13.4.) besitzt und sich in Säuren zu grünen V^{3+}-Ionen löst. Diese bilden Alaune (s. 13.4.), wie den blauvioletten Ammoniumvanadiumalaun $NH_4V(SO_4)_2 \times 12H_2O$. Die weitere Reduktion des Oxids mit Wasserstoff führt zum grauschwarzen *Vanadium(II)-oxid* VO, das im Steinsalzgitter kristallisiert und mit Säuren violette Vanadium(II)-salzlösungen ergibt. Die Lösungen sind starke Reduktionsmittel und müssen daher vor dem Luftsauerstoff geschützt werden. Für den Nachweis des Vanadiums ist wichtig, daß Vanadationen beim Ansäuern und Wasserstoffperoxidzugabe rotbraune Peroxovanadylkationen bilden und mit Ammoniumsulfidlösung braun bis rotviolett gefärbte *Thiovanadate* $(NH_4)_3VS_4$ geben, aus denen bei Säurezugabe braunes Vanadium(V)-sulfid V_2S_5 ausfällt.

Niobium und *Tantal* gehören zu den seltenen Elementen. Sie haben auf Grund der Lanthanoidenkontraktion (s. 10.1.) sehr ähnliche Eigenschaften und kommen auch in der Natur gemeinsam vor. Das wichtigste Mineral ist der *Columbit* (Fe, Mn) (Nb, Ta)$_2$O$_6$, der bei überwiegendem Niobiumgehalt als *Niobit*, bei überwiegendem Tantalgehalt als *Tantalit* bezeichnet wird. Der Aufschluß des Erzes kann mit Flußsäure erfolgen, wobei Fluorokomplexe des Niobiums und Tantals entstehen, deren Trennung durch Lösungsmittelextraktion möglich ist. Die Gewinnung der Metalle kann durch Reduktion mit Natrium erfolgen: $K_2[NbF_7] + 5\,Na \rightarrow Nb + 2\,KF + 5\,NaF$. Beide sind chemisch sehr beständig und in reinem Zustand gut verformbar. Niobium wird als eigenschaftsverbessernder Zusatz zu Stählen und für dauerfeste und hitzebeständige Legierungen, z. B. mit Chromium, Nickel und Cobalt, für Düsentriebwerke, Raketen und Kernreaktoren eingesetzt. Tantal findet Anwendung im chemischen Apparatebau, für medizinische Geräte und in der Elektronik.

Erhitzt man Niobium im Chlorstrom, so entsteht das gelbe, rhombisch kristallisierende *Niobiumpentachlorid*, das bei 209 °C schmilzt: $2\,Nb + 5\,Cl_2 \rightarrow 2\,NbCl_5$. Bei der Behandlung mit Fluorwasserstoff bilden sich daraus die bei 79 °C schmelzenden farblosen Nadeln des *Niobiumpentafluorids*: $NbCl_5 + 5\,HF \rightarrow NbF_5 + 5\,HCl$. Sie lösen sich in konzentrierter Flußsäure zur *Heptafluoroniobiumsäure* $H_2[NbF_7]$, deren Salze bei der Niobium-Tantal-Trennung eine wichtige Rolle spielen. Reduziert man Niobiumpentachlorid mit Wasserstoff, Aluminium oder Niobiummetall, so erhält man das schwarze Tetrachlorid und bei weiterer Reduktion Chloride mit gebrochenen Oxydationszahlen zwischen +3 und +2 der formalen Zusammensetzung $NbCl_{2,67}$, $NbCl_{2,5}$ und $NbCl_{2,33}$. Sie enthalten *Inselstrukturen* (Cluster) mit Metall-Metall-Bindungen, z. B. $[Nb_6Cl_{12}]^{2+}$- und $[Nb_6Cl_8]^{7+}$-Einheiten, die Nb_6-Oktaeder enthalten, deren Kanten ganz oder teilweise durch Chloratome überbrückt sind. Als Gegenionen können Halogenidionen, Hydroxidionen u. a. auftreten. Niobium(V)-oxid Nb_2O_5 und Tantal(V)-oxid Ta_2O_5 bilden beim Schmelzen mit Natriumhydroxid *Niobate* und *Tantalate*, wie Na_3NbO_4 und Na_3TaO_4. Säuert man ihre Lösungen an, so erhält man wie beim Vanadium *Isopolyanionen*, hier vor allem $[Nb_6O_{19}]^{8-}$- und $[Ta_6O_{19}]^{8-}$-Ionen.

16.4. Chromium- und Mangangruppe

Die *Chromiumgruppe* enthält die Elemente Chromium, Molybdän, Wolfram und das Transactinoidenelement Unnilhexium. Sie sind hochschmelzende, chemisch beständige Schwermetalle mit kubischraumzentrierter Struktur (s. 4.3.). Ihre gemeinsame Elektronenkonfiguration ist $ns^2(n-1)d^4$ und die höchste Oxydationsstufe damit +6; sie ist beim Molybdän und Wolfram die Hauptoxydationsstufe, während beim Chromium +3 stabiler ist. So tritt das *Chromium* mineralisch vorwiegend im *Chromeisenstein* (Chromit) $FeCr_2O_4$ in der Spinellstruktur (s. 13.4.) auf, das *Rotbleierz* (Krokoit) $PbCrO_4$ ist wesentlich seltener. Zur Herstellung von *Ferrochrom*, einer kohlenstoffhaltigen Chrom-Eisen-Legierung für Chromstähle, wird der Chromeisenstein unmittelbar mit Kohlenstoff reduziert: $FeCr_2O_4 + 4C \rightarrow 2Cr + Fe + 4CO$. Um reines Chromium zu gewinnen, wird der Chromeisenstein durch Erhitzen mit Soda und Kalk unter Luftzutritt zum Natriumchromat Na_2CrO_4 oxydiert: $2FeCr_2O_4 + 4Na_2CO_3 + 4CaO + 7/2\,O_2 \rightarrow 4Na_2CrO_4 + 2Fe_2O_3 + 4CaCO_3$. Das Natriumchromat wird mit Wasser herausgelöst, mit Schwefelsäure in Natriumdichromat $Na_2Cr_2O_7$ überführt und mit Kohlenstoff zum Chromium(III)-oxid Cr_2O_3 reduziert: $Na_2Cr_2O_7 + 2C \rightarrow Cr_2O_3 + Na_2CO_3 + CO$. Da das Chromium mit Kohlenstoff Carbide bildet, wird das Oxid mit Aluminium zum Metall umgesetzt: $Cr_2O_3 + 2Al \rightarrow 2Cr + Al_2O_3$. Chromium ist ein bläulichweiß glänzendes, hartes und sprödes Metall. Neben der Verwendung für Chromstähle wird es als Bestandteil weiterer Legierungen eingesetzt, z. B. in Nickel-Chromium-Legierungen, die als Heizleiter für elektrische Öfen, im chemischen Apparatebau und für chirurgische Geräte angewandt werden. Chromium wird häufig elektrolytisch als dekorativer Schutzüberzug auf andere Metalle aufgetragen.

Chromium(III)-oxid Cr_2O_3, ein dunkelgrünes Pulver mit Korundstruktur (s. 13.4.), das erst bei 2260 °C schmilzt, ist eine reaktionsträge Verbindung, unlöslich in Wasser, Säuren und Laugen. Sie wird als *Chromoxidgrün* vielseitig als Farbpigment mit hoher Beständigkeit und Deckkraft eingesetzt. Beim Schmelzen mit Kaliumdisulfat bildet sich *Chromium(III)-sulfat*: $Cr_2O_3 + 3K_2S_2O_7 \rightarrow Cr_2(SO_4)_3 + 3K_2SO_4$, das mit Wasser violette und grüne Hydrate bildet. Die violetten Hydrate enthalten Hexaquochromium(III)-ionen $[Cr(H_2O)_6]^{3+}$, während die schwerer löslichen grünen Sulfatokomplexe, wie das Sulfatotetraquochromium(III)-sulfatdihydrat $[Cr(SO_4)(H_2O)_4]_2SO_4 \times 2H_2O$ Gemischtligandenkomplexe darstellen. Vermischt man Lösungen von Chromium(III)-sulfat und Kaliumsulfat und überläßt sie der Kristallisation, so erhält man dunkelviolette Oktaeder von „*Chromalaun*" $KCr(SO_4)_2 \times 12H_2O$, ein Doppelsalz der Struktur $[K(H_2O)_6][Cr(H_2O)_6](SO_4)_2$. Chromium(III)-salzlösungen reagieren durch Protolyse (s. Einleitung

Kap. 8) sauer: $[Cr(H_2O)_6]^{3+} + H_2O \rightleftharpoons [Cr(OH)(H_2O)_5]^{2+} + H_3O^+$. Sie werden daher als Beizmittel in der Textilindustrie und zum Gerben von Häuten verwendet. Durch Zugabe von Lauge läßt sich die Protolyse bis zur Fällung des graublauen *Chromium(III)-hydroxids* $Cr(OH)_3$ führen, das amphoter ist, sich also sowohl in Säuren als auch im Überschuß an Lauge zum tiefgrünen Hexahydroxochromat(III) auflöst: $[Cr(H_2O)_6]^{3+} \underset{+H_3O^+}{\overset{+OH^-}{\rightleftharpoons}} Cr(OH)_3 \underset{+H_3O^+}{\overset{+OH^-}{\rightleftharpoons}} [Cr(OH)_6]^{3-}$. Da die d^3-Elektronenkonfiguration des Chromium(III)-ions für die Ausbildung oktaedrischer Komplexe energetisch besonders günstig ist, bildet es eine sehr große Anzahl weiterer Komplexe dieses Typs.

Versetzt man eine Hexahydroxochromat(III)-lösung mit Wasserstoffperoxid, so wird sie zum gelben *Chromat(VI)* oxydiert: $2\,Na_3[Cr(OH)_6] + 3\,H_2O_2 \rightarrow 2\,Na_2CrO_4 + 2\,NaOH + 8\,H_2O$. Beim Ansäuern färbt sich die Lösung gelbrot, indem die Chromationen über die Kondensation von Hydrogenchromationen zum *Dichromat* $Cr_2O_7^{2-}$ reagieren: $2\,CrO_4^{2-} \underset{+2\,OH^-}{\overset{+2\,H_3O^+}{\rightleftharpoons}} 2\,HCrO_4^- \underset{+H_2O}{\overset{-H_2O}{\rightleftharpoons}} Cr_2O_7^{2-}$. Mit Schwefelsäure läuft die Reaktion unter Verstärkung der Rotfärbung über die Isopolyanionen Trichromat $Cr_3O_{10}^{2-}$ und Tetrachromat $Cr_4O_{13}^{2-}$ weiter, bis tiefrotes nadelförmiges *Chromium(VI)-oxid* ausfällt. Es ist eine polymere Verbindung, die aus eckenverknüpften CrO_4-Tetraedern aufgebaut ist und bei 197 °C unter Sauerstoffabspaltung schmilzt. Chromium(VI)-oxid und Dichromat sind viel verwendete, starke Oxydationsmittel, z. B. kann Salzsäure teilweise zu Chlor oxydiert werden: $Na_2Cr_2O_7 + 14\,HCl \rightarrow 2\,CrCl_3 + 3\,Cl_2 + 2\,NaCl + 7\,H_2O$. Chromium(VI)-verbindungen sind stark giftig, sie führen zu Verätzungen und Geschwüren. Zu ihrem Nachweis kann das tiefblaue *Chromium(VI)-peroxid* CrO_5 dienen, das sich bildet, wenn angesäuerte Chromatlösungen mit Wasserstoffperoxid versetzt werden: $K_2Cr_2O_7 + 4\,H_2O_2 + H_2SO_4 \rightarrow 2\,CrO_5 + K_2SO_4 + 5\,H_2O$. Es enthält einen Oxidsauerstoff und zwei Peroxidgruppen ($CrO(O_2)_2$) und kann mit Ether aus der Reaktionslösung ausgeschüttelt werden. Bariumchromat $BaCrO_4$, Bleichromat $PbCrO_4$ und Silberchromat Ag_2CrO_4 sind in Wasser schwerlöslich; das gelbe Bleichromat findet im Gemisch mit Bleisulfat und anderen Zusätzen als Farbpigment *Chromgelb* Verwendung.

Molybdän und *Wolfram* sind durch die Lanthanoidenkontraktion (s. 16.1.) in ihren chemischen Eigenschaften sehr ähnlich. Molybdän kommt mineralisch vorwiegend als Sulfid *Molybdänglanz* (Molybdänit) MoS_2, daneben als Molybdat *Gelbbleierz* (Wulfenit) $PbMoO_4$ vor; Wolfram fast ausschließlich in Form der Wolframate *Wolframit* (Fe, Mn)WO_4 und *Scheelit* $CaWO_4$. Die Darstellung der Metalle erfolgt über die Oxide Molybdän(VI)-oxid MoO_3 und Wolfram(VI)-oxid WO_3 durch Reduktion mit Wasserstoff: $MoO_3 + 3H_2 \rightarrow Mo + 3H_2O$. Man erhält silberglänzende schwere Metalle, die sich in verdünnten und nichtoxydierenden Säuren nicht auflösen. Während Molybdän von alkalischen Schmelzen nur langsam angegriffen wird, ist Wolfram darin leicht löslich. Molybdän hat einen Schmelzpunkt von 2620 °C, Wolfram von 3410 °C und damit den höchsten Schmelzpunkt aller Metalle. Beide Metalle werden als Zusätze für Sonderstähle verwendet, da sie die Härte, Festigkeit und Korrosionsbeständigkeit wesentlich erhöhen. Wolfram findet außerdem Anwendung für Glühfäden in Glühlampen und Vakuumröhren, sowie als Heizleiter für Hochtemperaturöfen. Molybdänoxide und -sulfide werden als Katalysatoren, besonders in der Petrolchemie eingesetzt. *Molybdän(VI)-oxid* MoO_3, ein weißer Feststoff vom Schmelzpunkt 795 °C und *Wolfram(VI)-oxid* WO_3, ein zitronengelber Feststoff, der bei 1200 °C schmilzt, lösen sich in Natronlauge und bilden das *Molybdat* Na_2MoO_4 bzw. *Wolframat* Na_2WO_4. Beide Salze sind wasserlöslich und geben beim Ansäuern ihrer Lösungen eine Reihe von *Isopolyanionen*, die untereinander durch pH-abhängige Gleichgewichte verbunden sind. Beim Molybdat sind das u. a. das Oktamolybdat $[Mo_8O_{26}]^{4-}$ und das Dodekamolybdat $[Mo_{12}O_{41}]^{10-}$, beim Wolframat das Hexawolframat $[HW_6O_{21}]^{5-}$ und das Dodekawolframat $[H_2W_{12}O_{40}]^{6-}$. Diese Anionen sind aus MoO_6- bzw. WO_6-Oktaedern aufgebaut, die über eine oder mehrere Kanten miteinander verknüpft sind. Säuert man Molybdat- oder Wolframatlösungen an, die noch weitere Ionen enthalten, so führt das in vielen Fällen zum Einbau dieser „Fremdionen" in die Isopolyanionenstruktur. Das bekannteste Beispiel ist der Einbau von Phosphationen in die Molybdatstruktur zum *Heteropolyanion Dodekamolybdatophosphat* $[PMo_{12}O_{40}]^{3-}$: $12MoO_4^{2-} + PO_4^{3-} + 24H_3O^+ \rightarrow [PMo_{12}O_{40}]^{3-} + 36H_2O$. Die Fällung des gelben Ammoniumsalzes kann als Molybdat- und Phosphatnachweis verwendet werden. Das Dodekamolybdatophosphation ist aus vier Dreiergruppen von kantenverknüpften MoO_6-Oktaedern aufgebaut, die ein gemeinsames Sauerstoffatom mit dem in der Mitte befindlichen PO_4-Tetraeder besitzen und untereinander eckenverknüpft sind, wie es Abb. 58 zeigt. Weitere Heteropolyanionen mit tetraedrisch koordiniertem Heteroatom sind das Dodekamolybdatosilicat $[SiMo_{12}O_{40}]^{4-}$, Dodekawolframatophosphat $[PW_{12}O_{40}]^{3-}$ und Dodekawolframatoborat $[BW_{12}O_{40}]^{5-}$.

Die Heteroatome können auch oktaedrisch koordiniert vorliegen, wie im Hexamolybdatoiodat $[IMo_6O_{24}]^{5-}$ bzw. Enneamolybdatomanganat(IV) $[MnMo_9O_{32}]^{6-}$ oder ikosaedrisch koordiniert wie im Dodekamolybdatocerat(IV) $[CeMo_{12}O_{42}]^{8-}$. Behandelt man angesäuerte Molybdat- oder Wolframatlösungen mit Reduktionsmitteln wie Zink oder Zinn(II)-chlorid, so erhält man tiefblaue

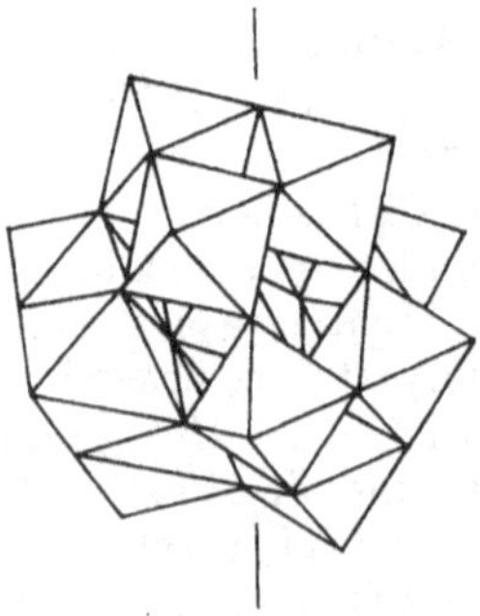

Abb. 58. Struktur des Dodekamolybdatophosphats

Färbungen, die als *Molybdänblau* bzw. *Wolframblau* bezeichnet werden und auf eine teilweise Reduktion zur Oxydationsstufe +5 zurückgehen. In ähnlicher Weise führt die Reduktion von Natriumpolywolframat mit Wasserstoff bei Rotglut zu kräftig gefärbten *Wolframbronzen* der Zusammensetzung Na_xWO_3 $(1 \geqq x > 0{,}3)$, deren Farbe mit abnehmendem Natriumgehalt von gelb über rot nach blau wechselt. Sie sind aus einem Gerüst von WO_6-Oktaedern aufgebaut, die über sämtliche Ecken miteinander verknüpft sind.

Beide Metalle bilden eine Vielzahl von Halogeniden und Oxidhalogeniden der Oxydationsstufen +6 bis +2. Unter den Verbindungen der niederen Oxydationsstufen sind wie beim Vanadium solche mit Inselstrukturen; so ist das „Molybdändichlorid" die Verbindung $[Mo_6Cl_8]Cl_4$, das „Wolframtrichlorid" die Verbindung $[W_6Cl_{12}]Cl_6$.

Die *Mangangruppe* besteht aus den Elementen Mangan, Technetium, Rhenium sowie dem Transactinoidenelement Unnilseptium, die nach ihrer Elektronenkonfiguration $ns^2(n-1)d^5$ die Oxydationsstufen +2 bis +7 ausbilden können. Die wichtigsten Oxydationsstufen der Manganverbindungen sind +2, +4 und +7; bei den Verbindungen von Technetium und Rhenium, die durch die Lanthanoidenkontraktion (s. 16.1.) sehr ähnliche chemische Eigenschaften haben, ist die vorherrschende Oxydationsstufe +7. Das bei weitem wichtigste Element der Gruppe ist das *Mangan*, das nach dem Eisen zweithaufigste Schwermetall der Erdkruste. Seine wichtigsten Erze sind der *Braunstein* MnO_2, *Braunit* Mn_2O_3 und *Hausmannit* Mn_3O_4 – ein Spinell (s. 13.4.) – sowie der *Manganspat* $MnCO_3$. Zur Mangandarstellung überführt man durch Erhitzen in Mangan(II, III)-oxid Mn_3O_4 und reduziert mit Aluminium. $3Mn_3O_4 + 8Al \rightarrow 9Mn + 4Al_2O_3$. Mangan ist ein grauweißes, hartes und sprödes reaktionsfähiges Metall vom Schmelzpunkt 1244 °C, das vorwiegend als Desoxydationsmittel und Legierungsbestandteil bei der Stahlerzeugung verwendet wird.

Mangan löst sich leicht in verdünnten Mineralsäuren zu beständigen Salzlösungen, die blaßrosa gefärbte Hexaquomangan(II)-ionen $[Mn(H_2O)_6]^{2+}$ enthalten. Ihre Stabilität erklärt sich aus der d^5-Elektronenkonfiguration, d. h. der Einfachbesetzung aller d-Orbitale. Aus den Mangan(II)-salzlösungen fällt mit Lauge weißes *Mangan(II)-hydroxid* $Mn(OH)_2$, das beim Stehen an der Luft allmählich in braunes Mangan(IV)-oxidhydroxid übergeht: $Mn(OH)_2 + 1/2\,O_2 \rightarrow MnO(OH)_2$. Ammoniumsulfidlösung fällt *Mangan(II)-sulfid*, das je nach den Fällungsbedingungen in einer wasserhaltigen fleischfarbenen oder einer wasserfreien moosgrünen Form ausfällt.

Mangan(III)-verbindungen sind nur als Festkörper oder Komplexverbindungen beständig, in wäßriger Lösung wirken Mangan(III)-ionen als starke Oxydationsmittel oder disproportionieren in Mangan(II)- und Mangan(IV)-verbindungen, wenn keine geeigneten Reaktionspartner vorhanden sind.

Die wichtigste Mangan(IV)-verbindung ist der *Braunstein* MnO_2, ein grauschwarzer, wasserunlöslicher Feststoff, der ab 530 °C Sauerstoff abspaltet und in Mangan(III)-oxid übergeht: $2MnO_2 \rightarrow Mn_2O_3 + 1/2\,O_2$. Braunstein ist in saurer Lösung ein gutes Oxydationsmittel, z. B. wird konzentrierte Salzsäure zu Chlor oxydiert: $MnO_2 + 4HCl \rightarrow MnCl_2 + Cl_2 + 2H_2O$. Beim Schmelzen mit Erdalkalioxiden erhalt man *Manganate(IV)* unterschiedlicher Zusammensetzung, z. B. $MnO_2 + CaO \rightarrow CaMnO_3$. In der Alkalischmelze in Gegenwart von Luft oder anderen Oxydationsmitteln entstehen dagegen die dunkelgrünen *Manganate(VI)*: $MnO_2 + 2KOH + 1/2\,O_2 \rightarrow K_2MnO_4 + H_2O$. Sie sind nur in stark alkalischen Lösungen beständig, bereits in einmolarer Lauge disproportionieren sie in Braunstein und das tiefviolette Manganat(VII), das gewöhnlich *Permanganat* genannt wird: $3K_2MnO_4 + 2H_2O \rightarrow 2KMnO_4 + MnO_2 + 4KOH$. Die Permanganate sind starke, viel verwendete Oxydationsmittel, die besonders in der Maßanalyse zur Bestimmung eine Vielzahl oxydierbarer Stoffe eingesetzt werden. Dabei ist der Reaktionsablauf vom pH-Wert der Lösung abhängig. In alkalischer Lösung wird Permanganat zum Braunstein reduziert, z. B. durch Natriumsulfit: $2\,KMnO_4 + 3\,Na_2SO_3 + H_2O \rightarrow 2\,MnO_2 + 3\,Na_2SO_4 + 2\,KOH$; in saurer Lösung erfolgt die Reduktion zu Mangan(II)-verbindungen, beispielsweise durch schweflige Säure: $2\,KMnO_4 + 5\,SO_2 + 2\,H_2O \rightarrow 2\,MnSO_4 + K_2SO_4 + 2\,H_2SO_4$. Permanganat kann selbst Wasserstoffperoxid zu Sauerstoff oxydieren: $2\,KMnO_4 + 5\,H_2O_2 + 3\,H_2SO_4 \rightarrow 2\,MnSO_4 + K_2SO_4 + 5\,O_2 + 8\,H_2O$. Die *Permangansäure* $HMnO_4$ ist eine sehr starke, unbeständige, kräftig oxydierende Säure. Ihr Anhydrid, das *Mangan(VII)-oxid* Mn_2O_7, erhält man als ein grünschwarzes Öl durch die Umsetzung von Kaliumpermanganat mit konzentrierter Schwefelsäure: $2\,KMnO_4 + H_2SO_4 \rightarrow Mn_2O_7 + K_2SO_4 + H_2O$. Es zerfällt beim Erwärmen in Braunstein und Sauerstoff: $2\,Mn_2O_7 \rightarrow 4\,MnO_2 + 3\,O_2$.

Technetium besitzt ausschließlich radioaktive Isotope und kommt in der Natur nicht vor. Das Isotop ^{99}Tc entsteht aber bei der Spaltung von Uranium-235 mit thermischen Neutronen (s. 2.1.) in einer hohen Spaltausbeute und kann bei der Aufarbeitung der Kernbrennelemente gewonnen werden, indem man es als Technetium(VII)-sulfid Tc_2S_7 fällt und bei 1100 °C mit Wasserstoff reduziert. Es verwandelt sich unter β^--Strahlung mit einer Halbwertszeit von $2{,}12 \times 10^5$ Jahren in Ruthenium-99 um.

Rhenium bildet keine eigenen Minerale, es kommt in kleinen Anteilen in Erzen wie Molybdänglanz und Columbit vor. Bei der Verarbeitung der Erze wird das Rhenium als Perrhenat in Lösung gebracht, als schwerlösliches Kaliumperrhenat gefällt und mit Wasserstoff zum Metall reduziert: $2\,KReO_4 + 7\,H_2 \rightarrow 2\,Re + 2\,KOH + 6\,H_2O$. Rhenium ist ein reaktionsträges Schwermetall mit einem Schmelzpunkt von 3180 °C, dem zweithöchsten der Metalle. Beide Metalle verbrennen im Sauerstoffstrom bei erhöhter Temperatur zu den gelben Heptoxiden, dem *Technetium(VII)-oxid* Tc_2O_7 und dem *Rhenium(VII)-oxid*, Re_2O_7, die sich in Wasser zur *Pertechnetiumsäure* $HTcO_4$ und *Perrheniumsäure* $HReO_4$ lösen. Sowohl die Oxide als auch die Säuren sind wesentlich beständiger als die entsprechenden Mangan(VII)-verbindungen und belegen damit die Zunahme der Stabilität der höheren Oxydationsstufen bei den Nebengruppenelementen (s. Einleitung zu diesem Kapitel). Rheniumsulfide haben Bedeutung als Hydrierkatalysatoren, da sie nicht durch Schwefelverbindungen vergiftet werden.

16.5. Eisen- und Platinmetalle

Unter den neun Elementen der achten Nebengruppe des Periodensystems sind die Gemeinsamkeiten zwischen den Elementen der gleichen Periode stärker ausgeprägt als zwischen den Elementen der 3*d*-Reihe einerseits und der 4*d*- und 5*d*-Reihe andererseits. Die letztgenannten Elemente besitzen durch Lanthanoidenkontraktion (s. 16.1.) ähnliche Eigenschaften. Sie werden deshalb als Platinmetalle von den Eisenmetallen unterschieden. Über die chemischen Eigenschaften der Transactinoidenelemente der 6*d*-Reihe ist noch wenig bekannt.

Die *Eisenmetalle* Eisen, Cobalt und Nickel zeigen typische Metalleigenschaften, besitzen Schmelzpunkte zwischen 1450 und 1535 °C und Atomradien zwischen 124 und 126 pm, bevorzugen die Oxydationsstufen +2 und +3 und sind ferromagnetisch. *Eisen* ist mit einem Anteil von etwa 5% an der Erdrinde das zweithäufigste Metall nach Aluminium und damit das häufigste Schwermetall. Die wichtigsten Erze sind *Magneteisenstein* (Magnetit) Fe_3O_4, *Roteisenstein* (Hämatit) Fe_2O_3, *Brauneisenstein* (Limonit) $Fe_2O_3 \times H_2O$, *Spateisenstein* (Siderit) $FeCO_3$, *Eisenkies* (Pyrit) FeS_2 und *Kupferkies* (Chalkopyrit) $CuFeS_2$. Die Erzeugung von Eisen, die sich seit dem 12. Jh. v. u. Z. von Vorderasien aus verbreitete und um die Mitte des 8. Jh. v. u. Z. in weiten Teilen Europas einsetzte, hat eine große Bedeutung für die kulturhistorische Entwicklung der Menschheit und Eisen ist unser wichtigster metallischer Werkstoff geblieben. Die technische Gewinnung erfolgt im *Hochofen*, in dem aufeinanderfolgende Schichten von oxidischen oder carbonatischen Eisenerzen und Koks als Reduktionsmittel und Brennstoff eingebracht werden. Die mineralischen Verunreinigungen der Erze werden durch Zusätze als Schlacken gebunden. Im untersten Teil des Ofens entsteht durch die Verbrennung des Kohlenstoffs mit vorgewärmter Luft Kohlendioxid: $C + O_2 \rightarrow CO_2$. Dieser reagiert bei der hohen Ofentemperatur mit dem überschüssigen Koks nach dem BOUDOUARD-Gleichgewicht (s. 12.4.) zu Kohlenmonoxid $CO_2 + C \rightleftharpoons 2\,CO$, das die Eisenoxide schrittweise reduziert: $3\,Fe_2O_3 + CO \rightarrow 2\,Fe_3O_4 + CO_2$, $Fe_3O_4 + CO \rightarrow 3\,FeO + CO_2$. In der heißesten Zone des Hochofens wird das Eisen(II)-oxid durch den glühenden Koks reduziert: $FeO + C \rightarrow Fe + CO$, wobei das geschmolzene Eisen noch 3 bis 4% Kohlenstoff aufnimmt. Ein Teil des so entstandenen Roheisens, das spröde und nicht so schmiedbar ist, sich aber gut gießen läßt, wird als *Gußeisen* weiterverwendet.

Der überwiegende Teil wird zu *Stahl* weiterverarbeitet, indem der Kohlenstoff und weitere Begleitelemente durch Oxydation mit Sauerstoff weitgehend entfernt werden. Stahl läßt sich schmieden und gießen; Stähle mit Kohlenstoffgehalten zwischen 0,5 und 1,7% kann man durch Erwärmen auf etwa 800 °C und rasches Abkühlen härten. Durch Zulegieren weiterer Metalle wie Mangan, Chromium, Nickel, Cobalt, Wolfram, Molybdän und Vanadium lassen sich bedeutende Eigenschaftsverbesserungen des Stahls erreichen.

Reines Eisen wird durch die thermische Zersetzung von Eisenpentacarbonyl $Fe(CO)_5$ (s. 12.4.) als sog. *Carbonyleisen* erhalten: $Fe(CO)_5 \rightleftharpoons Fe + 5\,CO$. Andere Herstellungsmöglichkeiten sind die Elektrolyse von Eisensalzlösungen oder die Reduktion von Eisen(II)-oxid FeO mit Wasserstoff. Wird diese Reduktion bei niedriger Temperatur durchgeführt, so entsteht *pyrophores* Eisen, feines schwarzes Eisenpulver, das unter Aufglühen mit dem Luftsauerstoff reagiert.

Reines Eisen ist ein bläulichweißes, weiches und dehnbares Metall einer Dichte von 7,86 g $\times$ cm^{-3}, das bei 1535 °C schmilzt. Es geht bei 906 °C vom kubisch-raumzentrierten α-Eisen in das kubisch-flächenzentrierte γ-Eisen über; diese Strukturänderung ist wichtig für die Werkstoffeigenschaften des Eisens (s. 4.3.). Eisen bildet an der Luft eine dünne Oxidschicht, die durch konzentrierte oxydierende Säuren noch verstärkt wird, so daß es sich nicht in konzentrierter Schwefel- und Salpetersäure löst. Verdünnte Mineralsäuren lösen es dagegen unter Wasserstoffentwicklung: $Fe + H_2SO_4 \rightarrow FeSO_4 + H_2$. Während Eisen von luftfreiem Wasser nicht angegriffen wird, entsteht an feuchter Luft beim *Rosten* lockeres, poröses, wasserhaltiges Eisenoxid, so daß ungeschützte eiserne Gegenstände vollständig „durchrosten" können. Durch diesen Vorgang, stark vereinfacht: $2\,Fe + 3/2\,O_2 + n\,H_2O \rightarrow Fe_2O_3 \times n\,H_2O$, geht ein beträchtlicher Teil des erzeugten Eisens wieder verloren. Die Oxide des Eisens sind in ihrem Aufbau verwandt und daher leicht ineinander umzuwandeln. Verbrennt man Eisen im Sauerstoffstrom, so entsteht das *Eisen(III)-oxid* Fe_2O_3 als ein braunrotes Pulver in der paramagnetischen α-Form, die der Korundstruktur (s. 13.4.) entspricht und auch in heißen konzentrierten Säuren fast unlöslich ist. Sie wird wegen ihrer Härte als Poliermittel sowie als Farbpigment (*Eisenoxidrot*) verwendet. Die ferrimagnetische γ-Form entsteht bei der langsamen Oxydation von Eisen(II, III)-oxid: $2\,Fe_3O_4 + 1/2\,O_2 \rightleftharpoons 3\,Fe_2O_3$. Andererseits findet beim starken Erhitzen von Eisen(III)-oxid im Vakuum die Rückreaktion zum schwarzen, ferrimagnetischen und elektrisch leitenden *Eisen(II, III)-oxid* Fe_3O_4 statt. Dieses beständigste Eisenoxid besitzt eine Spinellstruktur (s. 13.4.) und wird wegen seiner Beständigkeit gegen Säuren, Laugen und Chlor als Elektrodenmaterial für die Alkalichloridelektrolyse sowie als Farbpigment (*Eisenoxidschwarz*) eingesetzt. Bei Reduktion von Eisen(III)-oxid mit Wasserstoff oder der Zersetzung von Eisen(II)-oxalat im Vakuum entsteht schwarzes, pyrophores *Eisen(II)-oxid*: $FeC_2O_4 \rightarrow FeO + CO + CO_2$. Es hat eine Schwankungsbreite der Zusammensetzung von $Fe_{0,90}O$ bis $Fe_{0,95}O$ (s. Einleitung Kap. 7), da einige Eisengitterstellen unbesetzt sind und zum Ladungsausgleich Fe^{3+}-Ionen eingebaut sind. Die Verbindung ist unbeständig und zerfällt bereits bei Zimmertemperatur langsam in Eisen(II, III)-oxid und Eisen: $4\,FeO \rightarrow Fe_3O_4 + Fe$.

Eisen(II)-salzlösungen bilden sich wie oben angegeben bei der Umsetzung von Eisenpulver mit verdünnten Mineralsäuren. So erhält man aus schwefelsaurer Lösung die hellgrünen Kristalle des Eisen(II)-sulfatheptahydrats $FeSO_4 \times 7\,H_2O$ (*Eisenvitriol*). Es ist das technisch wichtigste Eisen(II)-salz und wird zur Herstellung anderer Eisenverbindungen sowie als Reduktionsmittel verwendet. Bereits mit dem Luftsauerstoff tritt eine langsame Oxydation zum Eisen(III)-sulfat ein. Luftbeständig ist dagegen das Doppelsalz mit Ammoniumsulfat $(NH_4)_2Fe(SO_4)_2 \times 6\,H_2O$, das Mohr*sche Salz*, aus dessen Lösung unter Luftausschluß mit Lauge weißes *Eisen(II)-hydroxid* $Fe(OH)_2$ ausgefällt werden kann. Bei Luftzutritt färbt sich der Niederschlag schnell graugrün bis schwarz, bei vollständiger Oxydation entsteht rotbraunes „*Eisen(III)-hydroxid*", das aber tatsächlich ein Gemisch der beiden Formen des Eisen(III)oxidhydroxids FeO(OH) *Goethit* und *Lepidokrokit* darstellt. Frisch dargestelltes Eisen(III)-hydroxid löst sich leicht in Säuren zu den Eisen(III)-salzen, die beständig sind, da das Fe^{3+}-Ion (wie das Mn^{2+}-Ion, s. 16.4.) d^5-Elektronenkonfiguration, d. h. Einfachbesetzung aller *d*-Orbitale aufweist. Das blaßviolette Hexaquoeisen(III)-ion $[Fe(H_2O)_6]^{3+}$ ist allerdings nur in sehr stark saurer Lösung, wie in zehnmolarer Perchlorsäure, zu erhalten. Bereits beim Verdünnen dieser Lösungen beobachtet man eine Gelbfärbung, die durch die Bildung von Hydroxokomplexen durch Protolyse (s. Kap. 8) verursacht wird, z. B.: $[Fe(H_2O)_6]^{3+} + H_2O \rightleftharpoons [Fe(OH)(H_2O)_5]^{2+} + H_3O^+$. Während die Oxydationsstufen +4 und +5 des Eisens unbeständig sind, lassen sich die purpurroten *Ferrate(VI)* mit starken Oxydationsmitteln leicht darstellen, z. B. mit Hypochlorit in stark alkalischer Lösung: $2\,Fe(OH)_3 + 3\,NaClO + 4\,NaOH \rightarrow 2\,Na_2FeO_4 + 3\,NaCl + 5\,H_2O$. Sie sind selbst sehr starke Oxydationsmittel und zerfallen in neutraler oder saurer Lösung unter Sauerstoffentwicklung: $2\,Na_2FeO_4 + 5\,H_2SO_4 \rightarrow Fe_2(SO_4)_3 + 3/2\,O_2 + 2\,Na_2SO_4 + 5\,H_2O$.

Die Umsetzung von Eisen mit den Halogenen führt zu den Eisen(III)-halogeniden, von denen das *Eisen(III)-chlorid* $FeCl_3$ das wichtigste ist. Es ist leicht wasserlöslich und kristallisiert als Hexahydrat $FeCl_3 \times 6\,H_2O$ aus der Lösung, das tatsächlich einen gemischten Komplex der Zusammensetzung $[FeCl_2(H_2O)_4]Cl \times 2\,H_2O$ darstellt. Die Lösungen reagieren durch Protolyse (s. Kap. 8) sauer. Bei Zugabe von Salzsäure entsteht das *Tetrachloroferrat(III)*-ion $FeCl_4^-$, das sich gut aus der wäßrigen Lösung extrahieren läßt. Eisen(III)-chlorid wird als Oxydationsmittel, als Beize in der Färberei, als Chlorüberträger und als Katalysator in der organischen Chemie verwendet.

Eisen(II)-verbindungen bilden besonders beständige oktaedrische Komplexe, da ihre d^6-Elektronenkonfiguration dafur besonders günstig ist. So fällt bei Zugabe von Kaliumcyanidlösung zu einer Eisen(II)-salzlösung unlösliches Eisen(II)cyanid $Fe(CN)_2$ aus, das sich im Überschuß zu dem sehr stabilen, ungiftigen, gelben *Kalium-hexacyanoferrat(II)* (*gelbes Blutlaugensalz*) $K_4[Fe(CN)_6]$ auflöst: $Fe(CN)_2 + 4\,KCN \rightarrow K_4[Fe(CN)_6]$, in dessen Lösung sich keine Eisen(II)- und Cyanidionen nachweisen lassen. Durch Oxydationsmittel wie Chlorwasser erhält man das unbeständige, giftige dunkelrote *Kalium-hexacyanoferrat(III)* (*rotes Blutlaugensalz*) $K_4[Fe(CN)_6] + 1/2\,Cl_2 \rightarrow K_3[Fe(CN)_6] + KCl$, das selbst oxydierend wirkt. Gibt man zu einer Hexacyanoferrat(II)-lösung eine Eisen(III)-salzlösung, so entsteht eine kräftige Blaufärbung, die durch einen einfachen Ladungsaustausch zwischen den beiden Eisenionen unterschiedlicher Ladung erklärt werden kann: $K_4[Fe(CN)_6] + FeCl_3 \rightarrow KFe[Fe(CN)_6] + 3\,KCl$. Ein Überschuß an Eisen(III)-ionen führt zu einer dunkelblauen Fällung von *Eisen(III)-hexacyanoferrat(II)* $Fe_4[Fe(CN)_6]_3$, die als *Berliner Blau* bezeichnet wird. Diese Reaktion, wie auch die Rotfärbung von *Eisen(III)-rhodanid* $Fe(SCN)_3$, die bereits in sehr verdünnter Lösung mit Kaliumrhodanid KSCN entsteht, sind als empfindliche Eisennachweisreaktionen geeignet. Eisenkomplexe spielen beim Stoffwechsel von Pflanze, Tier und Mensch eine wichtige Rolle. Bei der Photosynthese (s. Kap. 7) werden Elektronenübertragungsvorgänge durch eisen- und schwefelhaltige Eiweißstoffe vermittelt; der Sauerstofftransport im Blut erfolgt durch das *Hämoglobin*, einen stickstoffhaltigen Eisen(II)-komplex, der in der Lunge Sauerstoff aufnimmt und im Muskel wieder abgibt.

Cobalt und *Nickel* finden sich mineralisch meist gemeinsam in Sulfiden und Arseniden wie *Speiskobalt* $CoAs_2$, *Glanzkobalt* CoAsS, *Eisennickelkies* (Pentlandit) $(Fe, Ni)_9S_8$, *Nickelin* NiAs; Nickel auch als Silicat *Garnierit* $[(Ni, Mg)_6(OH)_8][Si_4O_{10}]$. Die Gewinnungsverfahren der Metalle richten sich nach der Zusammensetzung der Erze und können sehr unterschiedlich sein; häufig werden in den Endstufen die Oxide mit Kohlenstoff reduziert: $Co_2O_3 + 3C \rightarrow 2Co + 3CO$. Im MOND-*Verfahren* wird die Flüchtigkeit des Nickeltetracarbonyls (s. 12.4.) zur Reinigung genutzt, indem Rohnickel bei 56 °C mit Kohlenmonoxid in die gasförmige Verbindung umgesetzt wird, deren Zerlegung bei 200 °C zu Reinstnickel und wiedereinsetzbarem Kohlenmonoxid führt: $Ni + 4CO \rightleftharpoons Ni(CO)_4$. Cobalt und Nickel sind dem Eisen ähnlich, aber etwas edler. Nickel ist außerdem in der Lage, beträchtliche Mengen Wasserstoff aufzunehmen und wird daher als Hydrierkatalysator für organische Verbindungen, z. B. zur Fetthärtung verwendet. Die Hauptmenge des erzeugten Nickels verbraucht aber die Stahlindustrie zur Erhöhung der Härte und Festigkeit des Stahls. Große technische Bedeutung haben auch die Nickellegierungen mit Kupfer und Chromium. Reines Nickel dient zur Herstellung von Laborgeräten, Münzen und als korrosionsbeständiger Überzug auf Eisengegenständen. Auch beim Cobalt ist das Haupteinsatzgebiet die Herstellung von Legierungen, besonders für Hartmetalle. Cobaltverbindungen werden als blaue Farbpigmente besonders in der Keramik und Glasindustrie eingesetzt.

Cobalt reagiert mit dem Luftsauerstoff bei erhöhter Temperatur zum olivgrünen *Cobalt(II)-oxid* CoO. Beim weiteren Erhitzen im Sauerstoffstrom entsteht das schwarze *Cobalt(II, III)-oxid* Co_3O_4, das Spinellstruktur (s. 13.4.) besitzt und beim starken Erhitzen unter Luftausschluß wieder Cobalt(II)-oxid bildet. Auch *Cobalt(II)-hydroxid* $Co(OH)_2$, das sich bei Laugezugabe zu Cobalt(II)-salzlösungen als anfangs unbeständiger blauer, dann beständiger blaßroter Niederschlag bildet, ergibt mit Oxydationsmitteln schwarzbraune Produkte, die das *Cobalt(III)oxidhydroxid* CoO(OH) enthalten. In wäßriger Lösung ist das rötliche Hexaquocobalt(II)-ion $[Co(H_2O)_6]^{2+}$ stabil, wenn nicht starke Komplexbildner wie Ammoniak oder Cyanidionen zugegeben werden, die sehr stabile Cobalt(III)-komplexe bilden: $2[Co(NH_3)_6](OH)_2 + 1/2O_2 + H_2O \rightarrow 2[Co(NH_3)_6](OH)_3$. Diese besitzen die gleiche d^6-Elektronenkonfiguration wie die Eisen(II)-komplexe. Ein weiteres Beispiel ist die Fällung des gelben *Kaliumhexanitritocobaltat(III)* $K_3[Co(NO_2)_6]$ aus einer Cobalt(II)-salzlösung: $CoSO_4 + 7KNO_2$

$+ 2CH_3COOH \rightarrow K_3[Co(NO_2)_6] + NO + K_2SO_4 + 2CH_3COOK + H_2O$. Diese Reaktion ist als Cobaltnachweis geeignet, die Verbindung findet als Farbstoff *Kobaltgelb* Verwendung. Cobalt bildet eine große Anzahl einfacher und gemischter oktaedrischer Cobalt-(III)-komplexe, besonders mit stickstoffhaltigen Liganden. Nickel kommt im Gegensatz zum Cobalt in wäßriger Lösung nur in der Oxydationsstufe +2 vor. Nickel(II)-salzlösungen, die man durch Auflösen von Nickel in verdünnten Mineralsäuren herstellen kann, enthalten grüne Hexaquonickel(II)-ionen $[Ni(H_2O)_6]^{2+}$. Durch Zugabe von Lauge fällt hellgrünes *Nickel(II)-hydroxid* $Ni(OH)_2$, das nur mit starken Oxydationsmitteln, wie Kaliumhypobromit, das schwarze *Nickel(III)-oxidhydroxid* $NiO(OH)$ gibt: $2Ni(OH)_2 + KBrO \rightarrow 2NiO(OH) + KBr + H_2O$. Ammoniak löst es unter Bildung des blauen *Hexamminnickel(II)-ions*: $Ni(OH)_2 + 6NH_3 \rightarrow [Ni(NH_3)_6](OH)_2$. Nickel bildet auch quadratisch-planare Komplexe, wie das goldgelbe *Kaliumtetracyanonickelat(II)* $K_2[Ni(CN)_4]$, das entsteht, wenn das aus Nickel(II)-salzlösungen durch Kaliumcyanid fällbare grüne Nickel(II)-cyanid $Ni(CN)_2$ in einem Überschuß von Kaliumcyanid aufgelöst wird. Eine gemeinsame Nachweisreaktion für Nickel und Cobalt sind die Fällungen der schwarzen Sulfide NiS und CoS in neutraler oder basischer Lösung.

Zu den *Platinmetallen* gehören die sechs Elemente der achten Nebengruppe des Periodensystems, die der 4*d*- und 5*d*-Reihe angehören. Nach der Ähnlichkeit der Eigenschaften, die durch die gleichartige Elektronenkonfiguration bestimmt werden, lassen sie sich in drei Untergruppen einteilen (Abb. 10), in die Eisenhomologen Ruthenium und Osmium, die Cobalthomologen Rhodium und Iridium und in die Nickelhomologen Palladium und Platin. Alle Platinmetalle sind hochschmelzende Edelmetalle. Wie bei den Eisenmetallen nimmt der edle Charakter in jeder der beiden Reihen zu, so daß Palladium und Platin die edelsten Platinmetalle sind, während die erreichbaren Oxydationsstufen abnehmen, von +6 und +8 beim Osmium auf +2 und +4 beim Platin. Die Platinmetalle kommen fast immer gemeinsam vor, meist gediegen, teils aber auch als Sulfide in Eisen-, Kupfer- oder Nickelerzen. Die Verfahren zur Gewinnung der Platinmetalle sind gewöhnlich vielseitig und hängen stark von der Zusammensetzung des Rohstoffes ab.

Ruthenium wird, wenn es gemeinsam mit Osmium und Iridium vorkommt, durch eine alkalische Salpeterschmelze in das grüne *Kaliumperruthenat* $KRuO_4$ überführt: $2Ru + 7KNO_3 + 2KOH \rightarrow 2KRuO_4 + 7KNO_2 + H_2O$, das beim Auflösen in Wasser unter Sauerstoffentwicklung das gelbrote Ruthenat(VI) bildet: $4KRuO_2$

$+ 4\,KOH \rightarrow 4\,K_2RuO_4 + 2\,H_2O + O_2$. Durch Umsetzung mit Chlor oder anderen Oxydationsmitteln erhält man daraus das bei 100 °C siedende gelbe *Rutheniumtetroxid* RuO_4: $K_2RuO_4 + Cl_2 \rightarrow RuO_4 + 2\,KCl$. Die Reduktion mit Wasserstoff ergibt das grauweiße, sehr harte und spröde Metall, das bei 2427 °C schmilzt und vorwiegend als Katalysator eingesetzt wird. *Osmium*, ein graublaues, hartes und sprödes Metall, das bei 2698 °C schmilzt und die hohe Dichte von 22,61 g $\times$ cm^{-3} besitzt, ist in seinen Eigenschaften dem Ruthenium ähnlich. Es wird über das flüchtige *Osmiumtetroxid* OsO_4 gewonnen, ein kräftiges Oxydationsmittel, das die Schleimhäute stark reizt. Osmium wird als Legierung mit anderen Platinmetallen zur Herstellung besonders harter und fester Teile verwendet.

Rhodium, ein weißgraues Metall, das bei 1967 °C schmilzt, bildet bevorzugt Verbindungen der Oxydationsstufe +3. So geht es beim Aufschluß des in der Natur vorkommenden Platinmetallgemisches mit Alkalien oder Hydrogensulfat in das schwarzbraune *Rhodium(III)-oxid* Rh_2O_3 über, das Korundstruktur besitzt und bei Temperaturen über 1000 °C in die Elemente zerfällt. Leitet man Chlor über metallisches Rhodium, so entsteht das dunkelrote *Rhodium(III)-chlorid* $RhCl_3$, das mit Kaliumchlorid das rosarote *Kaliumhexachlororhodat(III)* $K_3[RhCl_6]$ ergibt. Das gelbe *Rhodium(III)-sulfattetradekahydrat* $Rh_2(SO_4)_3 \times 14\,H_2O$ bildet Alaune, wie den *Kaliumrhodiumalaun* $KRh(SO_4)_2 \times 12\,H_2O$. Rhodium wird zur Herstellung von Sonderlegierungen für Thermoelemente und Hochtemperaturgeräte, für Schutzüberzüge auf Schmuckwaren und Geräten sowie mit Platin als Katalysator verwendet. *Iridium*, das höhere Homologe, ein silberweißes, hartes und sprödes Metall, das bei 2454 °C schmilzt, ist mit einer Dichte von 22,65 g $\times$ cm^{-3} das schwerste aller Metalle. Die Hauptoxydationsstufen seiner Verbindungen sind +3 und +4. So hängt es von den Reaktionsbedingungen ab, ob bei der Reaktion mit Chlor das olivgrüne *Iridium(III)-chlorid* $IrCl_3$ oder das braunschwarze *Iridium(IV)-chlorid* $IrCl_4$ entsteht. Beide bilden *Hexachloroiridate* vom Typ $Na_3[IrCl_6] \times 12\,H_2O$ bzw. $Na_2[IrCl_6] \times 6\,H_2O$. Beim Erhitzen des Metalls an der Luft bildet sich das schwarze *Iridium(IV)-oxid* IrO_2. Iridium wird überwiegend dem Platin zulegiert, um dessen Härte und Formbarkeit zu verbessern.

Palladium und vor allem das namengebende Element sind die wichtigsten Platinmetalle. Sie sind sich chemisch ähnlicher als die Metalle der anderen beiden Untergruppen; die häufigste und beständigste Oxydationsstufe ist +2, gefolgt von +4. *Palladium* ist ein grauweiß glänzendes, weiches und gut verformbares Metall, das bei 1555 °C schmilzt. Seine auffallendste Eigenschaft ist die Aufnahmefähigkeit für Wasserstoff, die zu einem Einlagerungshydrid (s. Kap. 5) des Zusammensetzungsbereiches $PdH_{0,56}$ bis $PdH_{1,00}$ führt. Palladium löst sich — im Gegensatz zum Platin — in konzentrierter Salpetersäure. Chlor bildet bei Rotglut *Palladium(II)-chlorid* $PdCl_2$, das sich mit Alkali- und Erdalkalichloriden zu *Tetrachloropalladat(II)*, z. B. $Na_2[PdCl_4]$ umsetzt, das planarquadratisch koordiniertes Palladium enthält. Palladium wird vor allem als Hydrierkatalysator und zur Zulegierung im Schmuckmetall verwendet. *Platin* ist in Aussehen und Bearbeitungseigenschaften dem Palladium ähnlich, besitzt aber eine höhere Dichte und einen Schmelzpunkt von 1769 °C. Sein Lösevermögen für Wasserstoff ist ebenfalls sehr groß. Chlor setzt Platin bei 250 °C zum dunkelroten *Platin(II)-chlorid* $PtCl_2$ um, das mit Alkalichloriden *Tetrachloroplatinat(II)*, wie $K_2[PtCl_4]$, bildet. Gegen Säuren ist Platin beständig, es wird aber von Königswasser (s. 11.4.) aufgelöst, das die *Hexachloroplatin(IV)-säure* $H_2[PtCl_6]$ bildet: $Pt + 3Cl + NOCl + 2HCl \rightarrow H_2[PtCl_6] + NO$. Sie läßt sich als Hexahydrat in gelben Kristallen abscheiden, die eigentlich *Oxonium-hexachloroplatinat-tetrahydrat* $(H_3O)_2[PtCl_6] \times 4\,H_2O$ darstellen und beim Erhitzen über 125 °C in Platin(II)chlorid, Chlor und Chlorwasserstoff zerfallen. Die goldgelben Ammonium-, Kalium-, Rubidium- und Caesiumhexachloroplatinate sind in Wasser wenig löslich und können zum Nachweis des Platins und der jeweiligen Kationen dienen. Platin hat große praktische Bedeutung als Katalysator vor allem bei technischen Hydrierungs- und Oxydationsreaktionen. Wegen seiner chemischen Widerstandsfähigkeit wird es zur Herstellung von Laborgeräten, Elektroden, chirurgischen Instrumenten sowie als Schmuckmetall verwendet. Mit zahlreichen weiteren Metallen bildet Platin Legierungen von hoher chemischer Beständigkeit, Härte und Festigkeit.

16.6. *Kupfer- und Zinkgruppe*

Die Elemente der ersten und zweiten Nebengruppe des Periodensystems werden häufig nicht zu den Übergangsmetallen (s. Einleitung zu diesem Kapitel) gerechnet, da sie als Elemente und in wichtigen Verbindungen vollständig besetzte *d*-Orbitale aufweisen. Die Elemente der *Kupfergruppe* Kupfer, Silber und Gold besitzen eine große kulturhistorische Bedeutung. Kupfer ist das älteste vom

Menschen genutzte Metall, seine Gewinnung und Verarbeitung hat im 7. Jahrtausend v. u. Z. in Vorderasien begonnen. Auch Silber und Gold gehören neben Zinn, Blei und Eisen zu den am längsten bekannten Metallen und stellen mit Kupfer die klassischen *Münzmetalle* dar. Die Außenelektronenkonfiguration $(n - 1)d^{10}ns^1$ läßt Ähnlichkeiten mit den Alkalimetallen (s. Einleitung zu Kap. 15) erwarten. Dort wird aber das Elektron im *s*-Orbital durch die darunterliegende Edelgaskonfiguration besser abgeschirmt, so daß die Ionisierungsenergien wesentlich kleiner sind als bei den Metallen der Kupfergruppe, die zu den edelsten ihrer Periode gehören. Durch die geringen Energieunterschiede zwischen den *s*- und *d*-Niveaus können aber *d*-Elektronen in die Verbindungsbildung einbezogen werden und die Elemente der Kupfergruppe in den Oxydationsstufen +1, +2 und +3 auftreten. *Kupfer* kommt in der Natur hauptsächlich in sulfidischen Erzen wie *Kupferkies* (Chalkopyrit) $CuFeS_2$ und *Kupferglanz* Cu_2S, aber auch als *Rotkupfererz* (Cuprit) Cu_2O, in den basischen Carbonaten *Malachit* $Cu_2(OH)_2CO_3$ und *Azurit* $Cu_3(OH)_2(CO_3)_2$ und im *Kupferschiefer* vor, einem Mergelschiefer, der neben 0,5 bis 3% Kupfer noch Silber, Blei, Zink, Eisen, Molybdän, Vanadium und viele andere Metalle in geringen Mengen enthält. Zur Kupfergewinnung werden die sulfidischen Erze teilweise abgeröstet: $Cu_2S + 3/2\,O_2 \rightarrow Cu_2O + SO_2$ und durch Erhitzen unter Luftabschluß zu Rohkupfer umgesetzt: $Cu_2S + 2Cu_2O \rightarrow 6Cu + SO_2$. Das Schwefeldioxid wird der Schwefelsäuregewinnung zugeführt (s. 10.3.), das Rohkupfer durch Elektrolyse aus schwefelsaurer Lösung gereinigt. Während die unedleren Verunreinigungen – wie Eisen, Nickel und Cobalt – in Lösung bleiben, fallen die edleren Beimengungen – wie Silber, Gold und die Platinmetalle – als *Anodenschlamm* aus und werden daraus gewonnen. Kupfer ist ein rötlichbraunes, recht weiches, aber zähes und gut verformbares Metall mit einer hohen elektrischen und thermischen Leitfähigkeit, das bei 1083 °C schmilzt. Es wird im großen Umfang als Leitermaterial in der Elektrotechnik verwendet, ferner im chemischen Apparatebau, besonders für Wärmeaustauscher und Rohrleitungen sowie als Katalysator für Dehydrierungsreaktionen. Die wichtigsten Kupferlegierungen sind die *Bronzen*, Legierungen mit mehr als 60% Kupfer und Zinn, Aluminium, Beryllium, Blei, Mangan und Silicium; die Kupfer-Zink-Legierungen – *Messing* genannt – mit 95 bis 55% Kupfer und 5 bis 45% Zink und das *Neusilber* mit 80 bis 73% Kupfer, 13 bis 20% Nickel und 7% Zink. Daneben werden eine große Anzahl von Sonderlegierungen verwendet.

Die Hauptoxydationsstufen des Kupfers sind +1 und +2. Beispiele für *Kupfer(I)-verbindungen*, die eine $3d^{10}$-Elektronenkonfiguration besitzen, sind das rote Kupfer(I)-oxid Cu_2O, die weißen, schwer wasserlöslichen Verbindungen Kupfer(I)-chlorid CuCl, -iodid CuI und -cyanid CuCN sowie das graue Kupfer(I)-sulfat Cu_2SO_4. Kupfer(I)-verbindungen disproportionieren allerdings in wäßriger Lösung in Kupfer(II)-verbindungen und metallisches Kupfer, z. B.: $Cu_2SO_4 \rightarrow CuSO_4 + Cu$. Bei der Bildung unlöslicher Verbindungen oder von Komplexen wird aber die Oxydationsstufe +1 bevorzugt. So fällt aus einer Kupfer(II)-salzlösung bei Zugabe eines Iodids Kupfer(I)-iodid aus: $2CuSO_4 + 4NaI \rightarrow 2CuI + I_2 + 2Na_2SO_4$ und mit einem Überschuß an Cyanid bildet sich der tetraedrisch gebaute *Tetracyanocuprat(I)-komplex*: $2CuSO_4 + 10KCN \rightarrow 2K_3[Cu(CN)_4] + (CN)_2 + 2K_2SO_4$. Die Kupfer(II)-ionen oxydieren dabei Cyanidionen zum *Dicyan* $(CN)_2$, einem farblosen, brennbaren, äußerst giftigen Gas. Die Bildung des Tetracyanokomplexes ist energetisch so begünstigt, daß sich metallisches Kupfer in Cyanidlösung unter Wasserstoffentwicklung auflöst. In den *Kupfer(II)-verbindungen* mit $3d^9$-Elektronenkonfiguration wird die planar-quadratische Koordination bevorzugt. Sie findet sich auch in der technisch wichtigsten Verbindung, dem hellblauen *Kupfer(II)-sulfatpentahydrat* $CuSO_4 \times 5H_2O$ (*Kupfervitriol*); das fünfte Wassermolekül ist über Wasserstoffbrückenbindungen (s. Kap. 8) an Sulfationen und koordiniertes Wasser gebunden. Versetzt man Kupfer(II)-salzlösungen mit Alkalihydroxidlösung, so fällt ein blaßblauer Niederschlag von *Kupfer(II)-hydroxid* $Cu(OH)_2$, der sich in Ammoniaklösung leicht zum tiefblauen *Tetramminkupfer(II)*-komplex löst: $Cu(OH)_2 + 4NH_3 \rightarrow [Cu(NH_3)_4](OH)_2$. Die Lösung wird in der Kunstseidenindustrie verwendet, da sie Cellulose auflöst, die nach dem Durchgang durch eine Spinndüse mit Säure als Faden wieder ausgefällt werden kann. Beim Erhitzen geht das Kupfer(II)-hydroxid in schwarzes *Kupfer(II)-oxid* CuO über, das oberhalb 1060 °C unter Sauerstoffabspaltung rotes Kupfer(I)-oxid Cu_2O bildet. Zum Kupfernachweis kann außer der Bildung des Tetramminkomplexes der braune Niederschlag von Kupfer(II)-hexacyanoferrat(II) $Cu_2[Fe(CN)_6]$ mit Kaliumhexacyanoferrat(II)-lösung und die schwarze Fällung von Kupfer(II)-sulfid CuS mit Schwefelwasserstoff dienen.

Silber kommt hauptsächlich als Bestandteil sulfidischer Blei- und Kupfererze, seltener in eigenen Erzen wie *Silberglanz* (Argentit) Ag_2S und *Hornsilber* (Keragyrit) AgCl oder gediegen vor. Zur

Silbergewinnung aus Bleierzen werden diese abgeröstet und die entstandenen Oxide zu einer bleireichen Legierung reduziert. In dieser wird das Silber angereichert und das Blei durch Erhitzen im Luftstrom in das Oxid überführt, während das Silber zurückbleibt. Silber ist ein weißes, glänzendes, weiches Metall, das bei 961 °C schmilzt und die höchste elektrische und thermische Leitfähigkeit aller Metalle besitzt. Silber wird deshalb in der Elektrotechnik und Elektronik eingesetzt, außerdem zur Herstellung von Silberhalogeniden für die Photographie, als Katalysator, zum Belegen von Spiegeln und als Schmuckmetall. Alle wichtigen Verbindungen des Silbers leiten sich von der Oxydationsstufe +1 ab. Von nichtoxydierenden Säuren wird Silber nicht angegriffen, löst sich aber bereits in halbkonzentrierter Salpetersäure zum *Silbernitrat* $AgNO_3$: $3Ag + 4HNO_3 \rightarrow 3AgNO_3 + NO + 2H_2O$. In Gegenwart von Sauerstoff löst es sich in Cyanidlösungen zum *Dicyanoargentatkomplex*: $2Ag + 4NaCN + 1/2O_2 + H_2O \rightarrow 2Na[Ag(CN)_2] + 2NaOH$. Diese Reaktion – wie die entsprechende mit Gold – wird als *Cyanidlaugung* der beiden Metalle aus Erzen angewandt, in denen sie feinverteilt vorliegen. Durch unedle Metalle wie Zink können sie aus der Lösung wieder ausgefällt werden (*Zementation*): $2Na[Ag(CN)_2] + Zn \rightarrow 2Ag + Na_2[Zn(CN)_4]$. Als Ausgangsstoff für weitere Silberverbindungen dient das Silbernitrat. Versetzt man eine wäßrige Lösung mit Halogenidlösungen, so fallen – mit Ausnahme des Fluorids – weiße bis gelbliche Niederschläge der *Silberhalogenide*, die als Silbernachweis dienen können. Durch ihre Lichtempfindlichkeit sind sie – besonders das Silberbromid AgBr – die stoffliche Grundlage der *Photographie*. Beim Belichten entstehen in einer silberhalogenidhaltigen Schicht durch eine photochemische Reaktion sehr kleine Mengen an elementarem Silber, sog. Silberkeime, die durch das „Entwickeln" mit einem Reduktionsmittel zu einer sichtbaren Schwärzung verstärkt werden, deren Ausmaß der aufgefallenen Lichtmenge entspricht. Die lichtempfindliche Schicht enthält noch unbelichtetes Silberhalogenid, das beim „Fixieren" durch Umsetzung mit einer Natriumthiosulfatlösung (s. 10.3.) als leichtlöslicher *Dithiosulfatoargentatkomplex* entfernt wird: $AgBr + 2Na_2S_2O_3 \rightarrow Na_3[Ag(S_2O_3)_2] + NaBr$. Silbersalzlösungen ergeben mit Schwefelwasserstoff das außerordentlich schwerlösliche *Silbersulfid* Ag_2S mit einem Löslichkeitsprodukt von etwa 10^{-49}.

Gold tritt in der Natur hauptsächlich gediegen als in quarzhaltigen Gängen eingesprengte Flitter (Berggold) auf, in geringerem Umfang in Kupfer-, Silber- und Platinerzen sowie in tellurhaltigen Mineralen. Die Gewinnung des gediegenen Goldes erfolgt vorwiegend durch *Cyanidlaugung* wie beim Silber, wobei der *Dicyanoaurat(I)-komplex* entsteht: $2Au + 4NaCN + 1/2O_2 + H_2O \rightarrow 2Na[Au(CN)_2] + 2NaOH$. Zur Abscheidung wird ebenfalls mit Zink zementiert: $2Na[Au(CN)_2] + Zn \rightarrow 2Au + Na_2[Zn(CN)_4]$. Gold ist ein gelbglänzendes, weiches, sehr edles Schwermetall, das bei 1063 °C schmilzt. Es ist das dehnbarste aller Metalle und wird für Gebrauchszwecke mit Silber, Kupfer oder Platin legiert. Die Hauptmenge des Goldes wird zu Schmuck verarbeitet, geringe Mengen in der chemischen Industrie, der Porzellan- und Glasmalerei und der Zahntechnik verwendet. Gold ist chemisch sehr beständig, es wird weder von Mineralsäuren, noch von Sauerstoff in der Hitze angegriffen. Zum Auflösen verwendet man Königswasser (s. 11.4.), das die *Tetrachlorogold(III)-säure* $H[AuCl_4]$ bildet: $Au + 2Cl + NOCl + HCl \rightarrow H[AuCl_4]$, die man beim Eindampfen der Lösung in gelben Kristallen als Oxoniumtetrachloroaurat(III)-trihydrat $[H_3O][AuCl_4] \times 3H_2O$ erhalten kann. Von den beiden Oxydationsstufen der Goldverbindungen +1 und +3 ist die letztere gewöhnlich bevorzugt, nur Gold(I)-komplexe der Koordinationszahl 2 und feste Gold(I)-verbindungen sind recht beständig. So ist Gold(I)-chlorid AuCl nur im festen Zustand zu erhalten, in wäßriger Lösung disproportioniert es sofort in metallisches Gold und Gold(III)-komplexe. Goldsalzlösungen lassen sich leicht reduzieren, z. B. ergibt die Umsetzung mit Zinn(II)-chlorid den CASSIUS*schen Goldpurpur*, ein purpurfarbenes Kolloid von Zinn(IV)-oxid mit adsorbiertem Gold, das auch zum Anfärben von Glas verwendet wird.

Die *Zinkgruppe* umfaßt die Elemente Zink, Cadmium und Quecksilber, die die gemeinsame Elektronenkonfiguration $(n-1)d^{10}ns^2$ besitzen. Sie treten deshalb in der Oxydationsstufe +2 auf; Quecksilber bildet auch Verbindungen der Oxydationsstufe +1, bei denen Hg_2^{2+}-Ionen mit einer Metall-Metall-Bindung vorliegen. Die Metalle der Zinkgruppe sind weicher und haben niedrigere Schmelzpunkte als die Übergangsmetalle — Quecksilber ist sogar bei Raumtemperatur flüssig — sie bilden aber zahlreiche vergleichbare Komplexe. Zink und Cadmium sind einander sehr ähnlich, sie sind unedle Metalle, deren Verbindungen vorwiegend ionisch sind. Quecksilber ist wesentlich edler und bildet überwiegend kovalente Verbindungen.

Zink tritt mineralisch vor allem als *Zinkblende* (Sphalerit) ZnS und als *Zinkspat* (Galmei) $ZnCO_3$ auf. Die meisten Zinkerze enthalten 0,1···0,3% *Cadmium*, das daraus neben dem Zink gewonnen wird, Cadmiumerze sind selten und haben keine Bedeutung. Zur Gewinnung von Zink und Cadmium werden die angereicherten Erze durch Erhitzen in die Oxide überführt und mit einem Überschuß an Kohlenstoff bei 1100 °C reduziert, wobei auch das nach dem BOUDOUARD-Gleichgewicht (s. 12.4.) entstehende Kohlenmonoxid mitwirkt: $ZnO + C \rightarrow Zn + CO$, $ZnO + CO \rightarrow Zn + CO_2$. Da die Siedepunkte von Zink mit 906 °C und Cadmium mit 765 °C unter der Reaktionstemperatur liegen, destillieren die Metalle ab und können auf Grund des Siedepunktsunterschiedes voneinander getrennt werden. Eine andere Möglichkeit der Zink- und Cadmiumgewinnung ist die Elektrolyse aus schwefelsaurer Lösung. Zink und Cadmium sind grauweiße, glänzende Metalle, die an der Luft eine matte Oxidschicht ausbilden. Sie lassen sich gut verarbeiten; Cadmium ist weicher, besser verformbar und auch edler als Zink. Die Schmelzpunkte betragen für Zink 419,5 °C, für Cadmium 320,9 °C. Die Hauptmenge des erzeugten Zinks wird zur Herstellung von Legierungen verwendet, wobei neben den Legierungen mit Kupfer (Messing) besonders Aluminium-Zink-Legierungen Bedeutung haben. Große Zinkmengen werden zur Herstellung von Schutzschichten auf Eisenerzeugnissen und von Blechen, Rohren und Drähten für vielseitige Anwendungsmöglichkeiten verbraucht. Zinkstaub findet als Reduktionsmittel Anwendung in der Metallurgie und chemischen Industrie. Das Haupteinsatzgebiet für Cadmium ist die Herstellung von Schutzüberzügen auf Eisenteilen, außerdem wird es wegen seines hohen Neutroneneinfangquerschnittes zu Regelstäben für Kernreaktoren verarbeitet.

Zink und Cadmium lösen sich in verdünnten Mineralsäuren unter Wasserstoffentwicklung zu farblosen *Zink-* und *Cadmiumsalzlösungen*: $Zn + H_2SO_4 \rightarrow ZnSO_4 + H_2$. Bei Zugabe von Lauge fallen die weißen Hydroxide: $ZnSO_4 + 2\,NaOH \rightarrow Zn(OH)_2 + Na_2SO_4$. Beide lösen sich in wäßriger Ammoniaklösung zu Amminkomplexen: $Zn(OH)_2 + 4\,NH_3 \rightarrow [Zn(NH_3)_4](OH)_2$. Während sich aber Zinkhydroxid im Laugenüberschuß zu *Hydroxozinkaten* auflöst: $Zn(OH)_2 + 2\,NaOH \rightarrow Na_2[Zn(OH)_4]$, löst sich Cadmiumhydroxid nicht. Beide Hydroxide ergeben beim Erhitzen die Oxide — weißes *Zinkoxid* ZnO oder *Cadmiumoxid* CdO, das nach der Herstellungstemperatur von Grüngelb über Braun bis Blauschwarz gefärbt sein kann. Zinkoxid findet Verwendung als Pigmentfarbe (*Zinkweiß*), als Füllstoff in der Kautschukindustrie und in der Pharmazie und Kosmetik zur Herstellung von Pudern und Salben. Erhitzt man Zinkoxid mit den Oxiden von Aluminium,

Cobalt, Chromium, Eisen u. a. auf hohe Temperaturen, so erhält man Doppeloxide, die oft Spinellstruktur (s. 13.4.) besitzen. Die eisenhaltigen Doppeloxide — *Ferrite* genannt — sind meist magnetisch und werden als Spulenkerne in der Hochfrequenztechnik und für Speicher in der elektronischen Datenverarbeitung verwendet. Durch Zusammenschmelzen von Zink- und Cobaltsalzen kann man einen grünen Spinell herstellen, das RINMANNS-*Grün* $ZnCo_2O_4$, dessen Bildung zum Zinknachweis dienen kann. Schwefelwasserstoff fällt aus neutraler Zinksalzlösung weißes *Zinksulfid* ZnS, aus neutraler oder saurer Cadmiumsalzlösung gelbes *Cadmiumsulfid* CdS. Beide Fällungen sind zum Nachweis der Elemente geeignet, die Fällprodukte finden Verwendung als Pigmentfarbstoff.

Das wichtigste Erz des *Quecksilbers* ist der rote *Zinnober* HgS, aus dem das Metall durch Rösten an der Luft erhalten wird: $HgS + O_2 \rightarrow Hg + SO_2$. Quecksilber ist ein weißglänzendes, bei Raumtemperatur flüssiges Metall, das bei −38,9 °C schmilzt und bei 357 °C siedet. Es ist wegen seines niedrigen Siedepunktes flüchtiger als andere Metalle, die Dämpfe und seine löslichen Verbindungen sind stark giftig. Quecksilber legiert sich bereits bei Raumtemperatur mit vielen Metallen zu den *Amalgamen*. Ihre Bildung wird bei der Alkalichloridelektrolyse nach dem Amalgamverfahren (s. 15.2.) und bei der Goldgewinnung technisch genutzt. Natriumamalgam wird als wirksames Reduktionsmittel, Silberamalgam für Zahnfüllungen verwendet. Als flüssiges Metall hat Quecksilber viele besondere Anwendungsgebiete im wissenschaftlichen Gerätebau und der Elektrotechnik, bei der Herstellung von Thermometern, Manometern, Druckreglern, Hochvakuumpumpen, elektrischen Kontakten, Gleichrichtern u. a. Quecksilberdampflampen liefern ein intensives Licht mit einem hohen Ultraviolettanteil.

Quecksilber löst sich nur in oxydierenden Säuren wie konzentrierte Salpeter- und Schwefelsäure, z. B. zum *Quecksilber(II)-sulfat* $HgSO_4$: $Hg + 2\,H_2SO_4 \rightarrow HgSO_4 + SO_2 + 2\,H_2O$. Erhitzt man die farblosen Blättchen des Quecksilber(II)-sulfats mit Natriumchlorid, so sublimiert das *Quecksilber(II)-chlorid* $HgCl_2$ aus dem Reaktionsgemisch, das daher *Sublimat* genannt wird $HgSO_4 + 2\,NaCl \rightarrow HgCl_2 + Na_2SO_4$. Es ist eine Molekülverbindung mit sp-hybridisiertem Quecksilber, ist stark giftig und wird als Desinfektionsmittel verwendet. Die wäßrige Lösung reagiert durch Hydrolyse sauer: $HgCl_2 + H_2O \rightarrow Hg(OH)Cl + H^+_{aq} + Cl^-$, doch läßt sich die Hydrolyse durch Komplexbildung mit Natriumchlorid zum *Tetrachloromercurat(II)* zurückdrängen: $HgCl_2$

$+ 2NaCl \rightarrow Na_2[HgCl_4]$. Bei Zugabe einer Iodidlösung zu einer Quecksilber(II)-salzlösung fällt das rote *Quecksilber(II)-iodid* HgI_2, das sich im Iodidüberschuß zum *Tetraiodomercurat(II)* löst: $HgI_2 + 2KI \rightarrow K_2[HgI_4]$. Diese Lösung – NESSLERS *Reagenz* genannt – gibt bereits mit Spuren von Ammoniak eine Braunfärbung, die durch eine polymere Quecksilber-Stickstoff-Verbindung hervorgerufen wird: $2K_2[HgI_4] + NH_3 + 3KOH \rightarrow [Hg_2N]I \times H_2O + 7KI + 2H_2O$. Das Hg_2N^--Ion besitzt eine Raumnetzstruktur wie Siliciumdioxid (s. 12.5.). Beim Einleiten von Schwefelwasserstoff in eine Quecksilber(II)-salzlösung entsteht das außerordentlich schwerlösliche schwarze *Quecksilber(II)-sulfid* HgS mit einem Löslichkeitsprodukt $K_L = 4 \times 10^{-53}\ mol^2 \times l^2$. Die schwarze Form läßt sich durch Behandeln mit Polysulfidlösung in die rote Form umwandeln, die auch im Zinnober vorkommt.

Bei der Umsetzung von überschüssigem Quecksilber mit Salpetersäure entsteht das leichtlösliche *Quecksilber(I)-nitrat* $Hg_2(NO_3)_2$, aus dem die meist schwerlöslichen weiteren Quecksilber(I)-verbindungen hergestellt werden. So fällt bei der Zugabe einer Chloridlösung das schwerlösliche weiße *Quecksilber(I)-chlorid* Hg_2Cl_2, das *Kalomel*[1]) genannt wird, weil es sich beim Übergießen mit Ammoniak tiefschwarz färbt, indem eine Disproportionierung zu feinverteiltem metallischen Quecksilber und Quecksilber(II)-amidochlorid erfolgt: $Hg_2Cl_2 + 2NH_3 \rightarrow Hg + Hg(NH_2)Cl + NH_4Cl$. Quecksilber(I)-chlorid wird in der Elektrochemie (Kalomelelektrode), im Steindruck und der Galvanoplastik sowie in der Porzellanmalerei zum Goldauftragen verwendet.

---

[1]) Kalos melas (griech.) = schön schwarz

17. Sachregister

Die Mehrzahl der salzartigen Verbindungen sind unter den Namen der zugehörigen Säuren oder Basen zu finden.

absolute Atommassen 14
Actinium 184
Actinoide 37, 186
Alan 157
Alaun 163
Alkalichloridelektrolyse 176
Alkane 137
Alkene 138
Alkine 138
Aluminium 153
Aluminiumchlorid 158
Aluminiumfluorid 158
Aluminiumhydroxid 162
Aluminiumoxid 161
Aluminiumoxidhydroxid 162
Aluminothermie 154
Alumosilicate 146
Alunit 163
Amalgame 212
Amalgamverfahren 176
Ammoniak 118
Ammoniak-Soda-Verfahren 177
Amphoterie 83
Anhydrit 167, 170
antibindendes Orbital 57
Antimon 117
Apatit 167
Argon 77
Arsen 117
arsenige Säure 130
Arsenik 130
Arsensäure 131
Assimilation 79, 135
Astat 95
Atome 11
Atombindung 49, 53
Atomkern 12
Atommasse, absolute 14
—, relative 13
Atommodell 22
—, wellenmechanisches 23
Atomorbitale 23
—, Überlappung der 58
Atomradien 43
Autoprotolyse 92
Autoxydationsreaktionen 81
AVOGADROsche Zahl 14

Barium 167
Bariumsulfat 171
Bariumsulfid 171
Basen 82
basische Kationen 92
Bauxit 154
BAYER-Verfahren 154
Berliner Blau 202
Beryll 165
Beryllium 165
Berylliumoxid 170
bindendes Orbital 57

Bindigkeit 55
σ-Bindung 58
π-Bindung 60
Bindung, Atom- 49
–, heteropolare 49
–, homöopolare 49
–, Ionen- 49
–, kovalente 49
–, Mehrzentren- 159
–, Metall- 49, 67
–, Wasserstoffbrücken- 89
Bischofit 166
Bismut 117
Blei 137
Bleiakkumulator 150
Bleidioxid 149
Bleiweiß 150
Bor 152
Borane 155
Borax 153, 161
Borchlorid 158
Borfluorid 158
Boride 153
Borsäure 160
BOUDOUARD-Gleichgewicht 141
Braunstein 197
Brom 95
Bromoxide 100
Bronze 207
Brutreaktoren 21

Cadmium 210
Caesium 175
Caesiumchloridgitter 51
Calcium 167
Calciumcarbid 135
Calciumfluorid 171
Calciumoxid 169
Calciumsulfat 170
Carbide 135
Carborane 157
Carnallit 166, 175
Catenaschwefel 104
Ceriterden 185
Chalkogene 79
Chelatkomplexe 180
Chilesalpeter 174
Chlor 95
Chlorknallgas 75
Chloroxide 99
Chromium 193
Clathrate 94
Cobalt 203
Cölestin 167
Cristobalit 145
Cyanidlaugung 208, 210
Cycloschwefel 104

delokalisiertes Elektronensystem 64
Deuterium 73
Diamant 134
Diaphragmaverfahren 176
Diboran 155
dithionige Säure 111
Dithionsäure 111
Diphosphan 121
Disproportionierung 87
Distickstoffmonoxid 122
Distickstofftetroxid 124
Distickstofftrioxid 124
Dolomit 166
Doppelbindung 60
Dotierung 72

Edelgase 77
Edelgaskonfiguration 49
Edelgasverbindungen 78
Eigenhalbleiter 71
Einlagerungshydride 77
Einschlußverbindungen 94
Eis 90
Eisen 69
Eisenmetalle 199
Elektronegativität 45
Elektronenaffinität 42
Elektronenformeln 54
Elektronengasmodell 68
Elektronenhülle 22
Elektronenkonfiguration 31
Elektronenmangelverbindungen 152

Elektronensystem, delokalisiertes 64
Element 11
Elemente, Energieniveaudiagramm 36
Elementarteilchen 12
Elementverbindungen 11
endotherme Reaktionen 83
Energiebändermodell 69
Energieniveaudiagramm der Elemente 36
Erdalkalimetalle 167
exotherme Reaktionen 81

Fehlordnung 53
Feldspate 146
Fluor 95
Flußsäure 99
Flußspat 167
Francium 175

Gallium 155
Generatorgas 141
Germanium 136
Germaniumdioxid 149
Gips 167, 170
Gitterenergie 50
Gläser 148
Gleichgewicht, radioaktives 18
Gold 209
Goldstruktur 68
Graphit 134
Grenzstrukturen 56

HABER-BOSCH-Verfahren 118
Hafnium 190
n-Halbleiter 72
p-Halbleiter 72
Halogene 94
Halogensäuren 101
Halogenwasserstoffe 98
Halogenwasserstoffsäuren 100
Hauptquantenzahl 25
Hauptgruppenelemente 37
Helium 77
heteropolare Bindung 49
Heteropolyanionen 195
hexagonal dichteste Kugelpackung 68
Hochofen 199
homöopolare Bindung 49
HUNDsche Regel 32
Hybridisierung 64
Hydratisierung 76, 92
Hydratisierungsenergie 93
Hydrazin 120
Hydride 76
Hydride, Einlagerungs- 77
Hydrierung 74
Hydrolyse 93
Hydroniumionen 76
Hyperoxide 85
hypohalogenige Säuren 97, 100
hypophosphorige Säure 127
hyposalpetrige Säure 125

Indium 155
Inselstrukturen 192
Interhalogenverbindungen 102
Iod 95
Ionenbindung 49
Ionengitter 50
Ionenpaare 50
Ionenprodukte des Wassers 92
Ionenradien 34
Ionenverbindung 49
Ionisierungsenergie 39
Iridium 205
Isolator 71
Isopolyanionen 195
Isosterie 123
Isotropie 13

Kainit 175
Kalium 174
Kaliumcarbonat 178
Kaliumchlorid 178
Kaliumhydroxid 178
Kaliumnitrat 179
Kalisalpeter 179
Kaliumsulfat 178
Kalkbrennen 168

Kalkmilch 169
Kalkmörtel 169
Kalk-Soda-Verfahren 171
Kalkstein 167
Kalkstickstoff 170
Kalomel 213
Katalysator 81
Kationen, basische 92
Kaustifizierung 177
Kernit 153
Kernreaktionen 19
Kernspaltung 21
Kernverschmelzung 22
Kieserit 166
Knallgas 75
Königswasser 125
Kohlendioxid 143
Kohlenmonoxid 141
Kohlenmonoxidmolekül 61
Kohlensäure 144
Kohlenstoff 134
Kohlenstofftetrachlorid 139
Kohlenstoffverbindungen 133
Kohlenwasserstoffe 137
Komplexverbindungen 180
Komproportionierung 101
Kondensation 129
Kontaktverfahren 108
Koordinationsverbindungen 180
Koordinationszahl 51
kovalente Bindung 49
Kreide 167
KROLL-Verfahren 189
Kryolith 154
Krypton 77
kubisch dichteste Kugelpackung 68
künstliche Radionuklide 19
Kugelpackung, hexagonal dichteste 68
–, kubisch dichteste 68
Kupfer 207
Kurzperiodensystem 37

Lanthan 184
Lanthanoide 37, 184
Lanthanoidenkontraktion 183
Legierung 68
Leitungsbander 70
Lithium 173
Lithopone 171
LOSCHMIDTsche Zahl 14
Löslichkeit 94
Löslichkeitsprodukt 94
Lösungen 10

Magnesiazement 170
Magnesit 166
Magnesium 166
Magnesiumoxid 170
Magnesiumstruktur 68
Magnetquantenzahl 27
Mangan 197
Masse, molare 16
Marmor 167
Mehrelektronensysteme 30
Mehrzentrenbindung 156
Mennige 150
mesomerer Zwischenzustand 56
Mesomerie 56
Mesomeriepfeile 56
Messing 207
Metakieselsäure 146
Metall 67
Metallbindung 49, 67
Metallcarbonyle 142
Metallgitter 68
Modifikationen 116
molare Masse 16
Moleküle 11
Molekülmassen, relative 16
Molekülorbitalverfahren 55, 57
Molybdan 194
MO-Verfahren 55

Natrium 173
Natriumcarbonat 177
Natriumhydroxid 176
Natronlauge 176
Nebengruppenelemente 37
Nebenquantenzahl 25
NESSLERS Reagens 213
Neusilber 207

Neutralisation 82
Neutronen 12
Nichtstöchiometrie 53
Nickel 203
Niobium 191
Nitride 115
Nitriersäure 126
Nitrosylkation 123
Nitrylkation 124
Nukleonen 12
Nuklide 13

Oktaederlücken 69
Oktetterweiterung 55
Oktettregel 55
Orbital, antibindendes 57
Orbital, bindendes 57
s-Orbital 26
ϱ-Orbital 25
Orthokieselsäure 145
Orthophosphorsäure 128
Osmium 205
OSTWALD-Verfahren 119
Oxoniumion 76
Oxydation 81
Oxydationszahlen 46
Ozon 83
Ozonschicht 84

Palladium 205
PAULI-Prinzip 31
Pechblende 188
Perborate 161
Perhalogensäuren 101
Periodensystem 33
Permanganat 197
Peroxide 85
Peroxodischwefelsäure 112
Phasen 10
Phosphan 120
Phosphor 115
phosphorige Säure 128
Phosphorit 167
Photographie 209
pH-Wert 92
Platin 206
Platinmetalle 204
Polonium 104
Pollucit 175
Polyphosphate 129
Polysulfane 107
Polythionsäure 111
Porzellan 148
Pottasche 178
Protolyse 92
Protonen 12, 75

Quantenzahl 25
Quarz 145
Quecksilber 212
Quecksilberverfahren 176

Radienquotient 52
radioaktives Gleichgewicht 18
Radioaktivität 16
Radionuklide, künstliche 19
Radium 167
Reaktionen, endotherme 83
—, exotherme 81
Reduktion 81
relative Atommassen 13
relative Molekülmassen 16
Resonanz 56
Resonanzhybrid 56
reziproke Salzpaare 179
Rhenium 198
Rhodium 205
Rosten 200
Rubidium 175
Rückgabebindung 143
Ruthenium 204

Säurehydrat 76
Säuren 82
Salpetersäure 125
salpetrige Säure 124
Salze 50
Salzpaare, reziproke 179
Salzsäure 99
Sauerstoff 79, 102
Sauerstofffluoride 99
Sauerstoffmolekül 60

Scandium 184
Schwefel 104
Schwefeldioxid 107
Schwefel-Halogen-Verbindungen 112
Schwefelsäure 108
Schwefeltrioxid 108
Schwefelwasserstoff 105
schweflige Säure 107
Schwerspat 167
Selen 104
Selensäure 113
Selenwasserstoff 113
Seltenerdmetalle 184
Serpentin 166
Silane 138
Silber 208
Silicatglas 148
Silicium 136
Siliciumdioxid 145
Siliciumtetrachlorid 140
Siliciumtetrafluorid 139
Sintermagnesia 170
sp^3-Hybridorbitale 64
Spinell 161
Spinquantenzahl 28
Soda 174, 177
SODDY-FAJANSsche Verschiebungssätze 17
Stahl 200
Steinsalz 174, 175
Steinsalzgitter 52
Stickstoff 115
Stickstoffdioxid 124
Stickstoffmolekül 61
Stickstoffmonoxid 123
Stickstoffwasserstoffsäure 120
Störstellenleitung 72
Stoff 9
Strontianit 167
Strontium 167
Struktur, Gold- 68
—, Magnesium- 68
—, Wolfram- 68
Strukturisomerie 137
Struktursubstanzformer 52
Sublimat 212
Superphosphat 129
Sylvin 175
Sylvinit 175

Talk 166
Tantal 191
Technetium 198
Tellur 104
Tellursäure 113
Tellurwasserstoff 113
Tetraederlücken 69
Tetraphosphordekaoxid 126
Tetraphosphorhexoxid 127
Thallium 155
Thermit-Verfahren 154
Thioschwefelsäure 110
Thorium 187
Titanium 189
Titanweiß 189
Tone 146
Tonerde 154
Tonwaren 148
Tridymit 145
Tritium 73
Turmverfahren 108

Überlappung der Atomorbitale 58
Übergangselemente 180
Umwandlungsreihen 18
Uranium 188

Valenzbänder 70
Valenzstrichformel 55
Valenzstrukturen 56
Valenzstruktur-Verfahren 55
Vanadium 190
VAN-DER-WAALS-Bindung 49
VAN-DER-WAALS-Kräfte 65
VB-Verfahren 55
Verbindungen 11, 48

Wasser 88
—, Ionenprodukt 92
Wasserglas 145
Wasserhärte 169, 171

Wasserstoffbrückenbindungen 89
Wasserstoffperoxid 86
Wasserstoffverbindung 75
Wellenfunktion 24
wellenmechanisches Atommodell 23
Witherit 167
Wolfram 194
Wolframstruktur 68

Yttererden 185
Yttrium 185

Zement 148
Zeolith 146
Zink 210
Zinkblendegitter 52
Zinn 136
Zinn(II)-Chlorid 140
Zinn(IV)-Chlorid 141
Zinndioxid 149
Zirconium 190
Zwischenzustand, mesomerer 56

ISBN 3-05-500300-4
ISSN 0084-0971

In diesem Band

- wird ein kurzgefaßter, stofflich orientierter Überblick der Anorganischen Chemie gegeben
- werden wichtige Grundbegriffe, der Atombau, das Periodensystem der Elemente sowie die chemische Bindung, behandelt
- werden — mit ständigem Bezug auf die Grundlagen — sowohl für die Hauptgruppen als auch für die Nebengruppen des Periodensystems die Chemie der Elemente und ihrer wichtigsten Verbindungen vorgestellt und
- dabei neben der Anwendung der Theorie und der Vorstellung typischer Stoffklassen auch die Wechselbeziehung zur technischen Chemie angesprochen.

WISSENSCHAFTLICHE TASCHENBÜCHER

FSC
www.fsc.org
MIX
Papier | Fördert
gute Waldnutzung
FSC® C083411

Zeitfracht Medien GmbH
Ferdinand-Jühlke-Straße 7
99095 Erfurt, Deutschland
produktsicherheit@kolibri360.de